U0501907

"十二五"高等职业教育规划教材

建 筑 设 备

主　编　蒋　英
副主编　卢育英　李　睿
主　审　吕　建

北京理工大学出版社
BEIJING INSTITUTE OF TECHNOLOGY PRESS

内 容 简 介

本书共有10个章节,内容包括:建筑给水系统、建筑排水系统、热水与燃气供应、建筑供暖系统、通风及空气调节、建筑供配电系统、电气照明、安全用电与防雷、建筑智能化、建筑设备施工图等。

本书主要适用于高职高专院校建筑设备工程技术、建筑工程技术、物业管理、工程造价、建筑装饰工程技术等土建类专业及其他成人高校相应专业的教材,也可作为相关工程技术人员的参考用书。

版权专有　侵权必究

图书在版编目(CIP)数据

建筑设备/蒋英主编 . —北京:北京理工大学出版社,2011.8(2019.8重印)
ISBN 978 - 7 - 5640 - 5076 - 4

Ⅰ.①建… Ⅱ.①蒋… Ⅲ.①房屋建筑设备-高等学校-教材 Ⅳ.①TU8

中国版本图书馆 CIP 数据核字(2011)第 175773 号

出版发行 / 北京理工大学出版社有限责任公司
社　　址 / 北京市海淀区中关村南大街 5 号
邮　　编 / 100081
电　　话 / (010)68914775(总编室)
　　　　　(010)82562903(教材售后服务热线)
　　　　　(010)68948351(其他图书服务热线)
网　　址 / http://www.bitpress.com.cn
经　　销 / 全国各地新华书店
印　　刷 / 北京紫瑞利印刷有限公司
开　　本 / 787 毫米×1092 毫米　1/16
印　　张 / 18
字　　数 / 417 千字
版　　次 / 2011 年 8 月第 1 版　2019 年 8 月第 12 次印刷　　　　　责任编辑 / 陈莉华
印　　数 / 18501～20000 册　　　　　　　　　　　　　　　　　责任校对 / 陈玉梅
定　　价 / 38.00 元　　　　　　　　　　　　　　　　　　　　　责任印制 / 边心超

前　　言

近年来，随着国家经济建设的迅速发展，建筑业作为我国的支柱产业，在国民经济建设中起着举足轻重的作用。由于建设行业发展规模的不断扩大，建设速度的不断加快，对掌握高技能的职业技术人才的需求也随之增大。为适应高职高专教育人才的培养，使毕业生具备必要的建筑设备专业知识、专业技能，在社会调研及对现有众多教材研究的基础上编写了本教材。

建筑设备工程是指建筑物内的给水、排水、供暖、通风、空气调节、燃气供应、供电、照明、通信等设备系统。在现代化的建筑物中必须设置相应水平的设备设施与之配套，这样才能发挥建筑物应有的功能作用。

该教材在以往优秀教材的基础上，本着高职教育培养生产一线应用型人才的角度出发，并从建筑类毕业生今后就业所从事岗位群的实际技能的需要，对建筑设备相关知识及技能进行认真推敲的基础上编写而成。在内容选取、章节的编排和文字阐述上力求做到：基本理论简明扼要、深入浅出，注重理论联系实际，重点突出建筑设备工程实用技术，适当介绍国内外建筑设备工程的新技术、新工艺、新材料和新设备。

本书共分 10 章，包括建筑给水系统、建筑排水系统、热水与燃气供气、建筑供暖系统、通风及空气调节、建筑供配电系统、电气照明、安全用电与防雷、建筑智能化、建筑设备施工图等。主要介绍了设备系统的组成、工作原理、特点、适用范围等，并适当介绍了国内外建筑设备工程的新技术、新工艺、新材料和新设备。

本书不同于其他同类教材的特点是在每一章的最后对系统中常见故障与排除措施给予阐述；将建筑设备施工图的识读作为一章进行统一编写，使学生对建筑设备施工图有一个更加完整的概念和认识，将所学知识融会贯通，真正做到理论与实践紧密结合。

本书主要适用于高职高专院校建筑设备工程技术、建筑工程技术、物业管理、工程造价、建筑装饰技术等土建类专业及其他成人高校相应专业的教材，也可作为相关工程技术人员的参考用书。

全书由天津国土资源和房屋职业学院蒋英担任主编，并对全书定稿，天津国土资源和房屋职业学院的卢育英、李睿担任副主编，全书由天津城市建设学院吕建教授主审。编写过程中参阅了大量的书籍、文献，在此对他们表示感谢。

由于编者水平有限，加之时间仓促，书中难免有不妥之处，恳请广大读者和同仁批评指正。

编　者

目　　录

第一章　建筑给水系统

本章要点：

通过本章的学习，要求熟悉建筑给水系统的分类和组成，掌握建筑给水系统的给水方式，熟悉建筑给水管材、管件及附件，熟悉给水升压和储水设备，了解给水管道的布置和敷设，掌握室内消防给水系统，了解高层建筑给水特点，熟悉高层建筑给水方式，了解建筑中水系统的用途和类型，了解水景工程的作用及组成。

第一节　建筑给水系统的分类和组成

一、建筑给水系统分类

建筑给水系统将自来水由城市给水管网或二次水箱，经加压或其他方式做简单处理后，送到室内各种用水器具、生产用水设备、消防设备等用水点。

建筑给水系统按用途基本可分为以下几种。

1. 生活给水系统

生活给水系统主要满足民用、公共建筑和工业企业建筑内的饮用、洗浴、餐饮等方面要求，要求水质必须符合国家规定。

2. 生产给水系统

现代社会各种生产过程复杂，种类繁多，不同生产过程中对水质、水量、水压的要求差异很大，主要用于冷却用水、原料洗涤、锅炉用水等方面。

3. 消防给水系统

消防系统已成为大型公共建筑、高层建筑必不可少的一个组成部分。水具有灭火速度快、对环境污染小、造价低等特点，是一种最重要的灭火介质。大型喷洒、雨淋、水幕消防系统结构复杂，消防水池、高位水箱、水管道储水量大，对水压也有较严格的要求，消防水系统在大型建筑中占的地位越来越重要。

4. 中水给水系统

中水给水系统是将建筑或建筑小区内使用后的生活污、废水经适当处理后用于建筑或建筑小区作为杂用水的供水系统。其由中水原水系统、中水处理系统、中水输配管道系统等组成。设有中水系统的建筑排水系统，一般采用污、废水分流的排水体制，中水的原水一般为杂排水和雨水。

在建筑中上述各种给水系统并不是孤立存在、单独设置，而是根据用水设备对水质、水量、水压的要求及室外给水系统情况，考虑技术经济条件，将其中的两种或多种基本给水系统综合到一起使用，主要有以下几种方式：

（1）生活、生产共用的给水系统。

（2）生产、消防共用的给水系统。

（3）生活、消防共用的给水系统。

（4）生活、生产、消防共用的给水系统。

二、建筑给水系统组成

建筑给水系统主要由以下几个基本部分构成，如图1-1所示。

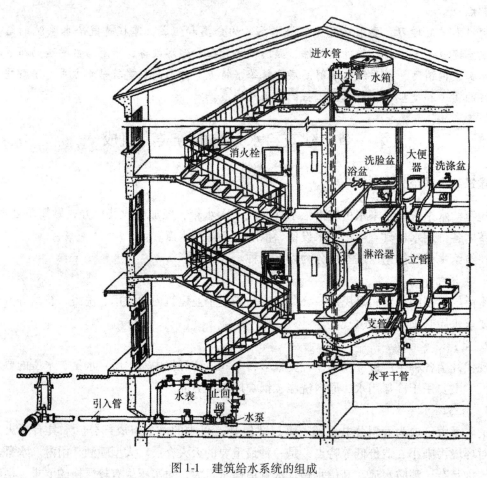

图 1-1　建筑给水系统的组成

（1）引入管是室内给水管线和市政给水管网相连接的管段，也称作进户管。

（2）水表节点引入管上的水表不能单独安装，要和阀门、泄水装置等附件一起使用，水表进出口阀门，在检修水表时应关闭；泄水装置在检修时，放空管道；水表和其一起安装的附件，统称水表节点。

（3）管道系统是自来水输送和分配的通道，包括干管、立管、支管等。

（4）用水设备在给水管道末端，指生活、生产用水设备或器具。

（5）给水附件管道上的各种阀门、仪表、水龙头等，称为管道附件。

（6）在多数情况下，市政供水的水压和水量不能满足用户需求，因此，需要用升压设备和水泵来提高供水压力，用储水设备如水箱储存一定的水量。

（7）消防设备种类很多，如消火栓系统的消火栓，喷洒系统的报警阀、水流指示器、水泵接合器、闭式喷头、开式喷头等。

第二节 建筑给水系统所需压力及给水方式

一、建筑给水系统所需压力

室内给水系统的压力，必须保证将需要的水量输送到建筑物内最不利配水点（通常为引入管起端最高最远点）的配水龙头或用水设备处，并保证有足够的流出水头。

室内给水系统所需水压，由图 1-2 分析，可按下式计算：

$$H = H_1 + H_2 + H_3 + H_4$$

式中 H——室内给水系统所需的水压，kPa；

　　H_1——最不利配水点与室外引入管起端之间的静压差，kPa；

　　H_2——计算管路的水头损失，kPa；

　　H_3——水流通过水表的水头损失，kPa；

　　H_4——最不利配水点的流出水头，kPa。

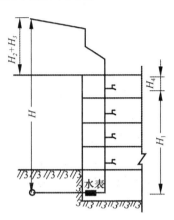

图 1-2　室内给水系统
所需压力示意图

所谓流出水头，是指各种配水龙头或用水设备，为获得规定的出水量（额定流量）而必须的最小压力。它是为供水时克服配水管内的摩擦、冲击、流速变化等阻力所需的静水头。在有条件时，还可考虑一定的富余压力。一般取 15 ~ 20 kPa。

对于住宅的生活给水，在未进行精确的计算前，为了选择给水方式，可按建筑物的层数，粗略估计自室外地面算起所需的最小保证压力值，一般一层建筑物为 100 kPa；二层建筑物为 120 kPa；三层及三层以上的建筑物，每增加一层增加 40 kPa。对于引入管或室内管道较长或层高超过 3.5 m 时，上述值应适当增加。

二、室内给水方式选择的原则

室内给水方式的选择，必须依据用户对水质、水压和水量的要求，室外管网所能提供的水质、水量和水压情况，卫生器具及消防设备在建筑物内的分布，以及用户对供水安全可靠性的要求等条件来确定。

室内给水方式，一般应根据下列原则进行选择：

（1）在满足用户要求的前提下，应力求给水系统简单、管道长度短，以降低工程费用及运行管理费用。

（2）应充分利用城市管网水压直接供水。如果室外给水管网水压不能满足整个建筑物的用水要求时，可以考虑建筑物下面的数层利用室外管网水压直接供水；建筑物上面的几层采用加压供水。

（3）供水应安全、可靠，管理、维修方便。

（4）当两种及两种以上用水的水质接近时，应尽量采用共用给水系统。

（5）生产给水系统在经济技术比较合理时，应尽量采用循环水系统或复用给水系统，以节约用水。

（6）生活给水系统中，卫生器具给水配件处的静水压力不得大于 0.6 MPa。如果超过该值，宜采用竖向分区供水，以防使用不便和卫生器具及配水管破裂漏水，造成维修工作量的增加。生产给水系统的最大静水压力，应根据工艺要求及各种用水设备的工作压力和管道、阀门、仪表等的工作压力确定。

三、室内给水的基本方式

根据室内给水系统的组成不同，室内给水的基本方式，主要有直接给水方式、设置水箱和水泵的给水方式、设置气压给水装置的给水方式和分区供水的给水方式等。

1. 直接给水方式

室外给水管网的水量、水压在一天内任何时间均能满足建筑内部用水需要时，采用此种方式，如图 1-3 所示。即建筑内部给水系统直接在室外管网压力的作用下工作。这是最简单的给水方式。

2. 设置水箱和水泵给水方式

当室外给水管网中压力低于或周期性低于建筑内部给水管网所需水压，而且建筑内部用水量又很不均匀时，宜采用设置水泵和水箱的联合给水方式，如图 1-4 所示。

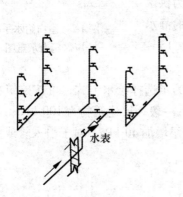

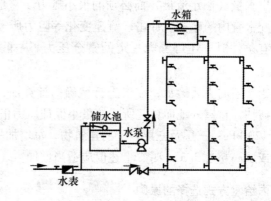

图 1-3　直接给水方式　　　　　图 1-4　设置水泵、水箱给水方式

这种给水方式由于水泵可及时向水箱充水，使水箱容积大为减小；又因为水箱的调节作用，水泵出水量稳定，可以使水泵在高效率下工作；水箱如采用浮球继电器等装置，还可使水泵启闭自动化。因此，这种方式在技术上合理、供水可靠，虽然费用较高，但其长期效果是经济的。

当一天内室外管网压力大部分时间能满足要求，仅在用水高峰时刻，由于用水量的增加，室外管网中水压降低而不能保证建筑物的上层用水时，则可单设水箱解决，如图 1-5 所示。在室外给水管网中水压足够时，向水箱充水（一般在夜间）；室外管网中压力不足时（一般在白天），由水箱供水。

采用这种方式要确定水箱容积，一般建筑物内水箱容积不大于 20 m³，故单设水箱方式，仅在日用水量不大的建筑物中采用。

当一天内室外给水压力大部分时间满足不了室内需要，且建筑内部用水量较大又较均匀时，则可单设水泵增压，如图 1-6 所示。

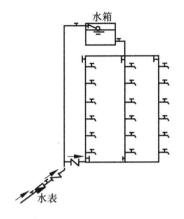

图 1-5 设置水箱给水方式

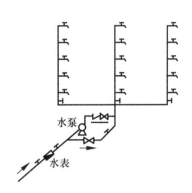

图 1-6 设置水泵给水方式

当室外给水管网允许水泵直接吸水时，水泵宜直接从室外给水管网吸水。但水泵吸水时，室外给水管网的压力不得低于 100 kPa。当水泵直接从室外管网吸水而造成室外管网压力大幅度波动，影响其他用户的用水时，则不允许水泵直接从室外管网吸水，必须设置储水池，如图 1-7 所示。

3. 设置气压给水装置给水方式

当室外管网水压经常不足，而建筑内不宜设置高位水箱或设置水箱确有困难的情况下，可设置气压给水设备。气压给水装置是利用密闭压力水罐内空气的可压缩性，储存、调节和压送水量的给水装置，其作用相当于高位水箱和水塔，如图 1-8 所示。水泵从储水池或由室外给水管网吸水，经加压后送至给水系统和气压水罐内。停泵时，再由气压水罐向室内给水系统供水，并由气压水罐调节、储存水量及控制水泵运行。

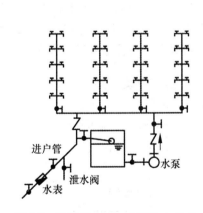

图 1-7 设置储水池、水泵给水方式

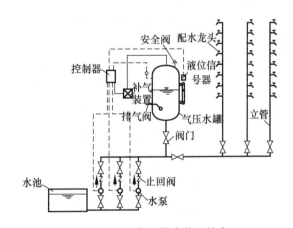

图 1-8 设置气压供水装置给水

这种给水方式的优点是：设备可设在建筑的任何高度上，安装方便，水质不易受污染，投资省，建设周期短，便于实现自动化等。但是，由于给水压力变动较大，所以管理及运行费用较高，供水安全性较差。

4. 分区供水的给水方式

在层数较多的建筑物中，室外给水管网水压在只能供到建筑下面几层，而不能供到建筑物上

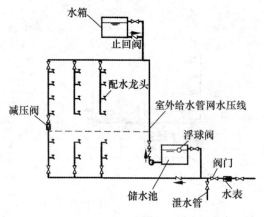

图 1-9 分区供水的给水方式

层时，为了充分、有效地利用室外管网的水压，常将建筑物给水系统分成上、下两个供水区（图1-9）。下区直接在城市管网压力下工作；上区则由水泵水箱联合供水（水泵水箱按上区需要考虑）。两区间可由一根或两根立管连通，在分区处装设闸阀。必要时，可使整个管网全由水箱供水或由室外管网直接向水箱充水。如果建筑内部设有消防时，消防水泵则要按上下两区的用水考虑。

这种给水方式对建筑物低层设有洗衣房、浴室、大型餐厅和厨房等用水量大的建筑物尤其适用。

5. 设置水箱、变频调速装置、水泵联合工作的给水方式

这种给水方式在居民小区和公共建筑中应用广泛，原理如图1-10所示。水箱设在小区公共设备间或某幢建筑单独设备间内，水箱储水量根据用水标准确定。水泵把水从水箱内取出，供给小区供水管网或建筑内部供水管线。变频调速装置根据泵出口压力变化来调节水泵转速，使泵出口压力维持在一个非常恒定的水平。当用水量非常小时，水泵转速极低，甚至停转，节能效果显著，供水压力稳定。与高位水箱、气罐供水方式相比较，有非常显著的优点，而且因我国电子技术迅速发展，变频调速装置生产、安装厂家众多，一套调速装置价格已降至几万元，小型装置甚至只有数千元，非常适合大面积推广使用。

6. 分质给水方式

分质给水方式是根据不同用途所需的不同水质，分别设置独立的给水系统，如图1-11所示。如饮用水给水系统供饮用、烹饪、盥洗等生活用水，水质符合《生活饮用水卫生标准》（GB 5749—2006）；杂用水给水系统，水质较差，仅符合《城市污水再生利用 城市杂用水水质》（GB/T 18920—2002），只能用于建筑内冲洗便器、绿化、洗车等用水；直饮水给水系统是对市政给水进行深度处理，使水质达到优质饮用水要求，然后再用管道送至用户。

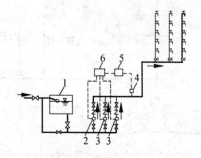

图 1-10 变频调速给水方式
1—储水池；2—变速泵；3—恒速泵；
4—压力变速器；5—调节器；6—控制器

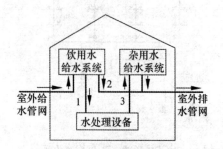

图 1-11 分质给水方式
1—生活废水；2—生活污水；
3—杂用

在实际工程中，如何确定合理的供水方案，应当全面分析该项工程所涉及的各项因素，如技术因素、经济因素、社会和环境因素等，进行综合评定而确定，并应尽量利用室外管网的水压直接供水。当水压不能满足要求时则设加压装置。当采用升压供水方案时，应充分利

用室外管网水压的原则，确定升压供水范围。

由于建筑物（群）情况各异、条件不同，供水可采用一种方式，也可采用多种方式的组合，应力求以最简便的管路，经济、合理、安全地达到供水要求。

第三节　建筑给水系统的管材、附件和水表

一、管材

建筑内部给水系统常用的管材有钢管、塑料管、铜管、铝塑复合管等。

1. 钢管

普通民用或公共建筑生活用水，可采用镀锌钢管；消防喷洒系统或雨淋系统报警阀后的管线，必须采用热镀锌钢管；生产用水或消火栓灭火系统，可使用黑铁管（非镀锌钢管）；高层建筑的冷、热水管在压力较大时，可使用无缝钢管。无缝钢管的材质和性能，均优于有缝钢管，但其价格较高，同样规格的管道是有缝钢管价格的 2～3 倍以上。表 1-1 为国产有缝钢管规格，无缝钢管规格可查阅相关手册。

表 1-1　低压流体输送用焊接钢管、镀锌焊接钢管规格

公称直径		外径/mm		普通钢管			加厚钢管		
				壁厚		理论质量 /(kg·m⁻¹)	壁厚		理论质量 /(kg·m⁻¹)
/mm	/in	外径	允许偏差	公称尺寸 /mm	允许偏差		公称尺寸 /mm	允许偏差	
8	1/4	13.5		2.25		0.62	2.75		0.73
10	3/8	17.0		2.25		0.82	2.75		0.97
15	1/2	21.3		2.75		1.26	3.25		1.45
20	3/4	26.8	±5%	2.75		1.62	3.50		2.01
25	1	33.5		3.25		2.42	4.00		2.91
32	5/4	42.3		3.25	+12% −15%	3.13	4.00	+12% −15%	3.78
40	3/2	48.0		3.50		3.84	4.25		4.58
50	2	60.0		3.50		4.88	4.50		6.16
65	5/2	75.5		3.75		6.64	4.50		7.88
80	3	88.5	±1%	4.00		8.34	4.75		9.81
100	4	114.0		4.00		10.85	5.00		13.44
125	5	140.0		4.50		15.04	5.00		18.24
150	6	165.0		4.50		17.81	5.50		21.63

2. 塑料管

钢管的缺点是容易锈蚀、结垢，在管内孳生细菌，镀锌钢管使用寿命为 8～12 年，寿命较短。基于上述原因，镀锌钢管在生活给水中有被淘汰的趋势，而推广使用塑料管。《国家化学建材推广应用"九五"计划和 2010 年发展规划纲要》已明确指出：新建筑中应大力发展塑料管道。从发展眼光看，镀锌钢管必然被塑料管取代。塑料管的优点是化学性能稳定、耐腐蚀、重量轻、管内壁光滑、安装方便，使用寿命最少可达 50 年；缺点是强度低、不耐高温。我国现在生产的塑料管材有：聚氯乙烯管（PVC 管）、聚乙烯管（PE 管）、聚丙烯管（PP 管）等。

3. 铜管

铜管重量轻、经久耐用，特别是具有良好的杀菌功能，对水体进行净化，但因造价相对较高，目前只限于高级住宅、豪华别墅使用。铜管的连接方式，采用焊接或螺纹连接。

4. 铝塑复合管

铝塑复合管的内、外壁是塑料层，而中间夹以铝合金层。利用铝合金提高管道的机械强度和承压能力，克服了塑料管耐压低的缺点，是最近几年出现的新型材料。铝塑复合管的优点还有弯曲容易、施工方便等，其连接采用专用工具和专用管件。铝塑复合管价格现在已有很大程度降低，甚至已和普通镀锌钢管持平。

二、管件

管件种类很多，不同管材与不同管件配合使用。

1. 钢管管件

钢管丝接时，在转弯、延长、分支、变径等处，都要使用相应管件。通常焊接时使用管件较少，以弯头为主，其他管件可现场加工制作，常用钢制管件如图 1-12 所示。

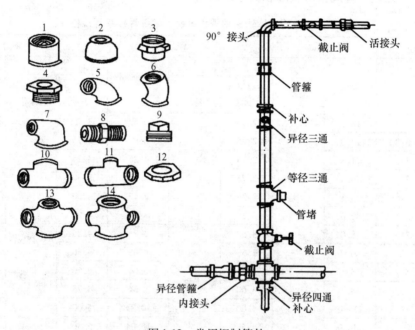

图 1-12　常用钢制管件

1—管箍；2—异径管箍；3—活接头；4—补心；5—90°弯头；6—45°弯头；7—异径弯头；

8—内管箍；9—管塞；10—等径三通；11—异径三通；12—根母；13—等径四通；14—异径四通

主要管件的用途：

（1）管箍：连接两根等径或异径管。

（2）活接头：用于需要经常拆卸的部位。

（3）弯头：用于管道转变方向处，有 45°和 90°弯头等。

（4）三通或四通：管道分支处可采用三通或四通。

（5）丝堵：用来堵塞管道一端或预留孔。

2. 塑料管、铝塑复合管、铜管管件

这几种管道的管件作用和钢管相同，也是用来满足管道延长、分支、变径、拐弯、拆卸的需要，可根据具体使用需要选用。

三、管道附件

1. 配水附件

（1）球形阀式配水龙头：用于洗涤盆、污水盆、盥洗槽等。水流经此种龙头时，改变流向。

（2）旋塞式配水龙头：设在压力较小的给水系统上。此龙头阻力较小，启闭迅速。

（3）盥洗龙头：设在洗脸盆上专为供冷热水用，有鸭嘴式、角式、长脖式等。

（4）混合龙头：可用来调节冷热水混合比例，达到调节水温的目的。供淋浴洗涤用，式样很多。配水附件，如图 1-13 所示。

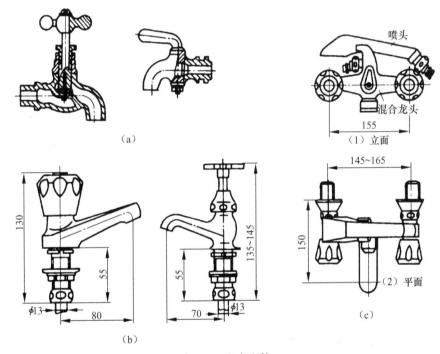

图 1-13 配水配件

（a）普通喷水龙头；（b）洗脸盆龙头；（c）带喷头的龙头

2. 控制附件

（1）截止阀：在管路上起开启和关闭水流作用，但不能调节流量，截止阀关闭严密；缺点是水阻力大，安装时注意安装方向，如图 1-14 所示。

（2）闸阀：在管路中既可以起开启和关闭作用，又可以调节流量，水流阻力小；缺点是关闭不严密。闸阀是给水系统使用最为广泛的阀门，又有水门之称。闸阀结构，如图 1-15 所示。

（3）止回阀：通常安装于水泵出口，防止水倒流。安装时应按阀体上标注箭头方向安装，不可装反。止回阀可分为多种，如升降式止回阀、立式升降式止回阀、旋启式止回阀等。

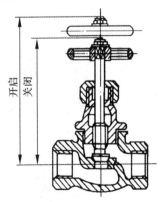

图 1-14 截止阀

在系统有严重水锤产生时，可采用微启缓闭止回阀。该阀门结构和工作原理，可参考相关厂家样本。图 1-16 所示为升降式、旋启式、立式升降式止回阀。

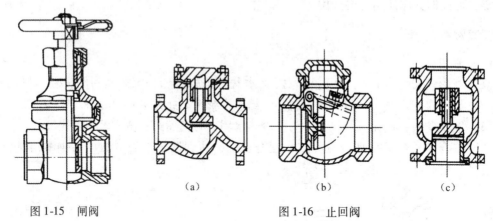

图 1-15　闸阀　　　　　　　　图 1-16　止回阀

（a）升降式止回阀；（b）旋启式止回阀；（c）立式升降式止回阀

（4）蝶阀：具有开启方便、结构紧凑、占用面积小的特点，适宜在设备安装空间较小时采用。蝶阀如图 1-17 所示。

蝶阀的阀瓣绕阀座内的轴转动，达到阀门的启闭。按驱动方式，分为手动、涡轮传动、气动和电动。蝶阀结构简单、外形尺寸小、重量轻，适合制造较大直径的阀门。手动蝶阀可以安装在管道的任何位置上。带传动机构的蝶阀，应直立安装，使传动机构处于铅垂位置。蝶阀适用于室外管径较大的给水管道上和室内消火栓给水系统的主干管上。

蝶阀的启闭件（蝶板）绕固定轴旋转。蝶阀具有操作力矩小、开闭时间短、安装空间小、重量轻等优点；主要缺点是蝶板占据一定的过流断面，增大阻力损失，容易挂积纤维和杂物。

（5）球阀：在小管径管道上可使用球阀。球阀阀芯为球形，内有一水流通道，转动阀柄时，则水流通道和水流方向垂直，则关闭阀门，反之开启。球阀如图 1-18 所示。

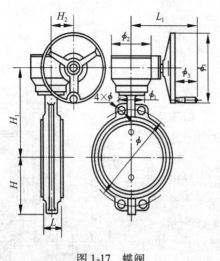

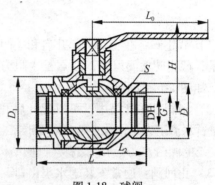

图 1-17　蝶阀　　　　　　　　图 1-18　球阀

（6）浮球阀：可自动进水、自动关闭。多安装于水箱或水池上，用来控制水位。当水箱水位达到设定时，浮球浮起，自动关闭进水口。水位下降时，浮球下落，开启进水口，自动充水，如此反复，保持液位恒定。浮球阀若口径较大，采用法兰连接；若口径较小，采用丝接。图1-19所示为浮球阀。

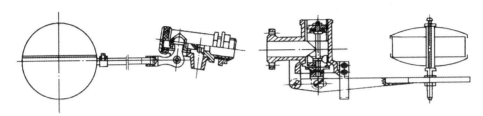

图1-19 浮球阀

四、水表

水表是一种计量建筑物或设备用水量的仪表。室内给水系统中广泛使用流速式水表。流速式水表是根据管径一定时，通过水表的水流速度与流量成正比的原理来测量的。

1. 水表的类型

流速式水表按翼轮构造不同，可分为旋翼式和螺翼式两种。旋翼式的翼轮转轴与水流方向垂直，水流阻力较大，多为小口径水表，宜用于测量小的流量；螺翼式翼轮转轴与水流方向平行，阻力较小，适用于大流量的大口径水表。复式水表是旋翼式和螺翼式的组合形式，在流量变化很大时采用。流速式水表，如图1-20所示。

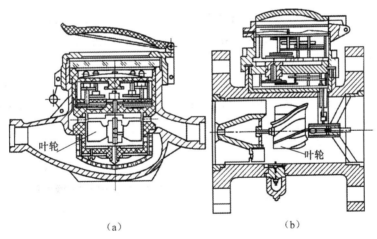

图1-20 流速式水表

（a）旋翼式水表；（b）螺翼式水表

流速式水表按其计数机件所处的状态不同，又分为干式和湿式两种。干式水表的计数机件用金属圆盘与水隔开；湿式水表的计数机件浸在水中，在计数度盘上装一块厚玻璃（或钢化玻璃），用以承受水压。湿式水表机件简单、计量准确、密封性能好，但只能用在水中不含杂质的管道上。在干式和湿式水表中，应优先采用干式水表。

2. 水表的选用

1）水表公称直径的确定

（1）水表口径，宜与给水管道接口管径一致。

（2）用水量均匀的生活给水系统的水表，应以给水设计流量选定水表的常用流量。

（3）用水量不均匀的生活给水系统的水表，应以设计流量选定水表的过载流量。

（4）在消防时，除生活用水外，尚需通过消防流量的水表，应以生活用水的设计流量叠加消防流量进行校核，校核流量不应大于水表的过载流量。

2）水表类型的选择

首先，应考虑所计量的用水量及其变化幅度、水温、工作压力、单向或正逆向流动、计量范围及水质情况，再来考虑水表的类型。一般情况下，$DN < 50$ 时，应采用旋翼式水表；$DN > 50$ 时，应采用螺翼式水表；当通过的流量变幅较大时，应采用复式水表。

3）水表的压力损失确定

水表的压力损失一般应满足下列要求：水表过流量不大于常用流量时，压力损失不超过 25 kPa（旋翼式）和不超过 7.5 kPa（螺翼式）；水表过流量为水表过载流量时，其压力损失不超过 100 kPa（旋翼式）和不超过 30 kPa（螺翼式）。

水表的压头损失，按表 1-2 的规定选用。

表 1-2　按最大小时流量选用水表时的允许压头损失值　　　　　　　　kPa

类　型	正常用水时	消防时
旋翼式	<25	<50
螺翼式	<13	<30

3. 水表的安装

水表安装时，应注意表外壳上所指示的箭头方向与水流方向一致，水表前需装检修阀门，以便拆换和检修水表时关断水流；对于不允许断水或设有消防的给水系统，还须设旁通管，并在旁通管上装阀门。

为了检查水表的工作和放掉管内的水，在水表与表后阀门之间设泄水检查水龙头，水表节点如图 1-21 所示。水表安装在查看方便、不受暴晒、不致冻结和不受污染的地方。一般设在室内或室外的专门水表井中。

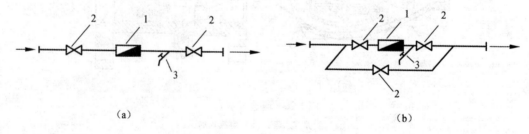

(a)　　　　　　　　　　　　　　(b)

图 1-21　水表节点

1—水表；2—阀门；3—泄水检查龙头

第四节　建筑给水系统中的常用设备

城市的建设是极复杂的，有居住、公用、商业及工业等性质不同的建筑，有低层、多层、高层及超高层等不同高度的各种建筑，对给水水量、水压要求相差很大，城市给水管网不能按最高水压设计，否则会使管网压力过大，导致管道漏水甚至破裂，造成事故。管网压力过大，不但需要使用耐高压材料设备，还会使大多数用户用水感到不便，使家中维修管理工作变困难，同时浪费电能。因此，在一般城市多不采用高压供水制，常以满足大多数低层建筑的用水要求为度。其他用水压力过高的，可以设置增压设备解决，在技术经济上是最合理的。增压设备有水泵、水箱和水池、气压给水装置及变频调速给水设备等。

一、水泵

1. 水泵工作原理

水泵是输送水的动力设备。离心泵在给水工程中最为常见，其工作过程如图 1-22 所示。

水泵在启动前充满水，启动后水在叶轮带动下旋转，从而能量增加；同时，在惯性力作用下产生离心方向的位移，沿叶片之间通道流向机壳。机壳收集从叶轮排出的水，导向出口排出。当叶轮中流体沿离心方向运动时，叶轮入口压强降低，形成真空，在大气压作用下，水由吸入口进入叶轮，使水泵连续工作。

2. 水泵的基本参数

（1）流量：水泵在单位时间内输送水的体积，称为水泵的流量，以 q 表示，单位为 m^3/h 或 L/s。

（2）扬程：单位重量的水在通过水泵以后获得的能量，称为水泵扬程，用 H 表示，单位为 m。

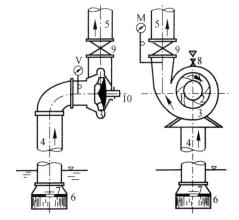

图 1-22　离心水泵装置

1—叶轮；2—叶片；3—泵壳；4—吸水管；
5—压水管；6—格栅；7—底阀；8—灌水口；
9—阀门；10—泵轴；M—压力表；V—真空表

（3）功率：水泵在单位时间内做的功，也就是单位时间内通过水泵的水获得的能量。以符号 N 表示，单位为 kW。水泵的这个功率，称有效功率。但实际上电动机传动轴的功率，即轴功率，大于有效功率。说明水泵在运转过程中包含多种原因的功率损耗，轴功率转化成有效功率的比例称效率。效率越高，说明泵所做的有效功率越多，损耗功率越小。

（4）转速：水泵转速是指叶轮每分钟的转数，用符号 n 表示，单位为 r/min。

（5）吸程：吸程也称允许吸上真空高度，也就是水泵运转时吸水口前允许产生真空度的数值，通常以 H_0 表示，单位为 m。

上述参数中，以流量和扬程最为重要，是选择水泵的主要依据。水泵铭牌上，型号意义可参照水泵样本。

二、水箱和水池

水箱或水池是建筑给水系统中储水的设备，水箱一般采用钢板现场加工，或采用厂家预制、现场拼装。水池一般采用现浇钢筋混凝土结构，要求防水良好。进出水管、溢流管等穿越水箱（水池）的管道，应做好防水措施，具体做法应参照标准图集施工，以免在穿越水池管道处出现泄漏。水箱配管、附件，如图 1-23 所示。

（1）水由进水管进入水箱，进水管上通常加装浮球阀来控制水箱内水位。浮球阀前加装闸阀或其他种类阀门，当检修浮球阀时关闭。

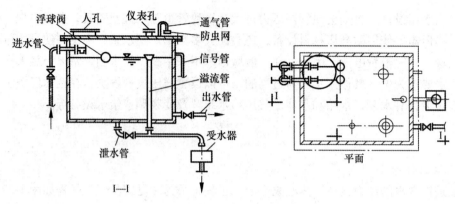

图 1-23　水箱配管、附件示意图

（2）出水管管口下缘应高出水箱底 150 mm，以防污物进入配水管网。

（3）溢流管口应高于设计最高水位 50 mm，管径应比进水管大 1～2 号。溢流管上不得装设阀门。

（4）排污管为放空水箱和冲洗箱底积存污物而设置，管口由水箱最底部接出，管径为 40～50 mm，在排污管上应加装阀门。

（5）水位信号管安装在水箱壁溢流管口以下，管径为 15 mm，信号管另一端通到经常有值班人员房间的污水池上，以便能随时发现水箱浮球阀失灵（便于）及时修理。

（6）通气阀供生活饮用水的水箱应设密封箱盖，箱盖上设检修人孔和通气管，通气管上不得加装阀门，通气管径一般不小于 50 mm。

三、气压给水装置

气压装置也是一种局部升压和调节水量的给水设备。该设备是用水泵将水压入密闭的罐体内，压缩罐内空气；用水时罐内空气再将存水压入管网，供各用水点用水。其功能与水塔或高位水箱基本相似，罐的送水压力是压缩空气而不是位置高度，因此，只要变更罐内空气压力，气压装置可设置在任何位置，如室内外、地下、地上或楼层中，应用较灵活、方便、建设快，投资省，供水水质好，还有消除水锤作用等优点；但罐容量小，调节水量小，罐内水压变化大，水泵启闭频繁，故耗电能多。

1. 气压装置分类

气压装置的类型很多，有立式、卧式、水气接触式及隔离式。按压力是否稳定，可分为变压式和定压式，前者是最基本形式。

1）变压式

管内充满着压缩空气和水，水被压缩空气送往给水管中，随着不断用水，罐内水量减少，空气膨胀压力降低；当降到最小设计压力时，压力继电器启动水泵，向给水管及水箱供水，在此压缩向内空气，压力上升；当压力升到最大工作压力时，水泵停泵，参看图 1-24。运行一段时间后，罐内空气量减少，需用补气设备进行补充，以利运行。补气可用空压机或自动补气装置。变压式为最常用的给水装置，广泛应用于水压力无严格要求的建筑物中。

由于上述气压装置是水、气合于一箱，空气容易被水带出，存气逐渐减少，因而需要时常补气。为此，可以用水器隔离设备，如装设弹性隔膜、气囊等，气量保持不变，可免除补气的麻烦。这种装置称隔膜式或囊式气压装置。

2）定压式

在用水压力要求稳定的给水系统中，可采用定压的装置。可在变压式装置的供水管设置调压阀，使管网处于定压下运行。其工作原理可参看图1-25。

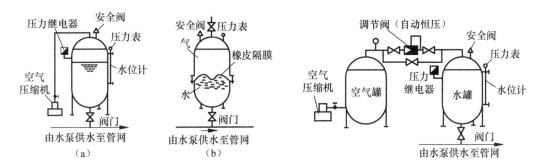

图 1-24　变压式气压罐　　　　　图 1-25　定压式气压装置
（a）单罐式；（b）隔膜式

2. 气压给水设备的特点

气压给水设备的优点有以下几方面：

（1）灵活性大，安装位置不受限制，给水压力可在一定范围内调节，施工安装简便，便于扩建、改建和拆建，尤其适用于有隐蔽要求及地震区建筑等不宜设置高位水箱的建筑中。

（2）水质不易被污染，尤其是隔膜式气压给水设备为密闭系统，故水质不会受外界污染。

（3）便于实现自动控制，气压给水系统可采用简单的压力、液位继电器等实现全自动供水控制。气压给水设备的缺点主要是调节容积小、储水能力差，并且为压力容器，故耗钢量大。

四、变频调速给水装置

变频给水设备是通过改变水泵电机的工作频率，从而调节水泵的转速，进而控制水的出水量和扬程，使水泵处于高效运行范围之内。这样既节省能源，又可保证供水水量。如图1-26所示。

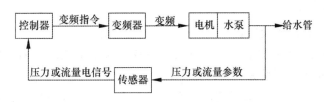

图 1-26　变速调频供水原理

变频调速给水设备系统一般包括：水泵、电机、传感器、控制器及变频调速器等。变频调速给水设备的工作原理是：传感器将水泵后的压力变化数据变为电信号输入控制器中，经控制器处理后传给变频器，改变电机电源的工作频率，从而改变水泵的转速，起到增加或减少供水量的作用，以适应用水量的变化。建筑物的用水量是随时变化的，夜间的用水量甚至会出现零流量，而变频又有一定的限度。因此，目前建筑给水系统中的变频调速给水设备往往由几台水泵组合而成。为做到恒压供水，往往尚需组合一个小气压水罐。利用气压水罐的缓冲作用，把切换水泵时的压力波动限制在 ±0.03 MPa，并利用气压水罐和变频水泵做到微流量或零流量供水，减少能耗，防止超压。变频调速给水装置节省投资，比建水塔节省50% ～70%，比建高位水箱节省30% ～60%，比气压罐节省40% ～45%。

第五节　建筑给水管道的布置及敷设

一、给水管道布置

1. 引入管布置

引入管宜从建筑物用水量最大处引入。当建筑用水量比较均匀时，可从建筑物中央部分引入。一般情况下，引入管可设置一条；如果建筑级别较高，不允许间断供水，则应设成两条引入管，并且由城市管网不同侧引入，如图1-27所示。如只能由建筑物同侧引入，则两引入管间距不得小于10 m，并应在节点设阀门，如图1-28所示。

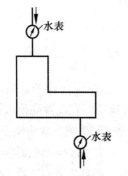

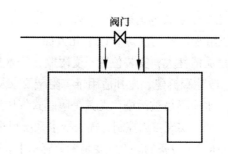

图1-27　引入管由建筑物不同侧引入　　　　图1-28　引入管由建筑物同侧引入

引入管埋设深度，主要根据当地气候、地质条件和地面荷载而定。在寒冷地区，埋设深度在当地冰冻线以下，以防止冻结；在室外直埋敷设时，应采取防腐措施。引入管穿越承重墙或基础时，要采取保护措施。若基础较浅，应从其底部穿过；若基础较深，管道需要穿越基础时，应在基础上预留洞口，洞口尺寸可查阅有关手册。

2. 室内给水管网布置

按照水平配水干管的敷设位置，室内给水系统可分为：

（1）下行上给式。水平配水干管可直接敷设在底层地下或地沟内，自下而上供水。下行上给式在各种建筑中应用最为广泛，如图1-3所示。

（2）上行下给式。水平配水干管敷设在建筑顶层屋面下或吊顶内，自上而下供水。此种供水方式适合于多层建筑或高层建筑，即从该建筑物的设备层内向下供水，如图1-5所示。

（3）环状式。一般建筑物均可使用树枝状供水方式。如建筑物不允许间断供水，或采用要求较高的消火栓、喷洒、雨淋系统时，则必须布置成环状式。水平干管和配水立管互相连接成环，组成水平管环状或立管环状，以保证其供水可靠性。如图1-29所示。

（4）中分式。把水送到高层设备层后，一路下送到低区，

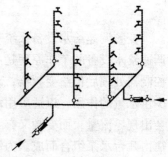

图1-29　环状给水方式

一路上送到高区。向下送到低区时，应采用减压阀等减压措施。

二、给水管道敷设

根据建筑物性质及对美观要求的不同，给水管道敷设可分为明装或暗装。

1. 明装

管道沿墙、梁、柱、楼板下敷设。明装管道施工方便，出现问题易于查找；缺点是不美观，此种方式适合于要求不高的公共及民用建筑、工业建筑。

2. 暗装

把管道布置在竖井内、吊顶内、墙上预留槽内、楼板预留槽内。在外部看不到管道，非常美观。此种方式适合于要求高的公共建筑，特别是受到了私人家居的欢迎；最大缺点是维修不便，一旦漏水则维护工作量大。图1-30是一种较典型宾馆卫生间管道布置方式。

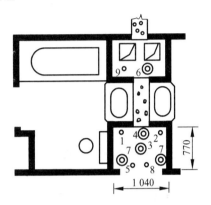

图1-30　较典型客房卫生间
管道布置方式

1—冷水管；2—热水管；3—污、废水管；4—通气管；5—饮用水管；6—雨水管；7—空调冷冻水管；8—空调供热水管；9—空调冷凝水管

三、管道安装

1. 管道连接方式

（1）钢管的连接。钢管的连接方式有螺纹连接、焊接、法兰连接三种方式。螺纹连接适用于管径小于$DN100$的镀锌钢管；焊接适用于大管径管道或黑铁管；管道和设备进出口，有较大口径阀门连接时，可使用法兰连接。

（2）塑料管、铝塑复合管连接塑料管可用粘接、热空气焊接、胀接等多种方式，铝塑复合管必须采用专门管件连接。

2. 管道及设备的防腐、防冻、防结露及防噪声

1）防腐

明设黑铁管需做防腐处理，最简单的防腐过程是：将管道和设备表面除锈，刷红丹防锈漆两道，再刷银粉一至两遍。暗设黑铁管防腐过程同明设黑铁管，只是面漆可以不刷。

钢管埋地时，无论黑铁管、白铁管，都应做防腐层。要求不高时，可刷沥青漆。

2）防冻、防结露

给水管线敷设部位如气温可能低于零度，应采取防冻措施，常用做法是在管道外包岩棉管壳，管壳外再做保护层，如缠塑料、缠玻璃布、刷调合漆等。

给水管线如明装敷设在吊顶或建筑物其他部位，则气候炎热、湿度较大的季节会结露。这时，应采取防结露措施，以防止结露水破坏吊顶装修和室内物品等。具体做法，可参照防冻措施。

3）防噪声

给水管道或设备工作时产生噪声原因很多，如由于流速过高产生噪声、水泵运转产生噪声等。防止噪声措施，要求建筑物水系统设计时，要把流速控制在允许范围内。建筑设计时，水泵房、卫生间不靠近卧室及其他需安静的房间。为防止水泵或设备运转产生噪声，可在设备进出口设挠性接头，泵基础采取减振措施，必要时应在泵房内贴附吸声材料。

3. 管道安装

管道安装时，应固定到支架或吊架上。常用支架或吊架，可采用角钢埋设或用膨胀螺栓固定于土建结构内。管道和支吊之间，可用 U 形螺栓固定。

支、吊架具体做法，可参见给水管道安装标准图集。

第六节 高层建筑给水系统

我国建筑目前以 24 m 作为高层建筑的起始高度，即建筑高度（以室外地面至檐口或屋面面层高度计）超过 24 m 的公共建筑或工业建筑，均为高层建筑（不包括单层主体建筑超过 24 m 的体育馆、会堂、剧院等公共建筑及高层建筑中的人民防空地下室）。而住宅建筑由于每个单元的防火分区面积不大，有较好的防火分隔，火灾发生时，火势蔓延扩大受到一定的限制，危害性较少；同时，它在高层建筑中所占比例较大，防火标准提高，将影响工程总投资的较大增长，因此，高层住宅的起始线与公共建筑略有区别，以 10 层及 10 层以上的住宅（包括首层设置商业服务网点的住宅）为高层住宅建筑。

当高层建筑的建筑高度超过 250 m 时，建筑设计采取的特殊防火措施，应提交国家消防主管部门组织专题研究、论证。高层建筑层多楼高，有别于低层建筑，因此，对建筑给水排水工程提出了新的技术要求。必须采取相应的技术措施，才能确保给水排水系统的良好工况，满足各类高层建筑的功能要求。

一、技术要求

整幢高层建筑若采用同一给水系统供水，则垂直方向管线过长，下层管道中的静水压力及管中水击压力很大，必然带来一些弊端：需要采用耐高压的管材、附件和配水器材，费用高；启闭水嘴、阀门易产生水锤，不但会引起噪声，还可能损坏管道、附件，造成漏水；开启水嘴水流喷溅，既浪费水量，又影响使用；同时，由于配水水嘴前压力过大，水流速度加快，出流量增大，水头损失增加，使设计工况与实际工况不符。不但会产生水流噪声和振动，还将直接影响高层供水的安全可靠性。因此，高层建筑给水系统，必须解决低层管道中静水压力过大的问题。

二、技术措施

为克服高层建筑同一给水系统供水，低层管道中静水压力及管中水击压力过大的弊病，保证建筑供水的安全可靠性，高层建筑给水系统应采取竖向分区供水，即在建筑物的垂直方向按层分段，各段为一区，分别组成各自的给水系统。确定分区范围时，应充分利用室外给水管网的水压，以节省能量，并根据建筑物使用要求、设备材料性能、维护管理条件、建筑层数等情况综合考虑，尽量将给水分区的设备层与其他相关工程所需设备层共同设置，以节省土建费用；同时，要使各区最低卫生器具或用水设备配水装置处的静水压力小于其工作压力，以免配水装置的零件损坏漏水。

《建筑给水排水设计规范》（GB 50015—2003，2009 年版）规定：高层建筑生活给水系统应竖向分区，各分区最低卫生器具配水点处的静水压不宜大于 0.45 MPa，特殊情况下不宜大于 0.55 MPa。水压大于 0.35 MPa 的入户管，宜设置减压设施。高层建筑给水系统竖向分区的基本形式有以下几种。

1. 串联式

各区设置水箱和水泵，各区水泵均设置在技术层内，低区的水箱兼作上区的水池，如图 1-31 所示。串联式的优点为：各分区水泵按本区需要设计，可保持在高效区工作，能耗较少，无须设置高压水泵和高压管线；管道布置简单，较省管材；缺点是：供水不够安全，下区设备故障，将直接影响上区供水；各区水箱、水泵分散设置，维修、管理不便，并且要占用一定的建筑面积；水泵设于技术层，对防振、防噪声和防漏水等施工技术要求较高；水箱容积较大，将增加结构的负荷和造价。

2. 减压式

建筑用水由设在底层的水泵依次提升至屋顶水箱，再通过各区减压装置，如减压水箱、减压阀等，依次向下供水。图 1-32 为采用减压水箱的供水方式，图 1-33 为采用减压阀的供水方式，这两种共同的优点是：水泵型号少，数量少，而且集中设置，便于维修、管理；管线布置简单，投资省；共同的缺点是：各区用水均需提升至屋顶水箱，不但屋顶水箱容积大，而且对建筑结构和防震不利，同时也增加了电耗；供水不够安全，水泵或屋顶水箱输水管、出水管的局部故障，都将影响各区供水。

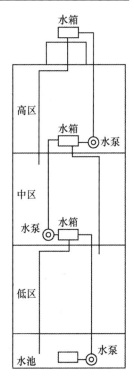

图 1-31　串联供水方式

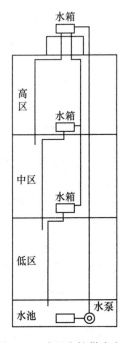

图 1-32　减压水箱供水方式

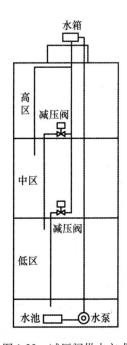

图 1-33　减压阀供水方式

采用减压阀供水方式时，可省去减压水箱，进一步缩小了占地面积，可使建筑面积充分发挥经济效益，安装方便，节省投资；同时，也可避免由于管理不善等原因可能引起的水箱二次污染现象，目前多用在旧有系统的改造。但由于使用减压阀，将水的位能提升后再进行消减，增加了电耗，从节能的角度考虑，不提倡使用。

3. 并联式

各区水箱和水泵集中设在底层或地下设备层，分别向各区供水。图1-34～图1-36均为并联供水方式。并联式分区的优点是：各区供水自成系统，互不影响，供水较安全可靠；各区升压设备集中设置，便于维修、管理，能源消耗较少。水泵、水箱并联供水系统中，各区水箱容积小，占地少。气压给水设备和变频调速泵并联供水系统中，无需水箱，节省了占地面积。并联式分区的缺点是：水泵型号较多，水箱占用建筑使用面积；上区供水泵扬程较大，总压水线长；由气压给水设备升压供水时，调节容积小，耗电量较大；当分区较多时，高区气压罐承受压力大，使用钢材较多，费用高；由变频调速泵升压供水时，设备费用较高，维修较复杂。

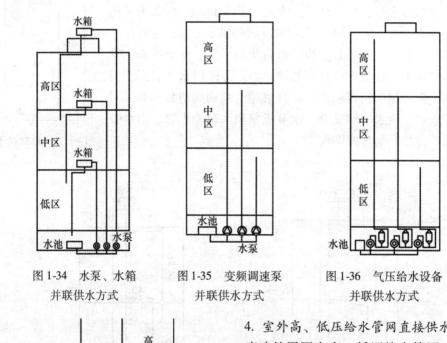

图1-34　水泵、水箱　　　　图1-35　变频调速泵　　　　图1-36　气压给水设备
　　并联供水方式　　　　　　并联供水方式　　　　　　　并联供水方式

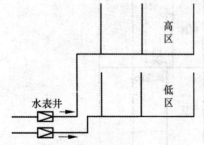

图1-37　室外高、低压给水管网供水方式

4. 室外高、低压给水管网直接供水

当建筑周围有高、低压给水管网时，可利用外网压力，由室外高、低压给水管网分别向建筑内高、低区给水系统供水，如图1-37所示。其优点是：各幢建筑不需设置升压、储水设备，节省了设备投资和管理费用。但这种分区形式只有在室外有市政高、低压给水管网时，才有条件采用。

在高层建筑实际分区时，由于各种因素的制约，有可能使个别卫生器具给水附件静压力超过规范推荐的压力值。此时，为防止水压过大导致的各种弊病，宜采用减压限流措施。

三、高层建筑给水管道布置

高层建筑各分区的给水管网，可根据供水安全要求布置成树枝管网、竖向环网或水平环状网。对供水范围较大的管网，可设置两个水箱。各个水箱上，分别设出水管接至管网。此外，为减小检修或故障时的停水影响范围，应在管网上适当设置闸阀，控制水嘴的数量，缩小停水范围。

第七节　建筑消防给水系统

一、消火栓给水系统设置

室内消火栓给水系统是把室外消防给水系统提供的水量，输送到建筑内部，用于扑灭建筑物内的火灾而设定的固定灭火设备，是建筑物中最基本的灭火设施。

（1）我国《建筑设计防火规范》（GB 50016—2006）规定，下列建筑应设置 DN65 的室内消火栓：

① 建筑占地面积大于 300 m² 的厂房（仓库）；

② 体积大于 5 000 m³ 的车站、码头、机场的候车（船、机）楼、展览建筑、商店、旅馆建筑、病房楼、门诊楼、图书馆建筑等；

③ 特等、甲等剧场，超过 800 个座位的其他等级的剧院和电影院等，超过 1 200 个座位的礼堂、体育馆等；

④ 超过 5 层或体积大于 10 000 m³ 的办公楼、教学楼、非住宅类居住建筑等其他民用建筑；

⑤ 超过 7 层的住宅；

⑥ 国家级文物保护单位的重点砖木结构或木结构的古建筑；

（2）我国《高层民用建筑设计防火规范》（GB 50045—1995，2005 年版）规定：

① 高层建筑必须设置室内消火栓；

② 消防电梯间前室，应设置室内消火栓。

二、室内消火栓给水系统的组成

建筑内部消火栓给水系统一般由水枪、水带、消火栓、消防管道、消防水池、高位水箱、水泵接合器及增压水泵等组成。

1. 消火栓消防系统

消火栓设备由水枪、水带和消火栓组成，均安装在消火栓箱内，如图 1-38 所示。水枪一般为直流式，用铝或塑料制成。喷嘴口径有 13 mm、16 mm、19 mm 三种。口径 13 mm 水枪配备直径 50 mm 水带，16 mm 水枪可配 50 mm 或 65 mm 水带，19 mm 水枪配备 65 mm 水带。低层建筑的消火栓可选用 13 mm 或 16 mm 口径水枪，高层建筑的消火栓用 19 mm 口径水枪。

水带口径有 50 mm、65 mm 两种，长度一般为 15 m、20 m、25 m、30 m 四种；水龙带材质有麻织和化纤两种，有衬胶与无衬胶之分，衬胶水带阻力较小。

消火栓均为内扣式接口的球形阀式水嘴，有单出口和双出口之分。双出口消火栓直径为 65 mm，单出口消火栓直径有 50 mm 和 65 mm 两种。当每支水枪最小流量小于 5 L/s 时，选用直径 50 mm 消火栓；当最小流量大于 5 L/s 时，选用 65 mm 消火栓。

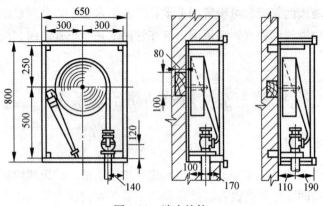

图 1-38 消火栓箱

2. 水泵接合器

水泵接合器是连接消防车向室内消防给水系统加压供水的装置,一端由消防给水管网水平干管引出,另一端设于消防车易于接近的地方。水泵接合器有地上式、地下式和墙壁式三种,如图 1-39 所示。

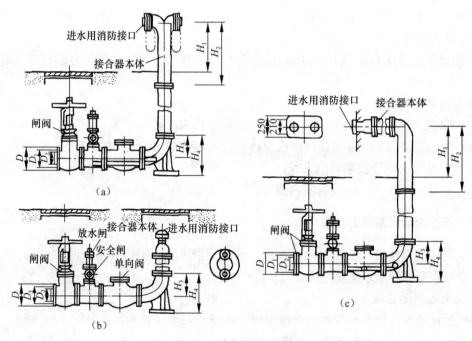

图 1-39 水泵接合器外形图
(a) 地上式;(b) 地下式;(c) 墙壁式

3. 消火栓的布置

1) 室内消火栓布置应符合的要求

(1) 除无可燃物的设备层外,设置室内消火栓的建筑物,其各层均应设置消火栓。

(2) 室内消火栓的布置,应保证每一个防火分区同层有两支水枪的充实水柱,同时到达室内任何部位。建筑高度小于等于 24 m,且体积小于等于 5 000 m³ 的多层仓库,可采用一支水枪的充实水柱,同时到达室内任何部位。这是因为:考虑到消火栓是室内主要灭火设备,在任何情况下,均可使用室内消火栓进行灭火。因此,当相邻一个消火栓受到火灾威胁而不能使用时，该消火栓和不能使用的消火栓相邻的一个消火栓协同，仍能保护任何部位。

（3）消防电梯前室应设室内消火栓。

（4）室内消火栓应设在明显易于取用地点。栓口离地面高度为 1.1 m，其出水方向宜向下或与设置消火栓的墙面成 90°。

（5）冷库的室内消火栓，应设在常温穿堂内或楼梯间内。

（6）设有室内消火栓的建筑，如为平屋顶时，宜在平屋顶上设置试验和检查用的消火栓。在寒冷地区，屋顶消火栓可设在顶层出口处并采取防冻技术措施。

（7）同一建筑物内应采用统一规格的消火栓、水枪和水带，以方便使用。每条水带的长度，不应大于 25 m。

（8）高层厂房（仓库）和高位消防水箱静压不能满足最不利点消火栓水压要求的其他建筑，应在每个室内消火栓处设置直接启动消防水泵的按钮或报警信号装置，并应有保护设施。

（9）建筑的室内消火栓、阀门等设置地点，应设置永久性固定标识。

2）水枪充实水柱长度

水枪充实水柱长度根据防火要求，从水枪射出的水流应具有射到着火点和足够冲击扑灭火焰的能力。充实水柱是指靠近水枪口的一段密集、不分散的射流，充实水柱长度是直流水枪灭火时的有效射程，是水枪射流中在 26 ~ 38 mm 直径圆断面内、包含全部水量 75% ~ 90% 的密实水柱长度。火灾发生时，火场能见度低。要使水柱能喷到着火点、防止火焰的热辐射及着火物下落烧伤消防人员，消防员必须距着火点有一定的距离，因此，要求水枪的充实水柱应有一定长度。

3）消火栓的保护半径

消火栓的保护半径，是指某种规格的消火栓、水枪和一定长度的水带配套后，并考虑当消防人员使用该设备时有一定安全保障的条件下，以消火栓为圆心，消火栓能充分发挥其作用的半径。

4）消火栓的间距

室内消火栓间距应由计算确定，并且高层工业建筑，高架库房，甲、乙类厂房，室内消火栓的间距不应超过 30 m；其他单层和多层建筑室内消火栓的间距，不应超过 50 m。

（1）当室内宽度较小，只有一排消火栓，并且要求有一股水柱达到室内任何部位时，如图 1-40（a）所示。

（2）当室内只有一排消火栓，并且要求有两股水柱同时达到室内任何部位时，如图 1-40（b）所示。

（3）当房间较宽，需要布置多排消火栓，并且要求有一股水柱达到室内任何部位时，如图 1-40（c）所示。

（4）当室内需要布置多排消火栓，并且要求有两股水柱达到室内任何部位时，可按图 1-40（d）所示布置。

5）消防给水管道的布置

（1）当室外消防用水量大于 15 L/s，消火栓个数多于 10 个时，室内消防给水管道应布置成环状，进水管应布置两条。

（2）室内消防给水管道应该用阀门分成若干独立段；如某段损坏时，对于单层厂房（仓库）和公共建筑，检修时停止使用的消火栓不应超过 5 个；对于多层民用建筑和其他厂房

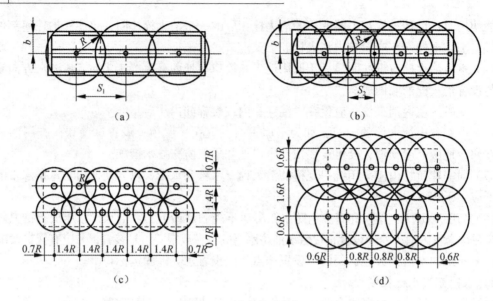

图1-40　消火栓布置间距

(a) 单排一股水柱到达室内任何部位；(b) 单排两股水柱到达室内任何部位；

(c) 多排一股水柱到达室内任何部位；(d) 多排两股水柱到达室内任何部位

（仓库），室内消防给水管道上阀门的设置，应保证检修管道时关闭竖管不超过1条；但设置的竖管超过3条时，可关闭不相邻的2条。

（3）高层厂房（库房）设置室内消火栓、层数超过4层的厂房（库房）设置室内消火栓、层数超过5层的公共用建筑，其室内消火栓给水系统应设消防水泵接合器。

消防水泵接合器应设在消防车易于到达的地点，与室外消火栓或消防储水池取水口的距离为15～40 m。每个水泵接合器进水流量可达到10～15 L/s，水泵接合器的数量应按室内消防用水量计算确定。

（4）消防用水与其他用水合并的室内管道，当其他用水达到最大的小时流量时，应仍能供应全部消防用水量。

三、自动喷水灭火系统

在发生火灾时，能自动打开喷头喷水并同时发出火警信号的消防灭火设施，称为自动喷水灭火系统。该系统的应用在国外已有近百年的历史，国内应用也有50余年的历史，但使用极不普遍，直至1978年后才逐渐推广使用。

自动喷水灭火系统具有安全可靠、控火灭火成功率高、经济实用、适用范围广、使用期长等优点。有统计数据表明，安装自动喷水灭火系统的费用占工程总造价的1%～3%。一般在该系统安装后的几年内，少缴的保险费就够补偿该项费用。再从安装该系统后，减少火灾损失及减少消防总开支这一点看，也是合算的。

目前我国使用的该种系统的类型有：湿式喷水灭火系统、干式喷水灭火系统、预作用喷水灭火系统、雨淋喷水灭火系统、水幕系统和水喷雾系统六种类型。前三种称为闭式自动喷水灭火系统。

1. 自动喷水灭火系统的组成、工作原理和适用情况

1）湿式喷水灭火系统

其工作原理为：火灾发生的初期，建筑物的温度随之不断上升。当温度上升到以闭式喷头温感元件爆破或熔化脱落时，喷头即自动喷水灭火。此时，管网中的水由静止变为流动，水流指示器被感应送出电信号，在报警控制器上指示某一区域已在喷水。持续喷水造成报警阀的上部水压低于下部水压，其压力差值达到一定值时，原来处于闭状的报警阀就会自动开启。此时，消防水通过湿式报警阀，流向干管和配水管供水灭火。同时，一部分水流沿着报警阀的环形槽进入延迟器、压力开关及水力警铃等设施，发出火警信号。此外，根据水流指示器和压力开关的信号或消防水箱的水量信号，控制箱内控制器能自动启动消防泵，向管网加压供水，达到持续自动供水的目的。

该系统由闭式喷头、湿式报警阀、报警装置、管网及供水设施等组成，如图 1-41 所示。系统具有结构简单，使用方便、可靠，便于施工、管理，灭火速度快，控火效率高，比较经济，适用范围广的优点；但由于管网中充有压水，当渗漏时会损坏建筑装饰和影响建筑的使用。适用安装在常年室温不低于 4 ℃ 且不高于 70 ℃，能用水灭火的建筑物、构筑物内。

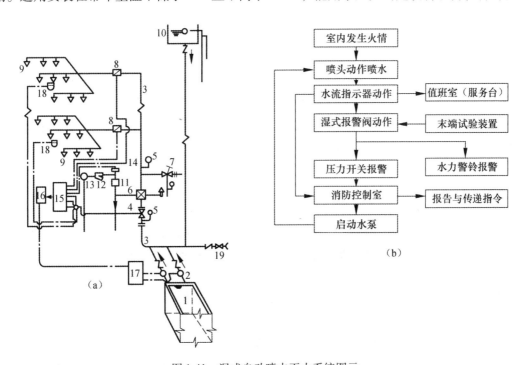

图 1-41　湿式自动喷水灭火系统图示

（a）组成示意图；（b）工作原理图

1—消防水池；2—消防水泵；3—管网；4—控制蝶阀；5—压力表；6—湿式报警阀；7—泄放试验阀；8—水流指示器；9—喷头；10—高位水箱、稳压泵或气压给水设备；11—延时器；12—过滤器；13—水力警铃；14—压力开关；15—报警控制器；16—非标控制箱；17—水泵启动箱；18—探测器；19—水泵接合器

2）干式喷水灭火系统

该系统由闭式喷头、管道系统、干式报警阀、干式报警控制装置、充气设备、排气设备和供水设施等组成，如图 1-42 所示。

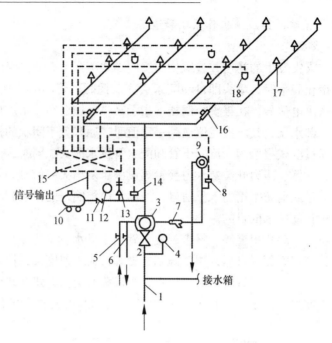

图 1-42 干式自动喷水灭火系统图示

1—供水管；2—闸阀；3—干式阀；4—压力表；5，6—截止阀；7—过滤器；8—压力开关；9—水力警铃；10—空压机；11—止回阀；12—压力表；13—安全阀；14—压力开关；15—火灾报警控制箱；16—水流指示器；17—闭式喷头；18—火灾探测器

该系统与湿式喷水灭火系统类似，只是控制信号阀的结构和作用原理不同，配水管网与供水管间设置干式控制信号阀将它们隔开，而在配水管网中平时充满有压气体。火灾时，喷头首先喷出气体，致使管网中压力降低，供水管道中的压力水打开控制信号阀而进入配水管网；接着，从喷头喷出灭火。

其特点是：报警阀后的管道无水，不怕冻、不怕环境温度高，也可用在对水渍不会造成严重损失的场所。干式和湿式系统相比较，多增设一套充气设备，一次性投资高、平时管理较复杂、灭火速度较慢。适用于温度低于 4 ℃或温度高于 70 ℃以上的场所。

3）预作用喷水灭火系统

该系统由预作用阀门、闭式喷头、管网、报警装置、供水设施以及探测和控制系统组成，如图 1-43 所示。

在雨淋阀（属干式报警阀）之后的管道系统，平时充以有压或无压气体（空气或氮气）。当火灾发生时，与喷头一起安装在现场的火灾探测器，首先探测出火灾的存在，发出声响报警信号。控制器在将报警信号作声光显示的同时，开启雨淋阀，使消防水进入管网，并在很短时间内完成充水（不宜大于 3 min），即原为干式系统迅速转变为湿式系统，完成预作用程序。该过程喷头温感尚未形成动作，过后闭式喷头才会喷水灭火。该种系统综合运用了火灾自动探测控制技术和自动喷水灭火技术，兼容了湿式和干式系统的特点。系统平时为干式，火灾发生时立刻变成湿式，同时进行火灾初期报警。系统由干式转为湿式的过程含有灭火预备功能，故称为预作用喷水灭火系统。这种系统由于有独到的功能和特点，因此，有取代干式灭火系统的趋势。

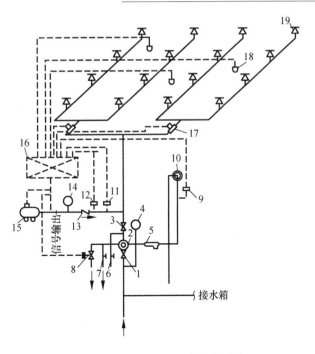

图 1-43　预作用喷水灭火系统图示

1—总控制阀；2—预作用阀；3—检修闸阀；4—压力表；5—过滤器；6—截止阀；7—手动开启截止阀；8—电磁阀；9—压力开关；10—水力警铃；11—水流指示器；12—压力报警阀探测器；13—止回阀；14—压……

预作用喷水灭火系统适用于冬季结冰和不能采暖的建筑物内，以及凡不允许有误喷而造成水渍损失的建筑物（如高级旅馆、医院、重要办公楼、大型商场等）和构筑物等。

4）雨淋喷水灭火系统

该系统由开式喷头、管道系统、雨淋阀、火灾探测器、报警控制装置、控制组件和供水设备等组成，如图 1-44 所示。

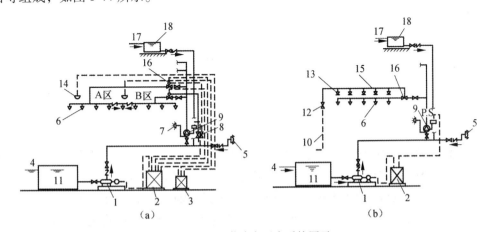

图 1-44　雨淋喷水灭火系统图示

（a）电动机启动；（b）传动管启动

1—消防泵；2—控制箱；3—报警器；4—进水管；5—水泵接合器；6—开式喷头；7—水力警铃；
8—手动开阀装置；9—湿式报警阀；10—排水管；11—水池；12—手动阀；13—闭式喷头；14—探
测器；15—传动管；16—雨淋阀；17—进水管；18—高位水箱

平时，雨淋阀后的管网充满水或压缩空气，其中的压力与进水管中水压相同。此时，雨淋阀由于传动系统中的水压作用而紧紧关闭着。当建筑物发生火灾时，火灾探测器感受到火灾因素，便立即向控制器送出火灾信号，控制器将此信号作声光显示并相应输出控制信号，由自动控制装置打开集中控制阀门，自动地释放掉传动管网中有压力的水，使传动系统中的水压骤然降低，使整个保护区域所有喷头喷水灭火。该系统具有出水量大、灭火及时的优点，适用于火灾蔓延快、危险性大的建筑或部位。

5）水幕系统

该系统由水幕喷头、控制阀（雨淋阀或干式报警阀等）、探测系统、报警系统和管道等组成，如图1-45所示。

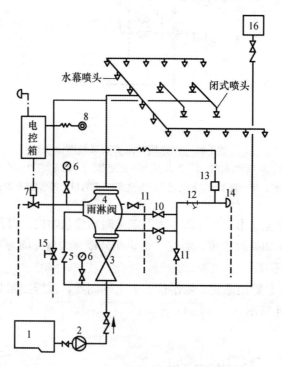

图1-45　水幕系统图示

1—水池；2—水泵；3—供水闸阀；4—雨淋阀；5—止回阀；6—压力表；7—电磁阀；8—按钮；
9—试警铃阀；10—警铃管阀；11—放水阀；12—滤网；13—压力开关；14—警铃；15—手动快
开阀；16—水箱

水幕系统中用开式水幕喷头，将水喷洒成水帘幕状，不能直接用来扑灭火灾，与防火卷帘、防火幕配合使用，对它们进行冷却和提高它们的耐火性能，阻止火势扩大和蔓延。也可单独使用，用来保护建筑物的门窗、洞口或在大空间造成防火水幕，起防火分隔作用。该系统具有出水量大、灭火及时的优点，适用于火灾蔓延快、危险性大的建筑或部位。

2. 自动喷水灭火系统的组件

1）喷头

闭式喷头是一种直接喷水灭火的组件，是带热敏感元件及其密封组件的自动喷头。该热敏感元件可在预定温度范围下动作，使热敏感元件及其密封组件脱离喷头主体，并按规定的形状和水量，在规定的保护面积内喷水灭火。它的性能好坏，直接关系着系统的启动和灭火、控火效果。此种喷头按热敏感元件划分，可分为玻璃球喷头和易熔元件喷头两种类型；按安装形式、布水形状，又分为直立型、下垂型、边墙型、吊顶型和干式下垂型等，如图1-46所示。

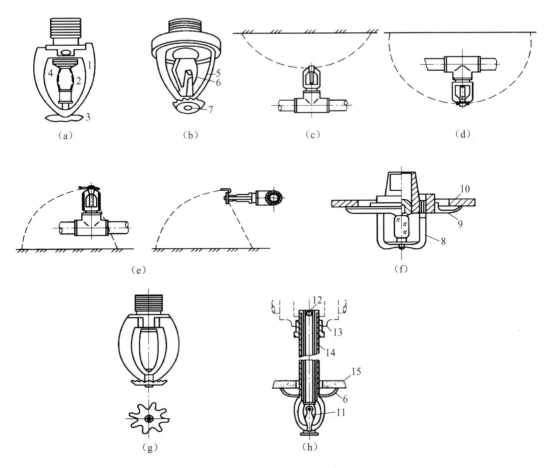

图1-46 闭式喷头构造示意图

（a）玻璃球洒水喷头；（b）易熔合金洒水喷头；（c）直立型；（d）下垂型；（e）边墙型（立式、水平式）；　　　　　　　　　　（f）吊顶型；（g）普通型；（h）干式下垂型

1—支架；2—玻璃球；3—溅水盘；4—喷水口；5—支架；6—合金锁片；7—溅水盘；8—支架；9—装饰罩；10—吊顶；11—热敏元件；12—钢球；13—铜球密封圈；14—套筒；15—吊顶；16—装饰罩

开式喷头根据用途，分为开启式、水幕、喷雾三种类型，构造如图1-47所示。

2）控制装置

控制装置包括控制阀和报警阀。报警阀又分为湿式报警阀、干式报警阀和雨淋阀。

（1）控制阀一般选用闸阀，平时应全开，应用环形软锁将手轮锁死在开启位置，并应有开关方向标记，其安装位置在报警阀前。

（2）报警阀的作用是开启和关闭管网的水流，传递控制信号至控制系统并启动水力警铃直接报警。有湿式、干式、干湿式和雨淋式四种类型，如图1-48所示。湿式报警阀主要用于湿式自动喷水灭火系统上，在其立管上安装；干式报警阀用于干式自动喷水灭火系统，在其立管上安装。

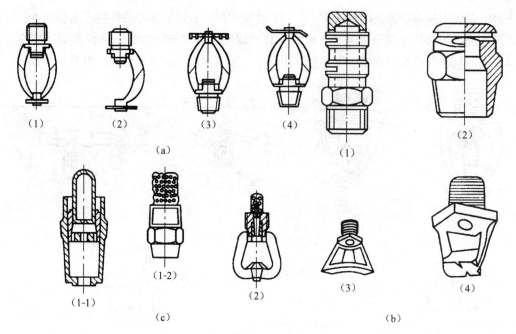

图 1-47 开式喷头构造示意图

（a）开启式洒水喷头：（1）双臂下垂型；（2）单臂下垂型；（3）双臂直立型；（4）双臂边墙型；（b）水幕喷头：

（1）双隙式；（2）单隙式；（3）窗口式；（4）檐口式；（c）喷雾喷头：（1-1、1-2）高速喷雾式；（2）中速喷雾式

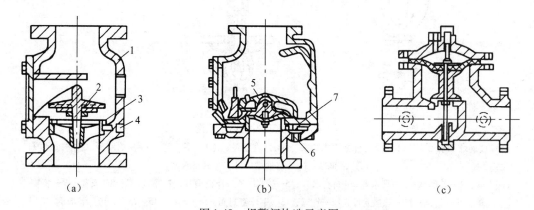

图 1-48 报警阀构造示意图

（a）座圈型湿式阀；（b）差动式干式阀；（c）雨淋阀

1—阀体；2—阀瓣；3—沟槽；4—水力警铃接口；5—阀瓣；6—水力警铃接口；7—弹性隔膜

　　干湿式报警阀用于干、湿交替式喷水灭火系统，是既适合湿式喷水灭火系统，又适合干式消防灭火系统的双重作用阀门。由湿式、干式报警阀依次连接而成，在温暖季节用湿式装置，在寒冷季节则用干式装置；雨淋阀用于雨淋、预作用、水幕、水喷雾自动喷水灭火系统。报警阀有 $DN50$、$DN65$、$DN80$、$DN125$、$DN150$、$DN200$ 等八种规格。

　　（3）检验装置在系统的末端接出一个 $DN15$ 的管线并加上一个截止阀，阀前安一个压力表可组成检验装置。检验时，打开截止阀就可以了解报警阀的启动情况。同时，它还起防止管网堵塞的作用。

（4）报警装置主要有水力警铃、水流指示器、压力开关和延迟器。

（5）监测装置主要有：电动感烟、感温、感光火灾探测器系统，由电气和自控专业人员设计，给水排水专业人员配合。

四、其他固定灭火设施简介

因建筑物使用功能不同，其内的可燃物质性质各异，因此，仅是用水作为消防手段是不能达到扑救火灾的目的，甚至还会带来更大的损失。应根据可燃物的物理、化学性质，采用不同的灭火方法和手段，才能达到预期的目的。现将以下几种固定灭火系统作简单介绍。

1. 干粉灭火系统

以干粉作为灭火剂的灭火系统称为干粉灭火系统。干粉灭火剂是一种干燥的、易于流动的细微粉末，平时储存于干粉灭火器或干粉灭火设备中，灭火时靠加压气体（二氧化碳或氮气）的压力将干粉从喷嘴射出，形成一股携夹着加压气体的雾状粉流射向燃烧物。

干粉灭火具有灭火历时短、效率高、绝缘好、灭火后损失小、不怕冻、不用水、可长期储存等优点。干粉灭火系统的组成，如图1-49所示。

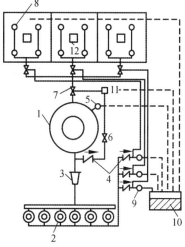

图1-49　干粉灭火系统组成

1—干粉储罐；2—氮气瓶和集气管；3—压力控制器；4—单向阀；5—压力传感器；6—减压阀；7—球阀；8—喷嘴；9—启动气瓶；10—控制中心；11—电磁阀；12—火灾探测器

2. 泡沫灭火系统

泡沫灭火系统是应用泡沫灭火剂，使其与水混合后产生一种可漂浮、黏附在可燃、易燃液体、固体表面，或者充满某一着火物质的空间，达到隔绝、冷却，使燃烧物质熄灭。泡沫灭火剂按其成分分类，有化学泡沫灭火剂、蛋白质泡沫灭火剂和合成型泡沫灭火剂三种。

泡沫灭火系统广泛应用于油田、炼油厂、油库、发电厂、汽车库、飞机库、矿井坑道等场所。泡沫灭火系统组成，如图1-50所示。

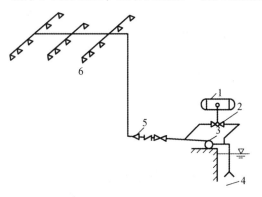

图1-50　固定式泡沫喷淋灭火系统

1—泡沫液储罐；2—比例混合器；3—消防泵；4—水池；5—泡沫产生器；6—喷头

3. 卤代烷灭火系统

卤代烷灭火系统是把具有灭火功能的卤代烷碳氢化合物作为灭火剂的消防系统。目前，卤代烷灭火剂主要有一氯一溴甲烷（简称1011）、二氟二溴甲烷（简称1202）、二氟一氯一溴甲烷（简称1211）、三氟一溴甲烷（简称1301）、四氟二溴乙烷（简称2402），如图1-51所示。

4. 二氧化碳（CO_2）灭火系统

二氧化碳灭火系统是一种纯物理的气体灭火系统。二氧化碳灭火剂是液化气体型，以液相储存于高压容器内。当二氧化碳以气体喷向某些燃烧物时，能产生对燃烧物窒息和冷却的作用。其组成如图1-52所示。

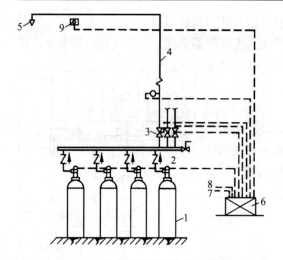

图 1-51　卤代烷灭火系统组成图示

1—灭火储瓶；2—容器阀；3—选择阀；
4—管网；5—喷嘴；6—自控装置；7—控制
联动；8—报警；9—火警探测器

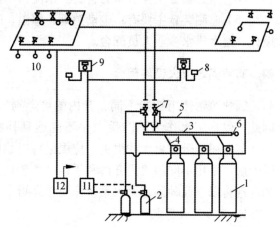

图 1-52　CO_2 灭火系统组成

1—CO_2 储存器；2—启动用气容器；3—总管；4—连接管；
5—操作管；6—安全阀；7—选择阀；8—报警器；9—手动
启动装置；10—探测器；11—控制盘；12—检测盘

该灭火系统具有不污损保护物、灭火快、空间淹没效果好等优点。可用于扑灭某些气体、固体表面、液体和电器火灾，但这种系统造价高，灭火时对人体有害。

5. 水喷雾灭火系统

该系统由水源、供水设备、管道、雨淋阀组、过滤器和水雾喷头等组成。

其灭火原理是：当水以细小的雾状水滴喷射到正在燃烧的物质表面时，产生表面冷却、窒息、乳化和稀释的综合效应，实现灭火。水喷雾灭火系统具有适用范围广的优点，不仅可以提高扑灭固体火灾的灭火效果；同时，由于水雾具有不会造成液体火飞溅、电气绝缘性好的特点，在扑灭可燃液体火灾、电气火灾中，均得到了广泛的应用。

第八节　建筑中水工程

一、建筑中水概念

建筑中水是建筑物中水和小区中水的总称，是指以建筑的冷却水、淋浴用水、盥洗排水、洗衣排水及雨水等为水源，经过物理、化学方法的工艺处理后用于冲洗便器、绿化、洗车、道路浇洒、空调冷却及水景等的供水系统。"中水"一词来源于日本，为节约水资源和减轻环境污染，20世纪60年代，日本设计出了中水系统。中水指各种排水经处理后，达到规定的水质标准。中水水源可取自建筑物的生活排水和其他可利用的水源。其水质比生活用水水质差，比污水、废水水质好。当中水用做城市杂用水时，其水质应符合《城市污水再生利用 城市杂用水水质》（GB/T 18920—2002）的规定。当中水用于景观环境用水，其水质应符合《城市污水再生利用·景观环境用水水质》（GB/T 18921—2002）的规定。中水用于食用作物、蔬菜浇灌用水时，应符合《农田灌溉水质标准》（GB 5084—2005）水质要求。中水系统是由中水原水的收集、储存、处理和中水供给等工程设施组成的有机结合体，是建筑物或建筑小区的功能配套设施之一。

中水系统在日本、美国、以色列、德国、印度、英国等国家都有广泛应用。近年来我国也加大了对中水技术的研究利用，先后在北京、深圳、青岛等大中小城市开展了中水技术的应用，并制订了《建筑中水设计规范》（GB 50336—2002），促进了我国中水技术的发展和建设，对节水、节能、缓解用水矛盾、保持经济可持续发展十分有利。

二、建筑中水的用途

（1）冲洗厕所：用于各种便溺卫生器具的冲洗。

（2）绿化：用于各种花草树木的浇灌。

（3）汽车冲洗：用于汽车的冲洗保洁。

（4）道路的浇洒：用于冲洗道路上的污泥、脏物或防止道路上的尘土飞扬。

（5）空调冷却：用于补充集中式空调系统冷却水的蒸发和漏失。

（6）消防灭火：用于建筑灭火。

（7）水景：用于补充各种水景因蒸发或漏失而减少的水量。

（8）小区环境用水：用于小区垃圾场地冲洗，锅炉的湿法除尘等。

（9）建筑施工用水。

三、中水系统的基本类型

1. 建筑中水系统

建筑中水系统的原水取自建筑物内的排水，经处理达到中水水质指标后回用，是目前使用较多的中水系统。考虑到水量的平衡，可利用生活给水补充中水水量。建筑中水系统具有投资少、见效快的优点，如图1-53所示。

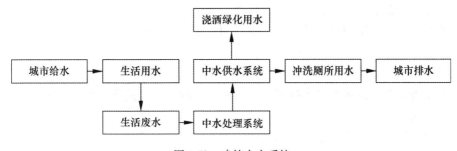

图1-53 建筑中水系统

2. 建筑小区中水系统

建筑小区中水系统的原水取自居住小区的公共排水系统（或小型污水处理厂），经处理后回用于建筑小区。在建筑小区内建筑物较集中时，宜采用此系统，并可考虑设置雨水调节池或其他水源（如地面水或观赏水池等）以达到水量平衡。如图1-54所示。

3. 城市区域中水系统

城市区域中水系统是将城市污水经二级处理后，再进一步经深度处理作为中水使用。目前，采用较少。该系统中水的原水主要来自城市污水处理厂、雨水或其他水源作为补充水。如图1-55所示。

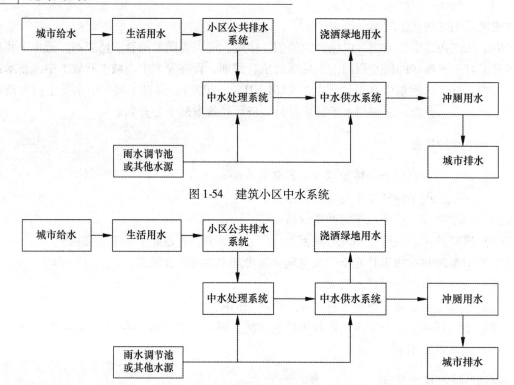

图1-54 建筑小区中水系统

图1-55 城市区域中水系统

四、建筑中水系统的组成

建筑中水系统由中水原水系统、中水原水处理系统、中水供水系统组成。

1. 中水原水系统

中水原水，指被选作中水水源而未经处理的水。

中水原水系统，包括室内生活污、废水管网，室外中水原水集流管网及相应分流、溢流设施等。

2. 中水原水处理系统

中水原水处理系统，包括原水处理系统设施、管网及相应的计量检测设施。

3. 中水供水系统

中水供水系统，包括中水供水管网及相应的增压、储水设备，如中水储水池、水泵、高位水箱等。

第九节 水 景

水景工程是与给水排水工程有关的景观建筑，它本身可以构成一个景区的全体，成为景观的中心，如建筑物中庭院的水景工程、水景音乐茶座中的水景等。

一、水景的作用

水景的作用有三种：

（1）与总体规划和建筑艺术构思相适应的水景，主要起到装饰、衬托，加强建筑物、构筑物、艺术雕塑、特定环境的艺术效果和气氛，美化建筑环境的作用。

（2）能润饰和净化空气，改善小区气候。

（3）其水池可兼作为其他用水的水源。例如，作消防储水池、养鱼池、娱乐游泳池等。

二、水景工程给水排水系统的组成

1. 基本组成

水景工程给水排水系统的基本组成部分有：喷头、水池、给排水管道、水景、水处理管道控制阀等，如图 1-56 所示。

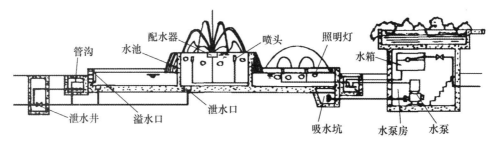

图 1-56　典型水景工程的组成

2. 喷头

喷头是水景工程的主要部件，是形成各种水柱的设备，种类很多，常用的有：形成的喷泉射流的直流式喷头；形成水雾的旋流式喷头；形成球形水的球形喷头；利用喷水口的环形缝隙，使水流喷成空心圆柱的环隙式喷头；水流在喷嘴外折射成不同形状的水膜（如牵牛花形、灯笼形、伞形等）。喷头类型的选择，应考虑造型要求、组合形式、控制方式、环境条件、水质状况等因

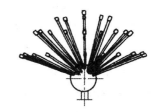

图 1-57　多层多股球形喷头

素。喷头的采用应在最小水头损失、最少射流水量条件下，保证最佳造型效果，并结合经济因素确定。如图 1-57 所示。

喷嘴材料常用不易锈蚀的铜、不锈钢等组成，其表面应光洁、匀称。

3. 喷泉水源

喷泉水质宜符合现行的生活饮用水卫生标准，喷泉用水应循环使用。当喷嘴有要求时，循环水应经过滤处理。循环系统的补充水量，应根据蒸发、风吹、渗漏、排污等损失确定，一般宜采用循环流量的 5% ~ 10%。

4. 配水管网

喷泉应设配水管、回水管、溢流管、泄水管和配水管泄空设施，回水管上应设滤网。喷泉配水管宜环状布置，喷泉的配水管道接头应严密、平滑。管道变径处应采用异径管，管道转弯处应采用大转弯半径的光滑弯头。喷嘴前，应有不小于 20 倍喷嘴口直径的直线管段或设整流装置。喷泉的每组射流应设调节装置，调节阀应设在能观察射流的泵房或水池附近井室内的配水干管上。如图 1-56 所示。

三、水景的形态

水景有多种的艺术姿态，这里仅介绍一些常见水景的基本形态，如图 1-58 所示。

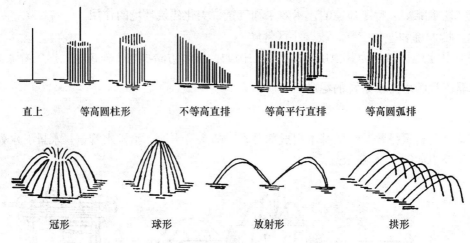

直上　　等高圆柱形　　不等高直排　　等高平行直排　　等高圆弧排

冠形　　　球形　　　放射形　　　拱形

图 1-58　常见水姿形态示例

四、水景常用的控制方式

为加强水景的观赏效果，通常使水姿有一定的变换，有时需要使水的姿态变换与灯光色彩、照度以及音乐的旋律节奏相协调，这就要求采取较复杂的自动控制措施。目前，喷泉常用的控制方式有以下几种。

1. 手动控制方式

在水景设备运行后，喷水姿态固定不变，一般只需设置必要的手动调节阀，待喷水姿态调节满意后就不再变换。这是最常见、最简单的控制方式。

2. 时间继电器控制方式

用电磁阀、气动阀、电动阀等控制各组喷头；利用时间继电器控制电磁阀、气动阀或电动阀的开关，从而实现各组喷头的姿态变换。照明灯具的色彩和照度，也可同样实现变换。

3. 音响控制方式

在各组喷头的给水管道上设置电磁阀或电动调节阀，将各种音响的频率高低或声音的强弱转换成电信号，控制电磁阀的开关或电动调节阀的开启度，从而实现喷水姿态的变换。

五、水景设计原则

（1）根据总体规划原则，应满足建筑艺术和功能要求。水景既可成为景观中心，也可作为其他景物的装饰、陪衬和背景，所以，要防止盲目追求自身的形式和规模。

（2）要以尽量少的水量和能量消耗，达到最大的艺术效果。

（3）要充分利用地形，选择合适的水景形态。

（4）要注意在不同季节，水和水声对周围环境的影响，防止破坏环境。

六、水景常用的给水排水系统

常用水景形态的给水排水系统，如表 1-3 所示。

表1-3　常用水景给排水系统

名称	图　式	特　点	优缺点	适用范围
直流给水	溢流管　排水管　泄水管　给水管　止回隔断阀	将喷头直接与给水管网连接，给水喷射一次后即排至下水道	系统简单，占地小，造价低，维护管理简单。耗水量大，给水管网易被污染	常与假山盆景配合，作小型喷泉、孔流、涌泉、水膜、瀑布、壁流等。适合在小型庭院、大厅等设置
陆上水泵循环给水	给水管　溢流管　补给水井　过滤器　循环水泵　挂水管	设有储水池、循环泵房和循环管道，给水循环利用	耗水量较少，运行费用低。系统较复杂，占地较多，管材用量较大，投资较贵，维护管理较麻烦	各种规模形式的水景均可采用，一般设在较开阔的场所
潜水泵循环给水	给水管　溢流管　潜水泵　排水管	设有储水池，将成组喷头和潜水泵直接放在水池内，给水循环利用（半移动式）	系统简单，占地小，造价低，适合工业化生产、施工、安装、维护管理较简单，耗水量少，运行费用低。水姿花形控制，调节困难	各种形式的中、小型喷泉、冰塔、涌泉、水膜、水雾等。适合在大厅、庭院、屋顶花园、广场、公园等处设置
移动式循环给水	灯　喷头　灯具　外壳　水泵　回水口　控制箱	将喷头、管道、水泵、水池、照明控制和装置等组装在一个设备内，给水循环利用，可任意搬动	设备小巧灵活，可任意搬动，适合工业化生产、施工、安装简单、方便，耗水量少，运行费用低	各种小型喷泉、冰塔、涌泉、水膜、孔流等。适合在橱窗、大厅、庭院、屋顶花园等处设置

第十节　给水系统常见故障与措施

一、水质污染

（1）当饮用水受到污染时，物业管理部门和用户应及时发现。当物业管理企业或委托其他部门进行例行的水质检测时，发现某些水质指标不合格，此时应结合具体的指标进行下列检查：

① 若出水浊度超标，应检查水箱盖是否盖严，通气管、溢流管管口网罩是否完好；水箱内是否有杂质沉淀；埋地管道有无渗漏现象等。

② 若细菌总数或大肠菌群数超标，除应进行上述检查外，还应检查消毒器的工作情况；检查水箱排水管、溢流管与排水管道是否有空气隔断，是否造成了回流污染。

③ 出水铁含量超标，一般是由钢制水箱顶板或四壁防腐层脱落造成。

（2）用户发现出水混浊或带色时，可能由以下原因引起：

① 当水箱清洗完毕后，用户最初放出的水是混浊有色的，因此，物业管理企业应在水箱清洗前发布通知，告知有可能出现这种情况。

② 水在管道中的滞留时间过长，出水也有可能混浊有色，如清晨放出的水和使用热水器最初放出的水。

③ 若用户长时间放出的水是有色的，物业管理企业应对水质进行检测，找出污染原因。

除上述水质污染现象外，还可能存在其他水质指标不合格的情况，可以请有关部门，如卫生防疫站、自来水公司等，帮助进行分析，找出污染原因，制订解决办法。

二、给水龙头出水流量过小或过大

给水龙头出水流量过小或过大，也是给水系统常见的问题之一。解决此问题，可将下层和上层用户进水管阀门的开启度分别调小和调大，也可在下层用户进水管上安装减压阀或在水龙头中安装节流塞。若高层建筑上面几层水龙头的出水量经常不能满足用户的要求，则可提高水泵的扬程或在水箱出水管上安装管道泵。

三、管道和器具漏水

管道接头漏水，是由于管材、管件质量低劣或施工质量不合格造成的。若是垂直管网漏水，应立即关闭水泵，排空管网积水后，更换或修补破损管道；如一时无法修复，应报告主管工程师。若发现水池出水管漏水，应立刻关闭水池出水阀和水泵，立刻通知主管工程师，由其安排维修，并在事后做维修报告。

据调查，阀门漏水是用户反映最强烈的问题。用户使用的阀门一般有进户阀和角阀两种。前者的作用是控制室内用水，解决室内用水器材的断水问题；后者一般是控制洗脸盆水龙头及便器水箱的阀门。目前，在装修档次不高的建筑中，进户阀门一般为铁制阀门，只有在出现问题时才偶尔使用，因此，大多数锈蚀严重。一般不敢轻易去拧，否则要么拧不动，要么拧动后关不严，产生漏水现象，久而久之，造成多数用户进水管阀门失灵，给管道和器具维修带来极大不便。角阀也存在类似问题。防止阀门损坏漏水的措施是：建议用户每月开关一次阀门，阀门周围应保持清洁；若阀门密封损坏，物业管理企业应及时将其更换成优质阀门，如铜制隔膜阀。

小区内的埋地管道也有可能发生漏水现象，表现为地面潮湿渗水。漏水原因一般是管道被压坏或管道接头不严。各种设备的漏水现象和预防方法，见表1-4。发现漏水后，应及时组织修理。

表1-4　各种设备的漏水现象和预防方法

设　备	漏水现象	预防方法
水龙头	有吧嗒吧嗒的声音	不要使劲去拧，要马上修理
便器水箱	不使用时便器仍然流水或水箱溢水	使用前检查便器是否淌水，水箱是否溢水
给水立管	墙壁或墙纸有湿处	经常观察有无异样
地面下的给水管	周围有溢水或混浊、渗水	不要在敷设地下水管的地面放重物或兴建筑物

四、振动和噪声

除管道中水流速度过快会引起振动和噪声外，水泵等设备运行也会产生振动和噪声；若这些设备安装的位置不合适，没有远离用户，就会影响居民生活。减小振动和噪声的方法是：降低管道中的水压力，使水流速度减慢；经常检查支架、吊环、管件、螺栓等是否松动，水泵的隔振措施是否到位、完好；水泵房距用户应有一定的距离。

五、管道冻裂

对已发生冰冻的给水管道，宜采用浇以温水升温或包保温材料的方法，让其自然化冻。对已冻裂的水管，可根据具体情况，采取电焊或换管的方法处理。

六、屋顶水箱溢水或漏水

屋顶水箱溢水，是由于进水控制装置或水泵失灵所致。若属于进水控制装置的问题，应立即关闭水泵和进水阀门，进行检修；若属于水泵启闭失灵，则应切断电源后，再检修水泵。

引起水箱漏水的原因，是水箱上的管道接口发生问题或是箱体出现裂缝所致，可以从箱体或地面浸湿的现象中发现。故应经常对水箱间进行巡视，发现问题及时处理。

七、水表记录不准确

对于一幢住宅楼或其他建筑来说，一般都会出现建筑进水总水表的用水量与各分支管水表的用水量总和不相符、分支管水表的用水量与其所供水的各用户水表用水量总和不相符的现象，并由此可能产生一些纠纷。出现这种情况的原因，除了水表本身的计量准确性不够、查表不在同一时间外，主要是由于水表在使用过程中，进水断面不断被堵塞，而水表仍按设计的断面记录用水量，导致很多水表偏快，尤其是建筑进水总水表和分支管水表。为解决这个问题，物业管理企业可以考虑在建筑总水表前安装过滤网，此网应定期抽出清洗。这种方法已在许多国家应用。另外，由于物业管理区域内共用管道漏水维修不及时，也会造成总水表用水量与各用户水表用水量总和不相符的现象，物业管理企业应做好巡视检查和及时维修工作。我国现行的《物业管理条例》第四十五条明确规定："物业管理区域内，供水、供电、供气、供热、通信、有线电视等单位应当向最终用户收取有关费用。物业管理企业接受委托代收钱款费用的，不得向业主收取手续费等额外费用。"

本 章 小 结

本章讲述了建筑给水系统的分类和组成；建筑给水系统的给水方式的种类，各自的优缺点、适用条件和图式；建筑给水管材的种类、优缺点及连接方式，给水附件的种类及各自的作用；水泵的工作原理、基本参数和水泵装置，水箱的作用、构成、布置要求及气压设备的作用、分类、工作原理；给水管道的布置和敷设；高层建筑给水系统的特点；建筑消防给水系统的设置范围、组成及各自作用，自动喷水灭火系统的组成及工作原理；建筑中水工程的中水水源和供水，中水系统的分类和组成及防护措施；水景的作用及组成，水景的造型、形态；喷泉常用的控制方式，水景设计原则及常用的给水排水系统的特点、优缺点及适用范围。

课后习题

1. 建筑给水系统按用途可分为几大类？建筑给水系统由哪几部分组成？
2. 建筑给水系统的给水方式有哪几种？各自的使用条件和图式是什么？
3. 建筑给水管道的敷设形式有哪几种？
4. 常用的建筑给水管材有哪些？其连接方式是什么？
5. 高层建筑室内给水方式有哪几种？各有何特点？
6. 室内消火栓给水系统一般由哪些设备组成？
7. 中水系统可取用哪些水作为中水水源？中水系统是由哪几部分组成的？

第二章　建筑排水系统

本章要点：

通过本章的学习，要求熟悉建筑排水系统的分类和组成，熟悉常用的建筑排水管材及卫生器具，熟悉建筑排水系统的布置和敷设，了解屋面排水系统的排水方式及组成，掌握高层建筑排水系统的特点，熟悉其排水方式，熟悉建筑给排水系统使用中常见的故障及排除方法。

第一节　建筑排水系统的分类和组成

一、建筑内部排水系统的分类

按所排除的污水性质，建筑内部排水系统可分为生活污（废）水系统、生产污（废）水系统、雨水系统。

1. 生活污（废）水系统

生活污（废）水系统是排除民用建筑、公共建筑及工厂生活间的污（废）水。有时，由于污（废）水处理、卫生条件或杂用水水源的需要，把生活排水系统又进一步分为排除冲洗便器的生活污水排水系统和排除盥洗、洗涤废水的生活废水排水系统。生活废水经过处理后，可作为杂用水，用来冲洗厕所、浇洒绿地和道路、冲洗汽车等。此类污水多含有有机物及细菌。

2. 生产污（废）水系统

生产污（废）水系统是排除工艺生产过程中产生的污（废）水。因生产工艺种类繁多，所以生产污水的成分非常复杂。根据其污染程度可分为生产废水和生产污水。生产废水是指生产排水中只有少量无机杂质、悬浮物，或只是水温升高，而不含有机物或有毒物质，只需简单处理后又能循环或重复使用，如空调冷却水等。生产污水是指水的物理或化学性质发生了变化，或含有对人体有害的物质，水质受到严重污染，如含酸、碱污水，含氰污水等。

3. 雨水系统

收集排除降落到多跨工业厂房、大屋面建筑和高层建筑屋面上的雨水和融化的雪水。

二、建筑内部排水系统的排水方式

上述三种污水是采用合流制还是分流制排除，要视污（废）水的性质、污染程度、室外排水系统的设置情况及污水的综合利用和处理情况而定。

1. 分流制

将上述各类污水、废水分别设置管道系统再排除到建筑物外，称为分流制排水系统。如生活污水和生活废水各自设置排水系统排除即属于分流制。分流制有利于污水、废水的处理和利用，但工程造价高，维护费用高。在下列情况下应采用生活污水和生活废水分流的排水系统：建筑物使用性质对卫生标准要求较高时；生活污水需经化粪池处理后才能排入市政排水管道时；生活废水需回收利用时。

2. 合流制

将上述各类污水、废水中的两种或两种以上合流排放至建筑物外，称合流制排水系统。合流制工程造价低，但会增加城市污水处理厂的容量。一般来说，冷却水系统的废水可排入室内雨水管道；被有机杂质污染的生产污水，可与生活粪便污水合流。

三、建筑内部排水系统的组成

建筑内部排水系统一般由卫生器具、排水横支管、立管、排出管、通气管、清通设备及某些特殊设备等部件组成，如图2-1所示。

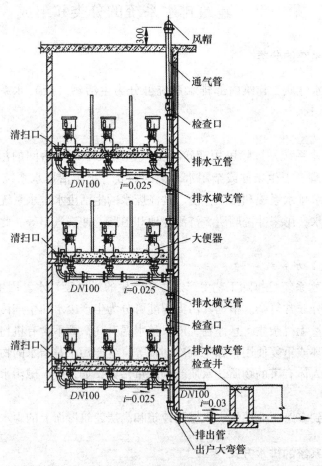

图 2-1　室内排水系统组成

1. 卫生器具

卫生器具是建筑内部排水系统的起点，用来满足日常生活和生产过程中各种卫生要求，收集和排除污（废）水的设备，其接纳各种污水后排入管网系统。

2. 横支管

横支管的作用是把各卫生器具排水管流来的污水排至立管。横支管应具有一定的坡度，对于 $DN50$ 管径的生活污水塑料管，其标准坡度应为 25‰，坡向立管。

3. 立管

立管接受各横支管流来的污水，然后再排至排出管。为了保证污水畅通，立管管径不得小于 50 mm，也不应小于任何一根接入横支管的管径。

4. 排出管

排出管是室内排水立管与室外排水检查井之间的连接管段，用来收集一根或几根立管排来的污水，并将其排至室外排水管网中去。排出管的管径不得小于与其连接的最大立管的管径，连接几根立管的排出管，其管径应由水力计算确定。

5. 通气管

通气管的作用是使污水在室内外排水管道中产生的臭气及有害气体排到大气中去，以免影响室内的环境卫生，减轻废水、废气对管道的腐蚀，使管内在污水排放时的压力变化尽量稳定并接近大气压力，减轻立管内气压变化幅度，并在排水时向管内补给空气，因而可保护卫生器具的存水弯不致因压力波动而被抽吸（负压时）或喷溅（正压时），保证水流通畅，保护卫生器具水封。如图 2-2 所示。

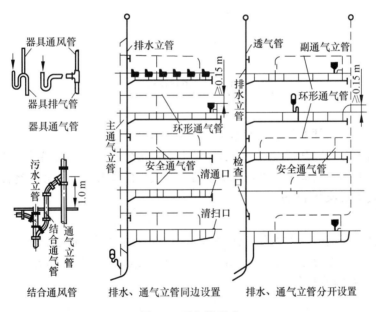

图 2-2　通气管形式

对于层数不多的建筑，在排水横支管不长、卫生器具数不多的情况下，采取将排水立管上部延伸出屋顶的通气措施即可。排水立管上延部分称为（伸顶）通气管。一般建筑物内的排水管道均设通气管。仅设一个卫生器具或虽接有几个卫生器具但共用一个存水弯的排水管道，以及建筑物内底层污水单独排除的排水管道，可不设通气管。

对于层数较多及高层建筑，由于立管较长而且卫生器具设置数量较多，同时排水几率大，排水的机会多，更易使管道内压力产生波动而将器具水封破坏。故在多层及高层建筑中，除了伸顶通气管外，还应设环形通气管或主通气立管等。

通气管管径一般与排水立管管径相同或小一号，但在最冷月平均气温低于 - 13 ℃的地区，应在室内平顶或吊顶下 0.3 m 处将管径放大一级，以免管中结冰霜而缩小或阻塞管道断面。

6. 清通设备

在建筑内部排水系统中，为疏通排水管道，需设置检查口、清扫口、检查井等清通设备。如图 2-3 所示。

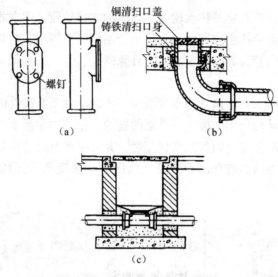

图 2-3　清通设备

1）检查口

检查口设在排水立管上及较长的水平管段上，图 2-3（a）所示为一带有螺栓盖板的短管，清通时将盖板打开。其装设规定为：立管上除建筑最高层及最底层必须设置外，可每隔二层设置一个，若为二层建筑，可在底层设置。检查口的设置高度一般距地面 1 m，并应高于该层卫生器具上边缘 0.15 m。

2）清扫口

当悬吊在楼板下面的污水横管上有两个及两个以上的大便器或三个及三个以上的卫生器具时，应在横管的起端设置清扫口，如图 2-3（b）所示，也可采用带螺栓盖板的弯头，带堵头的三通配件作清扫口。

3）检查井

对于不散发有害气体或大量蒸汽的工业废水的排水管道，在管道转弯变径处和坡度改变及连接支管处，可在建筑物内设检查井，其构造如图 2-3（c）所示。在直线管段上，排除生产废水时，检查井的距离不宜大于 30 m；排除生产污水时，检查井的距离不大于 20 m。对于生活污水排水管道，在建筑物内不宜设检查井。

7. 抽升设备

一些民用和公共建筑的地下室、人防建筑、地下铁道及工业建筑内部标高低于室外地坪的车间和其他用水设备的房间，卫生器具的污水不能自流排至室外管道时，需设污水泵和集水池等局部抽升设备，将污水抽送到室外排水管道中去，以保证生产的正常进行和保护环境卫生。

8. 局部处理构筑物

当个别建筑内排出的污水不允许直接排入室外排水管道时（如呈强酸性、强碱性、含多量汽油、油脂或大量杂质的污水），则要设置污水局部处理设备，使污水水质得到初步改善后再排入室外排水管网。此外，当没有室外排水管网或有室外排水管网但没有污水处理厂时，室内污水也需经过局部处理后才能排入附近水体、渗入地下或排入室外排水管网。根据污水性质的不同，可以采用不同的污水局部处理设备，如沉淀池、除油池、化粪池、中和池及其他含毒污水的局部处理设备。

第二节　排水系统的管材及卫生器具

一、排水管材

排水管材主要有铸铁管、塑料管、钢管和耐酸陶土管。工业废水还可用陶瓷管、玻璃钢管、玻璃管等。

1. 排水铸铁管

排水铸铁管是建筑内部排水系统的主要管材之一，管径在 50 ~ 200 mm，主要有排水铸铁承插口直管（图 2-4）、排水铸铁双承口直管。其管件有乙字管、管箍、弯头、三通、四通、锥形大小头等，如图 2-5 和图 2-6 所示。因管径种类和管件齐全，所以应用较广，尤其在高层建筑中。排水铸铁管其规格见表 2-1。

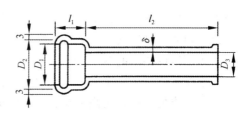

图 2-4　排水铸铁管直插管

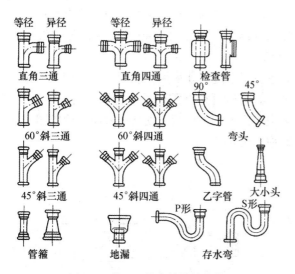

图 2-5　常用的排水铸铁管管件

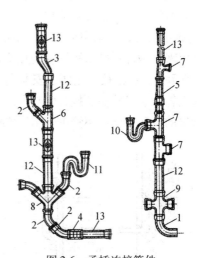

图 2-6　承插连接管件

1—40°弯头；2—45°弯头；3—乙字弯；4—双承管；5—大小头；6—斜三通；7—直角三通；8—45°斜四通；9—直角四通；10—P 形存水弯；11—S 形存水弯；12—直管；13—检查口短管

表 2-1 排水铸铁管承插口支管规格

内径/mm	D_1/mm	D_2/mm	l_1/mm	D_3/mm	δ/mm	l_2/mm	重量/(kg·个$^{-1}$)
50	80	92	60	50	5	1 500	10.3
75	105	117	65	75	5	1 500	14.9
100	130	142	70	100	5	1 500	19.6
125	157	171	75	125	6	1 500	29.4
150	182	196	75	150	6	1 500	34.9
200	234	250	80	200	7	1 500	53.7

2. 柔性抗震排水铸铁管

对于建筑内的排水系统，铸铁管正在逐渐被排水硬聚氯乙烯塑料管取代，只有在某些特殊的地方使用，下面介绍在高层和超高层建筑中应用的柔性抗震排水铸铁管。

随着高层和超高层建筑迅速兴起，一般以石棉水泥或青铅为填料的刚性接头排水铸铁管已不能适应高层建筑各种因素引起的变形。尤其是有抗震要求的地区的建筑物，对重力排水管道的抗震要求已成为最应值得重视的问题。

高耸构筑物和建筑高度超过 100 m 的超高层建筑物内，排水立管应采用柔性接口。在抗震设防 8 度的地区或排水立管高度在 50 m 以上时，则应在立管上每隔两层设置柔性接口。在抗震设防 9 度的地区，立管、横管均应设置柔性接口。

近年国内生产的 GP-1 型柔性抗震排水铸铁管是当前采用较为广泛的一种，如图 2-7 所示，它是采用橡胶圈密封，螺栓紧固，在内水压下具有挠曲性、伸缩性、密封性及抗震等性能，施工方便，可作为高层及超高层建筑及地震区的室内排水管道，也可用于埋地排水管。

柔性抗震排水铸铁管具有强度高、抗震性能好、噪声低、防水性能好、寿命长、膨胀系数小、安装施工方便、美观（不带承口）、耐磨和耐高温性能好的优点，但是造价较高。建筑高度超过 100 m 的高层建筑；对防火等级要求高的建筑物；地震区建筑；要求环境安静的场所；环境温度可能出现 0 ℃ 以下的场所以及连续排水温度大于 40 ℃ 或瞬时排水温度大于 80 ℃ 的排水管道，应采用柔性接口排水铸铁管。

近年来，国外对排水铸铁管的接头形式进行了改进，如采用橡胶圈及不锈钢带连接，如图 2-8 所示。这种连接方法便于安装和维修，必要时可根据需要更换管段，具有装卸简便、安装时立管距墙尺寸小、接头轻巧和外形美观等优点。这种接头安装时只需将橡胶圈套在两连接管段的端部，外用不锈钢带卡紧螺栓锁住即可。

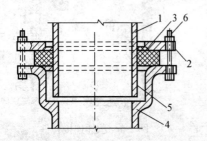

图 2-7 柔性排水铸铁管件接口
1—直管、管件直部；2—法兰压盖；
3—橡胶密封圈；4—承口端头；
5—插口端头；6—定位螺栓

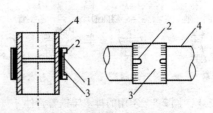

图 2-8 排水铸铁管接头
1—橡胶圈；2—卡紧螺栓；
3—不锈钢带；4—排水铸铁管

3. 塑料排水管

目前在建筑内部使用的排水塑料管是硬聚氯乙烯塑料管（UPVC）。具有重量轻、不结垢、不腐蚀、外壁光滑、容易切割、便于施工安装、可制成各种颜色、成本低、节能等优点，正在全国推广使用。但塑料管也有强度较低、耐温性差（使用温度在 −5 ℃ ~ +50 ℃）、立管防噪声性能低、暴露于阳光下管道易老化、防火性能差等缺点。排水塑料管规格见表 2-2。常用的几种塑料排水管件如图 2-9 所示，塑料管件与管道的连接如图 2-10 所示。

表 2-2 排水硬聚氯乙烯塑料管规格

公称直径/mm	40	50	75	100	150
外径/mm	40	50	75	110	160
壁厚/mm	2.0	2.0	2.3	3.2	4.0
参考重量/(g·m⁻¹)	341	431	751	1 535	2 803

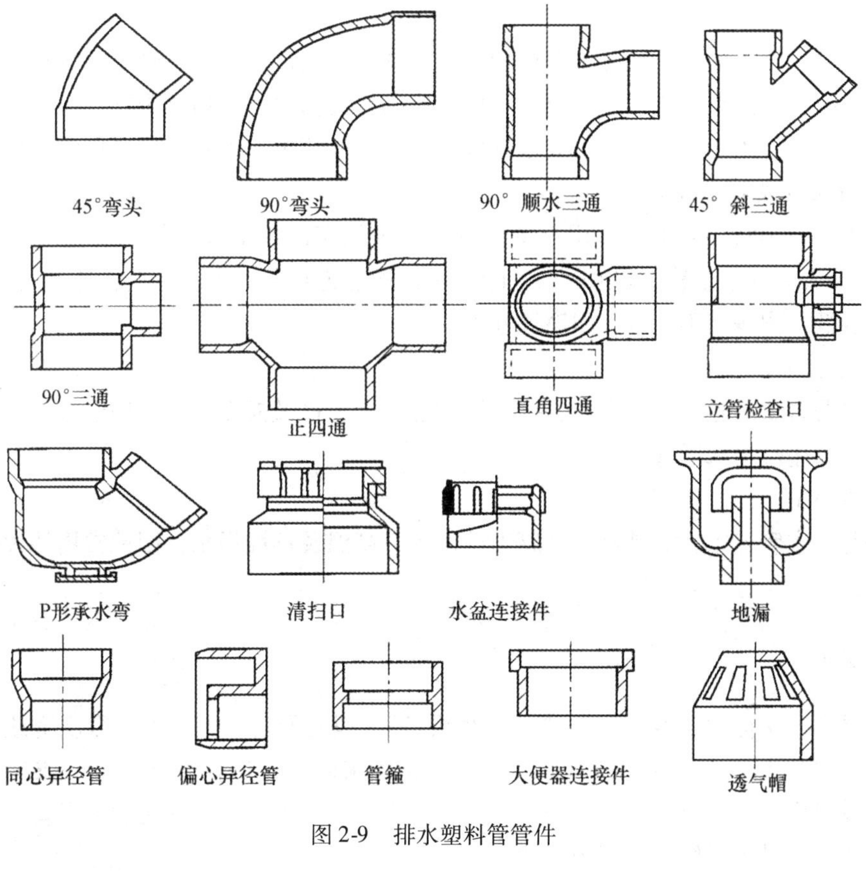

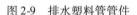

图 2-9 排水塑料管管件

4. 焊接钢管

焊接钢管用做卫生器具及生产设备的非腐蚀性排水支管。管径小于或等于 50 mm 时可用配件连接或焊接。

5. 无缝钢管

对于检修困难、机器设备振动较大的部位管段及管道内压力较高的非腐蚀排水管，可采用无缝钢管。无缝钢管连接采用焊接或法兰连接。

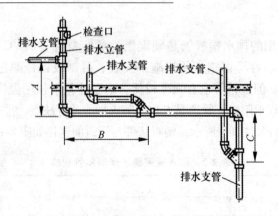

图 2-10　塑料管连接示意图

A—按规范确定；*B*—不得小于 1.5 m；*C*—不得小于 0.5 m

6. 陶土管

陶土管又称缸瓦罐，一般分为有釉和无釉两种，承插接口。陶土管表面光滑，耐酸碱腐蚀，价格低廉，可以替代铸铁管。但强度低，运输安装损失大，切割困难，带釉陶土管耐酸碱、耐腐蚀，主要用于腐蚀性工业废水排放。室内生活污水埋地管也可采用陶土管。

7. 混凝土管及钢筋混凝土管

混凝土管及钢筋混凝土管多用于室外排水管道及车间内部地下排水管道。一般直径在 400 mm 以下者为混凝土管，400 mm 以上者为钢筋混凝土管。其最大优点是节约金属管材；缺点是强度低、内表面不光滑、耐腐蚀性差。

8. 石棉水泥管

石棉水泥管重量轻，表面光滑，抗腐蚀性能好，但机械强度低，适用于振动不大的生产污水管或作为生活污水通气管。

9. 特种管道

在工业废水管道中，需排除各种腐蚀性污水，高温及毒性污水，因此常用特种管道，例如：不锈钢管、铅管、高硅铁管等。

二、卫生器具

卫生器具，又称"卫生洁具"或"卫生设备"，是对厨房、卫生间、盥洗室或其他场所中以卫生、清洁为目的的各种器具的总称。它是用来满足人们在生活、生产或工作中的洗涤、冲刷等卫生要求，以及收集、排除生活、生产或工作中所产生的污水的设备。卫生器具是现代建筑内部排水系统的重要组成部分。

随着建筑标准的不断提高，人们对建筑卫生器具的功能要求和质量要求越来越高，卫生器具一般采用不透水、无气孔、表面光滑、耐腐蚀、耐磨损、耐冷热、便于清扫、有一定强度的材料制造。目前，卫生器具的材质已由传统的陶瓷、搪瓷生铁、搪瓷钢板，发展到塑料、玻璃钢、人造大理石、人造玛瑙、不锈钢等新材料；卫生器具的五金配件，也由一般金属配件的镀铬处理，发展到镀金、银等贵金属。在个别极豪华的建筑中，卫生器具的五金配件几乎都是由纯金制成的。

我国的卫生器具现在正处于功能完善、追求美观舒适的发展阶段，而发达国家的卫生器具已处在既要满足功能要求，追求完美，又要考虑造型别致、色彩高雅协调、节能、节水、消声、方便、自动或半自动乃至遥控等方面。

1. 卫生器具的种类

卫生器具按用途可分为以下几类：

(1) 便溺用卫生器具：包括大便器、大便槽、小便器和小便槽等。

(2) 盥洗、沐浴用卫生器具：包括洗脸盆、盥洗槽、浴盆和淋浴器等。

(3) 洗涤用卫生器具：包括洗涤盆、污水盆、化验盆等。

(4) 另外还有饮水盆、妇女卫生盆等卫生器具。

为了防止粗大污物进入管道，发生堵塞，除大便器外，所有卫生器具均应在放水口处设栏栅。

2. 卫生器具安装

1) 大便器

便溺器具设置在卫生间和公共厕所，用来收集粪便污水。

大便器用于接纳、排除粪便、同时防臭，按使用方式分为坐式大便器、蹲式大便器和大便槽。

(1) 坐式大便器。坐式大便器按冲洗的水力原理可分为冲洗式和虹吸式两种，见图 2-11。坐式大便器都自带存水弯。后排式坐便器与其他坐式大便器不同之处在于排水口设在背后，便于排水横支管敷设在本层楼板上时选用，如图 2-12 所示。

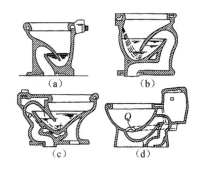

图 2-11 坐式大便器

(a) 冲洗式；(b) 虹吸式；
(c) 喷射虹吸式；(d) 漩涡虹吸式

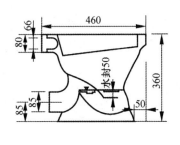 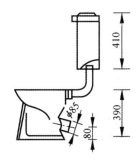

图 2-12 后排式坐式大便器

(2) 蹲式大便器。蹲式大便器按其形状分有盘式和斗式，按污水出口的位置分为前出口和后出口。使用蹲式大便器时可避免因与人体直接接触引起某些疾病的传染，一般用于普通住宅、集体宿舍、公共建筑物的公用厕所和防止接触传染的场所，如医院。蹲式大便器比坐式大便器的卫生条件好，但蹲式大便器不带存水弯，设计安装时需另外配置存水弯。在地板上安装蹲式大便器，至少须设高为 180 mm 的平台。蹲式大便器可单独或成组安装，如图 2-13 所示。

(3) 大便槽。大便槽用于学校、火车站、汽车站、码头、游乐场所及其他标准较低的公共厕所，可代替成排的蹲式大便器，常用瓷砖贴面，造价低。大便槽一般宽 200~300 mm，

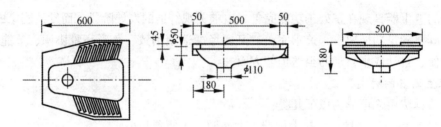

图 2-13　蹲式大便器

起端槽深 350 mm，槽的末端设有高出槽底 150 mm 的挡水坎，槽底坡度不小于 0.015，排水口设存水弯。

2）小便器

小便器设于公共建筑的男厕所内，有的住宅卫生间内也需设置。小便器有挂式、立式和小便槽三类。其中立式小便器用于标准高的建筑，小便槽用于工业企业、公共建筑和集体宿舍等建筑的卫生间。

（1）挂式小便器。挂式小便器悬挂在墙上，如图 2-14 所示。它可以采用自动冲洗水箱，亦可采用冲洗阀，每只小便器均设存水弯。

（2）立式小便器。立式小便器装置在标准较高的公共建筑内，如展览馆、大剧院、宾馆等男用厕所内，多为两个以上成组安装。如图 2-15 所示。

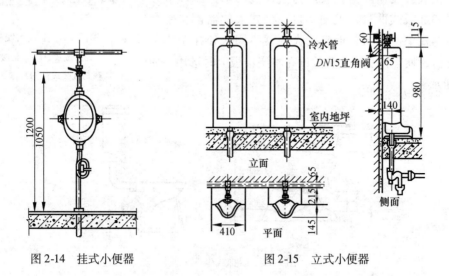

图 2-14　挂式小便器　　　　　图 2-15　立式小便器

（3）小便槽。小便槽建造简单、造价低，能同时容纳较多的人员使用，故广泛应用于公共建筑、工厂、学校和集体宿舍的男厕所中。小便槽宽 300 ~ 400 mm，起端槽深不小于 100 mm，槽底坡度不小于 0.01。小便槽可用不同阀门控制多孔管冲洗或用自动冲洗水箱定时冲洗，如图 2-16 所示。

小便器一般为白色陶瓷制品，冲洗设备采用冲洗水箱或冲洗阀，每只小便器都应该设置存水弯。小便器常布置成排式，两个小便器中心之间的距离为 700 mm。安装小便器时应该首先放线定位，确定小便器的中心线和中心垂线，根据已安装好的排水支管的中心线，在墙上画出小便器的中心线（用铅垂找垂直），将小便器放置在正常位置，确定钉眼位置，用手

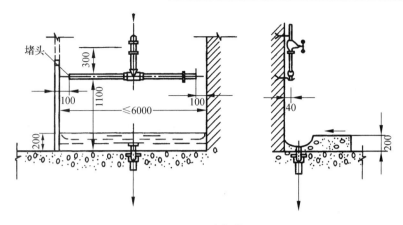

图 2-16 小便槽

电钻在墙上钻孔，孔深 60 mm，埋膨胀螺栓，将小便器固定。另一种固定方法是埋设木砖或打孔埋木塞，用木螺钉固定，然后安装相应的给水和排水管道。

小便器的存水弯的下端缠上石棉绳抹油灰插入排水支管的承口内，上端套入小便器的排水口，上下口均用油灰填塞。

3）洗脸盆

洗脸盆一般用于洗脸、洗手，常设置在盥洗室、浴室、卫生间和理发室等场所，洗脸盆有长方形、椭圆形和三角形等，安装方式有墙架式、台式和柱脚式，如图 2-17 所示。

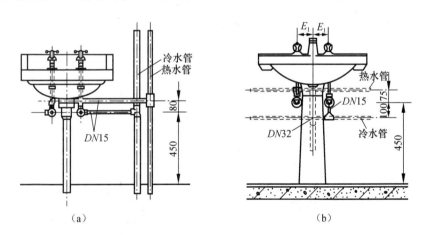

（a）　　　　　　　　　　（b）

图 2-17 洗脸盆

（a）普通型；（b）柱式

4）盥洗台

盥洗台有单面和双面之分，常设置在同时有多人使用的地方，如集体宿舍、教学楼、车站、码头、工厂生活间内，如图 2-18 所示。

5）淋浴器具

（1）浴盆。浴盆设在住宅、宾馆、医院等卫生间或公共浴室，是供人们清洁身体的设备。浴盆配有冷热水龙头或混合龙头，并配有淋浴设备，如图 2-19 所示。

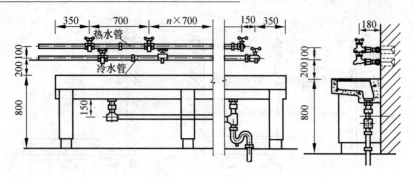

图 2-18 单面盥洗台

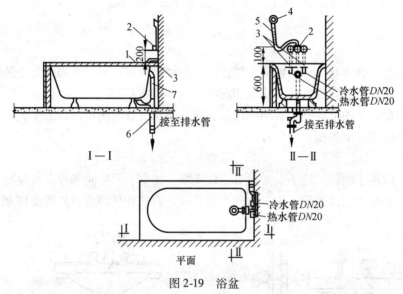

图 2-19 浴盆

1—浴盆；2—混合阀门；3—给水管；4—莲蓬头；5—蛇皮管；6—存水弯；7—排水管

（2）淋浴器。淋浴器多用于工厂、学校、机关、部队的公共浴室和体育馆内。淋浴器占地面积小，清洁卫生，避免疾病传染，耗水量小，设备费用低，如图 2-20 所示。

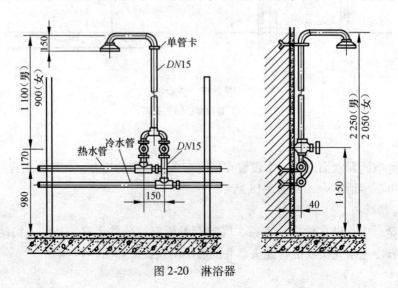

图 2-20 淋浴器

在建筑标准较高的建筑物的淋浴间内也可采用光电式淋浴器，在医院或疗养院为防止疾病传染可采用脚踏式淋浴器。

6）洗涤盆

洗涤盆常设置在厨房或公共食堂内用来洗涤碗碟、蔬菜等。医院的诊室、治疗室等处也需设置洗涤盆。洗涤盆有单格和双格之分，如图2-21所示。

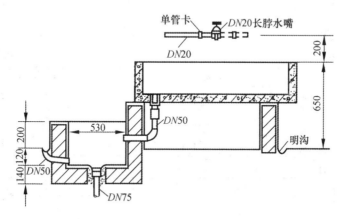

图2-21 双格洗涤盆

7）化验盆

化验盆设置在工厂、科研机关和学校的化验室或实验室内，根据需要可安装单联、双联、三联鹅颈龙头，如图2-22所示。

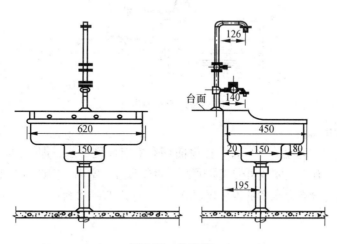

图2-22 化验盆

8）污水盆

污水盆又称污水池，常设置在公共建筑的厕所、盥洗室内，供洗涤拖把、打扫卫生或倾倒污水之用，如图2-23所示。

9）妇女卫生盆

妇女卫生盆是专供妇女清洗下身用的卫生器具，一般设置在工厂女工卫生间、妇产科医院及设备完善的居住建筑或宾馆卫生间内，如图2-24所示。

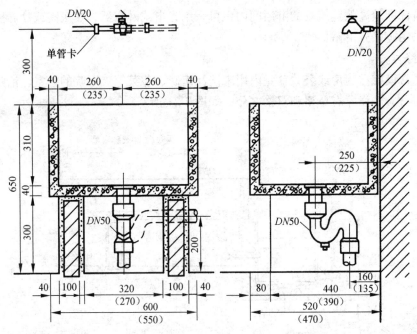

图 2-23 污水池

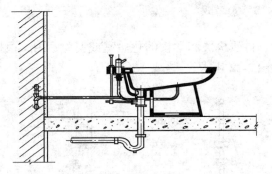

图 2-24 妇女卫生盆

10) 存水弯和地漏

（1）存水弯。存水弯是一种弯管，在里面存有一定深度的水，即水封。水封可防止排水管网中产生的臭气、有害气体或可燃气体通过卫生器具进入室内。因此每个卫生器具的排除支管上均需设存水弯（设有存水弯的卫生器具除外）。存水弯的水封深度一般不小于 50 mm。存水弯的形式如图 2-25 所示。

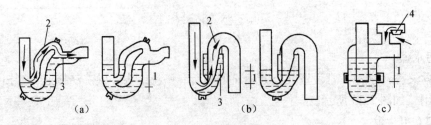

图 2-25　几种新型的存水弯

(a) Graeval 存水弯；(b) McAlpine 存水弯；(c) 阀式存水弯

1—水封；2—补气管；3—滞水带；4—阀口

（2）地漏。地漏是排水的一种特殊装置。地漏一般设置在经常有水溅出的地面、有水需要排除的地面和经常需要清洗的地面，如卫生间、浴室、洗衣房及工厂车间等，地漏在家庭中还可用做洗衣机排水口。地漏箅子应低于地面 5～10 mm。带水封的地漏，水封深度不得小于 50 mm。地漏的选择应符合下列要求：

① 应优先采用直通式地漏，直通式地漏必须设置存水弯。

② 对有卫生要求或非经常使用地漏的排水场所，应设置密封地漏。

③ 食堂、厨房和公共浴室等排水宜设置网框式地漏。

地漏的形式有扣碗式、多通道式、双箅杯式、防回流式、密闭式、无水式、防冻式、侧墙式等多种类型，如图 2-26 所示。

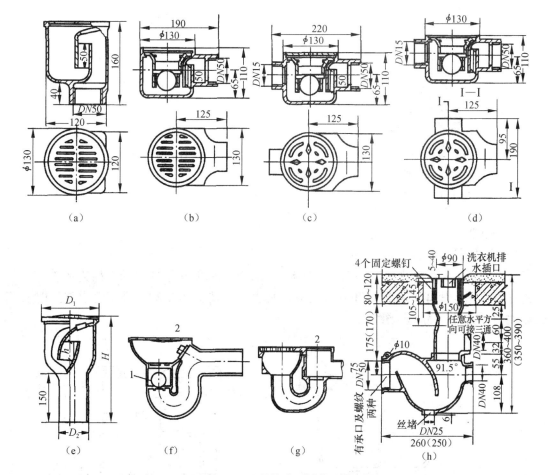

图 2-26 几种构造不同的地漏

（a）垂直单向出口地漏；（b）单通道地漏；（c）二通道地漏；（d）三通道地漏；（e）高水封地漏；

（f）防倒流地漏；（g）可清通地漏；（h）多功能地漏

1—浮球；2—清扫口

11）其他卫生器具

（1）饮水器。饮水器是供人们饮用冷开水的器具，常安装在车站、体育馆等公共场所，具有卫生、方便等特点，如图 2-27 所示。

（2）食品废物处理器。在一些国家将食品废物处理器安装在洗涤盆下，将生活中的**各种**

食物垃圾粉碎，如果核、碎骨、菜梗等被粉碎后随水排入下水道中。食品废物处理器适用于家庭、宾馆、餐厅等厨房洗涤盆上，如图 2-28 所示。

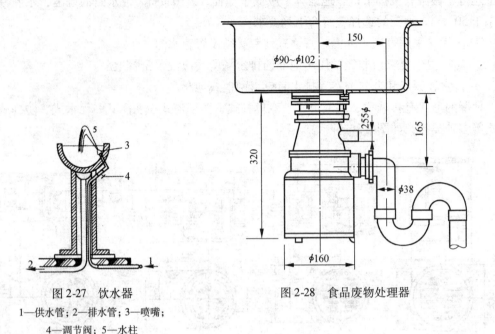

图 2-27　饮水器
1—供水管；2—排水管；3—喷嘴；
4—调节阀；5—水柱

图 2-28　食品废物处理器

3. 卫生器具的冲洗设备

1）大便器冲洗设备

（1）坐式大便器冲洗设备。坐式大便器冲洗设备常用低水箱冲洗和直接连接管道进行冲洗。低水箱与座体又有整体和分体之分，其水箱构造见图 2-29，采用管道连接时必须设延时自闭式冲洗阀，见图 2-30。

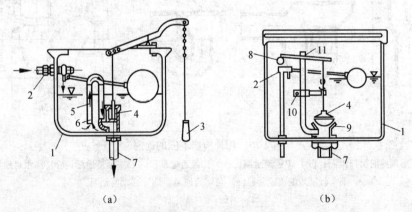

（a）　　　　　　　　　　（b）

图 2-29　手动冲洗水箱
（a）虹吸冲洗水箱；（b）水力冲洗水箱
1—水箱；2—浮球阀；3—拉链-弹簧阀；4—橡胶球阀；5—虹吸管；6—小孔；
7—冲洗管；8—扳手；9—阀座；10—导向装置；11—溢流管

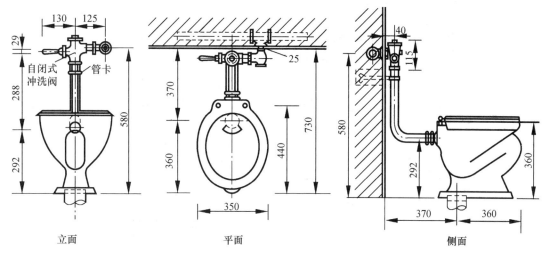

图 2-30 自闭式冲洗阀座式大便器

（2）蹲式大便器冲洗设备。蹲式大便器冲洗设备的常用冲洗设备有高位水箱和直接连接给水管加延时自闭式冲洗阀。为节约冲洗水量，有条件时尽量设置自动冲洗水箱。

（3）大便槽冲洗设备。大便槽冲洗设备常在大便槽起端设置自动控制高位水箱或采用延时自闭式冲洗阀。

2）小便器和小便槽冲洗设备

（1）小便器冲洗设备。小便器冲洗设备常采用按钮式自闭式冲洗阀，既满足冲洗要求，又节约冲洗水量，如图 2-14 所示。

（2）小便槽冲洗设备。小便槽冲洗设备常采用多孔管冲洗，多孔管孔径 2 mm，与墙成 45°角安装，可设置高位水箱或手动阀。为克服铁锈水污染贴面，除给水系统选用优质管材外，多孔管常采用塑料管，其安装见图 2-16。

4. 卫生器具的布置

卫生器具的布置，应根据厨房、卫生间和公共厕所的平面位置、房间面积大小、建筑质量标准、有无管道竖井或管槽、卫生器具数量及单件尺寸等来布置，既要满足使用方便、容易清洁、占房间面积小，还要充分考虑为管道布置提供良好的水力条件，尽量做到管道少转弯、管线短、排水通畅，即卫生器具应顺着一面墙布置，如卫生间、厨房相邻，应在该墙两侧设置卫生器具，有管道竖井时，卫生器具应紧靠管道竖井的墙面布置，这样会减少排水横管的转弯或减少管道的接入根数。

根据《住宅设计规范》的规定，每套住宅应设卫生间。第四类住宅宜设两个或两个以上卫生间，每套住宅至少应配置三件卫生器具。不同卫生器具组合时应保证设置和卫生活动的最小使用面积，避免蹲不下或坐不下、靠不拢等问题。

卫生器具的布置应在厨房、卫生间、公共厕所等建筑平面图（大样图）上用定位尺寸加以明确。图 2-31 为卫生器具的几种布置形式示例。

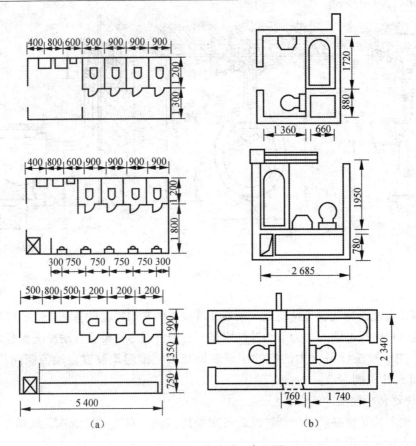

图 2-31　卫生器具平面布置图

第三节　建筑排水管道布置与敷设

一、室内排水管路布置与敷设的原则

排水管的布置应满足最佳水力条件、便于维护管理、保护管道不易受损坏、保证生产和使用安全以及经济和美观的要求。因此，排水管的布置应满足以下原则。

（1）排出管宜以最短距离排至室外。因排水管网中的污水靠重力流动，污水中杂质较多，如排出管设置过长，容易堵塞，清通检修也不方便。此外，管道长则需要的坡降大，会增加室外排水管道的埋深。

（2）污水立管应靠近最脏、杂质最多的排水点处设置，以便尽快地接纳横支管来的水流而减少管道堵塞的机会。污水立管的位置应避免靠近与卧室相邻的墙。

（3）排水立管的布置应减少不必要的转折和弯曲，尽量作直线连接。

（4）排水管与其他管道或设备应尽量减少互相交叉、穿越；不得穿越生产设备基础，若必须穿越时，则应与有关专业协商做技术上的特殊处理；应尽量避免穿过伸缩缝、沉降缝，若必须穿越，要采用相应的技术措施。

（5）排水架空管道不得架设在遇水会引起爆炸、烘烧或损坏的原料、产品的上方，并且不得架设在有特殊卫生要求的厂房内，以及食品和贵重物品仓库、通风柜和变配电间内，同时还要考虑建筑的美观要求，尽可能避免穿越大厅和控制室等场所。

（6）在层数较多的建筑物内，为了防止底层卫生器具因受立管底部出现过大的水压等原因而造成水封破坏或污水外溢现象，底层卫生器具的排水应考虑采用单独排水方式。

（7）排水管道布置应考虑便于拆换管件和清通维护工作的进行，不论是立管还是横支管应留有一定的空间位置。

二、室内排水管道布置与敷设的要求

1. 排水横支管

横支管的作用是把各种卫生器具排水管流来的污水排至立管。横支管应具有一定的坡度。

横支管在建筑底层时可以埋设在地下，在楼层可以沿墙明装在地板上或悬吊在楼板下。当建筑有较高要求时，可采用暗装，如将管道敷设在吊顶管沟、管槽内，但必须考虑安装和检修的方便。

架空或悬吊横管不得布置在遇水后会引起损坏的原料、产品和设备的上方，不得布置在卧室及厨房炉灶上方或布置在食品及贵重物品储藏室、变配电室、通风小室及空气处理室内，以保证安全和卫生。

横管不得穿越沉降缝、烟道、风道，并应避免穿越伸缩缝；必须穿越伸缩缝时，应采取相应的技术措施，如装伸缩接头等。

横支管不宜过长，以免落差太大，一般不得超过 10 m，并应尽量减少转弯，以避免阻塞。

2. 排水立管

排水立管接受各横支管流来的污水，然后再排至排出管。为了保证污水流畅，立管管径不得小于 50 mm，也不应小于任何一根接入的横支管的管径。

立管应设置在靠近最脏、杂质较多、排水量最大的排水点处设置，例如，尽量靠近大便器。立管应避免穿越卧室、办公室和其他对卫生、安静要求较高的房间。生活污水立管应避免靠近与卧室相邻的内墙。

立管一般明装在墙角，无冰冻危害地区亦可布置在外墙上。当建筑有较高要求时，可在管槽内或管井内暗装。暗装时需考虑检修的方便，在检查口处设检修门，如图 2-32 所示。

塑料立管应避免布置在温度大于 60 ℃的热源设备附件及易受机械撞击处，否则应采取保护技术措施。

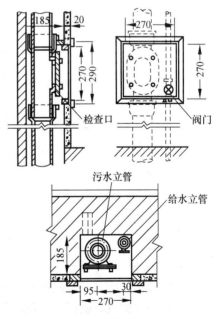

图 2-32　管道检修门

排水立管穿越楼层时，应外加套管，预留孔洞的尺寸一般较通过的立管管径大 50～100 mm，详见表 2-3。套管管径较立管管径大 1～2 个规格时，现浇楼板可预先镶入套管。

表 2-3　排水立管穿越楼板预留孔洞尺寸　　　　　　　　　　　　mm

管径 DN	50	75~100	125~150	200~300
孔洞尺寸	100×100	200×200	300×300	400×400

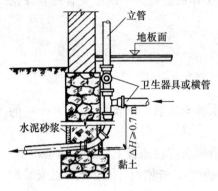

图 2-33　排出管与立管的连接

对排水立管最下部连接的排水横支管应采取措施避免横支管发生有压溢流，即仅设伸顶通气管排水立管，其立管最低排水横支管与立管连接处到排水立管管底的垂直距离 ΔH 不小于 0.7 m，如图 2-33 所示。

3. 排出管

排出管是室内排水立管与室外排水检查井之间的连接管段，它接受一根或几根立管流来的污水并排至室外排水管网。排出管的管径不得小于与其连接的最大立管的管径，连接几根立管的排出管，其管径应由水力计算确定。

排出管可埋在建筑底层地面以下或悬吊在地下室的顶板下面。排出管的长度取决于室外排水检查井的位置。检查井的中心距建筑物外墙面一般为 2.5~3 m，不宜大于 10 m。排出管与立管宜采用两个 45°弯头连接，见图 2-33。

排出管在穿越承重墙或基础处应预留孔洞，使管顶上部净空不得小于建筑物的沉降量，且不得小于 0.15 m，详见表 2-4。

表 2-4　排出管穿越基础预留孔洞尺寸　　　　　　　　　　　　mm

管径 DN	50~75	>100
留洞尺寸（高×宽）	300×300	(DN+300)×(DN+300)

为防止管道受机械损坏，在一般的厂房内排水管的最小埋深应按表 2-5 确定。

表 2-5　生产厂房内排水管最小埋深

管　材	地面至管顶的距离/m	
	素土夯实、碎石、砾石、砖地面	水泥、混凝土地面
排水铸铁管	0.7	0.4
混凝土管	0.7	0.5
带釉陶土管	1.0	0.6

注：工业企业生活间和其他不可能受机械损坏的房间内，管道的埋设深度可减到 0.10 m。

4. 通气管

通气管的作用：一是使污水在室内外排水管道中产生的臭气及有害的气体能排到大气中去；二是污水排放时的压力变化尽量稳定并接近大气压力，因而可保持卫生器具存水弯内的水封不致因立管的压力变化而破坏。

建筑物层数少或卫生器具不多的建筑物，降排水立管伸顶出屋面即可，层数多或卫生器具数量较多的建筑物，应根据不同的情况设置不同类型的通气管。各类通气管如图 2-34 所示。

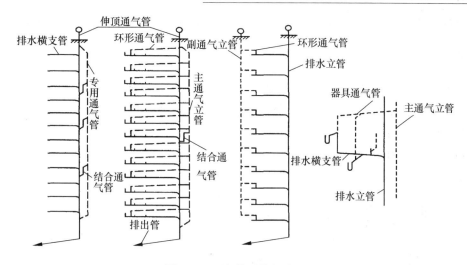

图 2-34　通气管系统的类型

1）器具通气管

对一些卫生标准要求较高的排水系统，如高级宾馆等，应设置器具通气管。

2）专用通气管

生活污水立管所承担的卫生器具排水设计流量超过了该立管的最大排水量时，应设专用通气管。

3）环形通气管

若一根横支管接有 6 个以上大便器或接有 4 个以上卫生器具，且长度超过 12 m 时，因同时排水率较大，为减小管内压力波动，宜设置环形通气管，同时应设置通气立管。

4）结合通气管

专用通气管每隔 2 层、主通气管每隔 8 ~ 10 层应设结合通气管与污水立管连接，以加强通气能力。

5）伸顶通气管

伸顶通气管高出屋面不得小于 0.30 m，且必须大于当地最大积雪厚度，以防止积雪覆盖通气口。对平屋顶屋面，若有人经常逗留活动，则通气管应高出屋面 2 m 并应根据防雷要求考虑设置防雷装置。伸顶通气管的管径可与立管相同，但在最冷月平均气温低于 - 13 ℃ 的地区，应在室内平顶或吊顶以下 0.3 m 处将管径放大一级。

在通气管口周围 4 m 以内有门窗时，通气管口应高出窗顶 0.6 m 或引向无门窗的一侧。通气管出口不宜设在建筑物的挑出部分（如屋檐口、阳台和雨篷等）的下面，以免影响周围空气的卫生情况。

通气管不得与建筑物的风道或烟道连接。通气管的顶端应装设网罩或风帽。通气管与屋面交接处应防止漏水。

第四节　屋面排水

降落在建筑物屋面的雨水和融化的雪水，必须妥善地予以迅速排除，以免造成屋面积水、漏水，影响生活及生产。屋面雨水的排除方式，一般分为外排水和内排水两种。根据建筑结构形式、气候条件及生产使用要求，在技术经济合理的情况下，屋面雨水应尽量采用外排水。

一、外排水系统

外排水是指屋面不设雨水斗，建筑物内部没有雨水管道的雨水排放方式。按屋面有无天沟，又分为檐沟外排水和天沟外排水两种系统。

1. 檐沟外排水系统

檐沟外排水系统由檐沟和雨落管组成，如图 2-35 所示。降落到屋面的雨水沿屋面集流到檐沟，然后流入到沿外墙设置的雨落管排至地面或雨水口。雨落管多用镀锌铁皮管或塑料管，镀锌

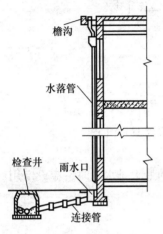

图 2-35 普通外排水系统

铁皮管为方形，断面尺寸一般为 100 mm × 80 mm 或 120 mm × 80 mm。工业厂房的雨落管也可用塑料管及排水铸铁管，管径为 75 mm 或 100 mm。根据经验，民用建筑雨落管间距为 8 ~ 12 m，工业建筑为 18 ~ 24 m。普通外排水方式适用于普通住宅、一般公共建筑和小型单跨厂房。

2. 天沟外排水系统

天沟外排水系统由天沟、雨水斗和排水立管组成，如图 2-36 所示。天沟设置在两跨中间并坡向端墙，雨水斗沿外墙布置，图 2-37 中降落到屋面上的雨水沿坡向天沟的屋面汇聚到天沟，沿天沟流至建筑物两端（山墙、女儿墙）的雨水斗，经立管排至地面或雨水井。天沟外排水系统适用于长度不超过 100 m 的多跨工业厂房。

图 2-36 天沟布置示意图

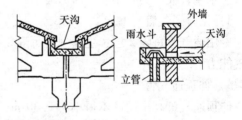

图 2-37 天沟与雨水管连接

天沟的排水断面形式多为矩形和梯形，天沟坡度不宜太大，一般在 0.003 ~ 0.006，天沟内的排水分水线应设置在建筑物的伸缩缝或沉降缝处，天沟的长度一般不超过 50 m。为了排水安全，防止天沟末端积水太深，在天沟端部设置溢流口，溢流口比天沟上檐低 50 ~ 100 mm。

采用天沟外排水方式，在屋面不设雨水斗，排水安全可靠，不会因施工不善造成屋面漏水或检查井冒水，且节省管材，施工简便，有利于厂房内空间利用，也可减小厂区雨水管道的埋深。但因为天沟有一定的坡度，而且较长，排水立管在山墙外，也存在着屋面垫层厚、结构负荷增大的问题，使得晴天屋面堆积灰尘多，雨天天沟排水不畅，在寒冷地区排水立管有被冻裂的可能。

二、内排水系统

内排水是指在屋面设雨水斗，建筑物内部有雨水管道的雨水排放方式。对于跨度大、特

别是多跨工业厂房，在屋面设天沟有困难的锯齿形或壳形屋面厂房及屋面有天窗的厂房，应考虑采用内排水形式。对于建筑立面要求高的建筑、大屋面建筑及寒冷地区的建筑，在墙外设置雨水排水立管有困难时，也可考虑采用内排水形式。

1. 内排水系统的组成与分类

内排水系统由雨水斗、连接管、悬吊管、立管、排出管、埋地干管和检查井组成，如图 2-38 所示。降落到屋面上的雨水沿屋面流入雨水斗，经连接管、悬吊管进入排水立管，再经排出管流入雨水检查井或经埋地干管排至室外雨水管道。

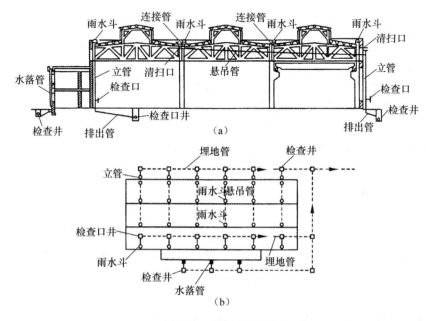

图 2-38　内排水系统

内排水系统按雨水斗的连接方式可分为单斗和多斗雨水排水系统。单斗系统一般不设悬吊管，多斗系统中悬吊管将雨水斗和排水立管连接起来。多斗系统的排水量大约为单斗的80%，在条件允许的情况下，应尽量采用单斗排水。

按排除雨水的安全程度，内排水系统分为敞开式和密闭式两种排水系统。敞开式内排水系统利用重力排水，雨水经排出管进入普通检查井，但由于设计和施工的原因，当暴雨发生时会出现检查井冒水现象，造成危害。这种系统也有在室内设悬吊管、埋地管和室外检查井的做法，这种做法虽可避免室内冒水现象，但管材耗量大且悬吊管外壁易结露。密闭式内排水系统利用压力排水，埋地管在检查井内用密闭的三通连接。当雨水排泄不畅时，室内不会发生冒水现象。其缺点是不能接纳生产废水，需另设生产废水排水系统。为了安全可靠，一般宜采用密闭式内排水系统。

2. 布置与敷设

1）雨水斗

雨水斗是一种专用装置，设在屋面雨水由天沟进入雨水管道的入口处。雨水斗有整流格栅装置，具有整流作用，避免形成过大的旋涡，稳定斗前水位，并拦截树叶等杂物。雨水斗有65型、79型和87型，有75 mm、100 mm、150 mm和200 mm四种规格。内排水系统布置雨水斗时应以伸缩缝、沉降缝和防火墙为天沟分水线，各自组成排水系统。如果分水线两侧两个雨水斗需连接在同一根立管或悬吊管上时，应采用伸缩接头，并保证密封不漏水。防火墙两侧雨水斗连接时，可不用伸缩接头。

布置雨水斗时，除了按水力计算确定雨水斗的间距和个数外，还应考虑建筑结构特点，使立管沿墙柱布置，以固定立管。接入同一立管的斗，其安装高度宜在同一标高层。在同一根悬吊管上连接的雨水斗不得多于四个，且雨水斗不能设在立管顶端。

2）连接管

连接管是连接雨水斗和悬吊管的一段竖向短管。连接管一般与雨水斗同径，但不宜小于100 mm，连接管应牢固固定在建筑物的承重结构上，下端用斜三通与悬吊管连接。

3）悬吊管

悬吊管连接雨水斗和排水立管，是雨水内排水系统中架空布置的横向管道。其管径不小于连接管管径，也不应大于300 mm，坡度不小于0.005。在悬空管的端头和长度大于15 m的悬吊管上设检查口或带法兰盘的三通，位置宜靠近墙柱，以利检修。

连接管与悬吊管、悬吊管与立管间宜采用45°三通或90°斜三通连接。悬吊管采用铸铁管，用铁箍、吊卡固定在建筑物的桁架或梁上。在管道可能受振动或生产工艺有特殊要求时，可采用钢管焊接连接。

4）立管

雨水立管承接悬吊管或雨水斗流来的雨水，一根立管连接的悬吊管根数不多于两根，立管管径不得小于悬吊管管径。立管宜沿墙、柱安装，在距地面1 m处设检查口。立管的管材和接口与悬吊管相同。

5）排出管

排出管是立管和检查井间的一段有较大坡度的横向管道，其管径不得小于立管管径。排出管与下游埋地管在检查井中宜采用管顶平接，水流转角不得小于135°。

6）埋地管

埋地管敷设于室内地下，承接立管的雨水并将其排至室外雨水管道。埋地管最小管径为200 mm，最大不超过600 mm。埋地管一般采用混凝土管、钢筋混凝土管或陶土管。

7）附属构筑物

常见的附属构筑物有检查井、检查口井和排气井，用于雨水管道的清扫、检修、排气。检查井适用于敞开式内排水系统，设置在排出管与埋地管连接处，埋地管转弯、变径及超过30 m的直线管路上。检查井井深不小于0.7 m，井内采用管顶平接，井底设高流槽，流槽应高出管顶200 mm。埋地管起端几个检查井与排出间应设排气井。水流从排出管流入排气井，与溢流墙碰撞消能，流速减小，气水分离，水流经格栅稳压后平稳流入检查井，气体由放气管排出。密闭内排水系统的埋地管上设检查口，将检查口放在检查井内，便于清通检修，所以被称为检查口井。

三、混合排水系统

大型工业厂房的屋面形式复杂，为了及时有效地排除屋面雨水，往往同一建筑物采用几种不同形式的雨水排除系统，分别设置在屋面的不同部位，由此组合成屋面雨水混合排水系统。

第五节 高层建筑排水系统

一、高层建筑排水系统的特点

高层建筑多为民用和公共建筑，其排水系统主要是接纳盥洗、淋浴等洗涤废水、粪便污水、雨雪水；以及附属设施如餐厅、车库和洗衣房等排水。高层建筑的排水立管长、水量大、流速高，污水在排水立管中的流动既不是稳定的压力流也不是一般重力流，是一种呈水、气两相的流动状态。高层建筑排水系统的特点，造成了管内气压波动剧烈，在系统内易形成气塞使管内水气流动不畅；破坏了卫生器具中的水封，造成排水管道中的臭气及有害气体侵入室内而污染环境。因此，高层建筑中，室内排水系统功能的优劣很大程度上取决于通气管系统的设计、设置、敷设是否合理，排水体制选择是否切合实际，这是高层建筑排水系统最重要的问题。

二、高层建筑排水方式

1. 设通气管排水系统

当层数在10层及10层以上且承担的设计排水流量超过排水立管允许负荷时，应设置专用通气立管。如图2-34所示，排水立管与专用通气立管每隔两层设结合通气管。对于使用要求较高的建筑和高层公共建筑亦可设置环形通气管、主通气立管或副通气立管，如图2-34所示。对卫生、安静要求较高的建筑物内，生活污水管道宜设器具通气管。

2. 苏维托排水系统

苏维托排水系统是采用一种气水混合或分离的配件来代替一般零件的单立管排水系统，它包括气水混合器和气水分离器两个基本配件。

1）气水混合器

苏维托排水系统中的混合器是由长约80 cm的连接配件装设在立管与每层楼横支管的连接处。横支管接入口有三个方向；混合器内部有三个特殊构造——乙字弯、隔板和隔板上部约1 cm高的孔隙。如图2-39所示。

自立管下降的污水经乙字弯管时，水流撞击分散并与周围空气混合成水沫状气水混合物，比重变轻，下降速度减缓，减小抽吸力。横支管排出的水受隔板阻挡，不能形成水舌，能保持立管中气流通畅，气压稳定。

2）气水分离器

苏维托排水系统中的跑气器通常装设在立管底部，它是由具有突块的扩大箱体及跑气管组成的一种配件。跑气器的作用是：沿立管流下的气水混合物遇到内部的突块溅散，从而把气体（70%）从污水中分离出来，由此减少了污水的体积，降低了流速，并使立管和横干管的泄流能力平衡，气流不致在转弯处被阻塞；另外，将释放出的气体用一根跑气管引到干管的下游（或返向上接至立管中去），这就达到了防止立管底部产生过大反（正）压力的目的。如图2-40所示。

图 2-39　气水混合器配件

1—立管；2—乙字弯；3—空隙；
4—隔板；5—混合室；6—气水混
合器；7—空气

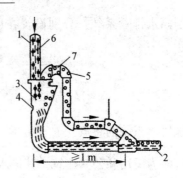

图 2-40　跑气器

1—立管；2—横管；3—空气
分离室；4—突块；5—跑气
管；6—气水混合器；7—空气

3）空气芯水膜旋流排水系统

旋流排水系统也称为"塞克斯蒂阿"系统，是法国建筑科学技术中心于 1967 年提出的一项新技术，后来广泛应用于 10 层以上的居住建筑。这种系统是由各个排水横支管与排水立管连接起来的"旋流排水配件"和装设于立管底部的"特殊排水弯头"所组成的，如图 2-41 所示。

（1）旋流接头。旋流连接配件的构造如图 2-42 所示，它由底座及盖板组成，盖板上设有固定的导旋叶片，底座支管和立管接口处沿立管切线方向有导流板。横支管污水通过导流板沿立管断面的切线方向以旋流状态进入立管，立管污水每流过下一层旋流接头时，经导旋叶片导流，增加旋流，污水受离心力作用贴附管内壁流至立管底部，立管中心气流通畅，气压稳定。

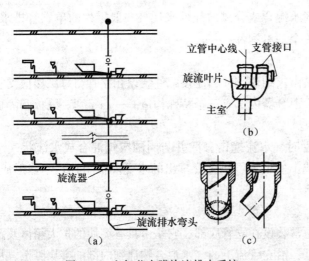

图 2-41　空气芯水膜旋流排水系统

（a）空气芯排水系统；（b）旋流器；（c）旋流排水弯头

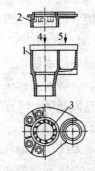

图 2-42　旋流接头

1—底座；2—盖板；3—叶片；
4—接直管；5—接大便器

（2）特殊排水弯头。在立管底部的排水弯头是一个装有特殊叶片的 45°弯头。该特殊叶片能迫使下落水流溅向弯头后方流下，这样就避免了出户管（横干管）中发生水跃而封闭立管中的气流，以致造成过大的正压。如图 2-43 所示。

3. 心形排水系统

心形单立管排水系统于 20 世纪 70 年代初首先在日本使用，在系统的上部和下部各有一个特殊配件组成。

1）环流器

其外形呈倒圆锥形，平面上有 2～4 个可接入横支管的接入口（不接入横支管时也可作为清通用）的特殊配件，如图 2-44 所示。立管向下延伸一段内管，插入内部的内管起隔板作用，防止横支管出水形成水舌，立管污水经环流器进入倒锥体后形成扩散，气水混合成水沫，使比重减轻、下落速度减缓，立管中心气流通畅，气压稳定。

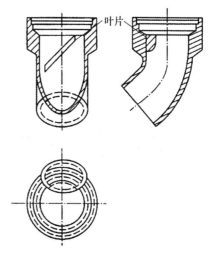

图 2-43　特殊排水弯头

2）角笛弯头

外形似犀牛角，大口径承接立管，小口径连接横干管，如图 2-45 所示。由于大口径以下有足够的空间，既可对立管下落水流起减速作用，又可将污水中所携带的空气集聚、释放。又由于角笛弯头的小口径方向与横干管断面上部也连通，可减小管中正压强度。这种配件的曲率半径较大，水流能量损失比普通配件小，从而增加了横干管的排水能力。

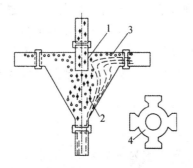

图 2-44　环流器
1—内管；2—气水混合物；
3—空气；4—环流通路

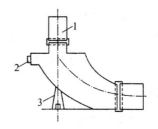

图 2-45　角笛弯头
1—立管；2—检查口；
3—支墩

4. UPVC 螺旋排水系统

UPVC 螺旋排水系统是韩国在 20 世纪 90 年代开发研制的，由图 2-46 所示的偏心三通和图 2-47 所示的内壁有 6 条间距 50 mm 呈三角形突起的导流螺旋线的管道所组成。由排水横管排出的污水经偏心三通从圆周切线方向进入立管，旋流下落，经立管中的导流螺旋线进行导流，管内壁形成较稳定的水膜旋流，立管中心气流通畅，气压稳定。同时由于横支管水流由圆周切线方式流入立管，减少了撞击，从而有效克服了排水塑料管噪声大的缺点。

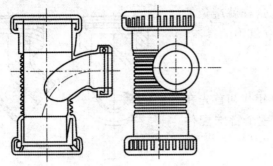
图 2-46　偏心三通

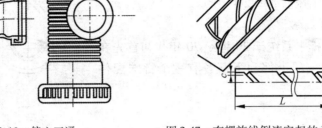
图 2-47　有螺旋线倒流突起的 UPVC 管

第六节　建筑排水系统常见故障及排除

一、排水管道和器具漏水

1. 排水管道漏水

排水管道漏水多发生在横管或存水弯处，往往是因为管材、管件质量低劣（存在沙眼或裂缝等）或施工质量不合格造成的。发现排水管道漏水应立即用布绑紧裂口，关闭破裂管上面的用水设备，调集沙包挡住电梯口和用户单元门口，报告主管工程师，安排人员维修管道裂口或更换管道。

2. 便器水箱漏水

便器水箱漏水主要由于采用上导向直落式排水结构的水箱配件造成的。原国家建材局和建设部已联合宣布淘汰此种配件，并推荐了翻板式、翻球式等多种便器水箱配件。此外，以水压杠杆原理自动进水装置代替水箱普通进水浮球阀，可克服因浮球阀关闭不严导致水箱溢水的弊病。另外，一些卫生器具与排水管道连接处也最易发生渗漏现象，维修人员应经常巡视检查，发现漏水应及时修理或更换。

二、排水管道堵塞

排水管道堵塞是排水系统最常见的故障，一般表现为流水不畅，排泄不通，严重的会在地漏、水池、便器等处漫溢外淌。造成堵塞的原因多为施工或使用不当，如建筑施工或用户装修时杂物掉进下水道或是用户在使用过程中往下水道随意倒赃物所致。因此，小区物业应把好验收关，并向用户宣传正确使用和爱护排水设施。发现排水管道堵塞后，可根据具体情况判断堵塞物的位置，在靠近的检查口、清扫口、屋顶通气管等处，可用人工或机械疏通。如无效时则采用剔洞疏通，或采用"开天窗"的方法，进行大开挖，排除堵塞，以免影响用户正常的生活环境。此外，排水处对管理区域的排水检查井应定期检查和清通。

本 章 小 结

本章讲述了建筑排水系统的分类、组成及各组成的作用；常用的建筑排水管材及卫生器具；建筑排水管道布置与敷设的原则与要求；屋面排水的内、外排水系统的组成及分类；高层建筑排水系统的特点及排水方式；建筑给排水系统使用中常见的故障及排除。

课后习题

1. 建筑排水系统的排水方式有几种？各自的优缺点是什么？
2. 建筑内部排水系统由哪几部分组成？各有什么作用？
3. 常用的排水管材有哪几种？排污管材如何选用？
4. 排水管道的布置与敷设有什么规定？
5. 屋面雨水排放有哪几种方式？各由哪几部分组成？
6. 卫生器具按其用途可分为哪几类？各自的作用是什么？
7. 建筑给排水系统中常见的故障是什么？简述排除方法？

第三章 热水与燃气供应

本章要点：

通过本章的学习，要求学生了解热水供应系统组成与热水加热方式及供应方式；熟悉室内热水管道的布置和敷设；掌握高层建筑热水供应系统的特点及供水方式，熟悉管网布置与敷设要点；了解燃气的种类及特性，熟悉燃气供应方式，掌握燃气系统常见的故障及排除方法。

第一节 热水供应系统

室内热水供应系统是指水的加热、储存和输配的总称。其任务是满足建筑内人们在生产和生活中对热水的需求。

一、热水供应系统的组成

1. 热水供应系统的分类及特点

室内热水供应系统，根据建筑类型、规模、热源情况、用水要求、管网布置、循环方式等分成各种类型。按照热水供应范围分为局部热水供应系统、集中热水供应系统和区域热水供应系统。

1) 局部热水供应系统

局部热水供应系统是指采用各种小型加热器在用水场所就地加热，供局部范围内的一个或几个用水点使用的热水系统。例如，采用小型煤气加热器、电加热器、太阳能加热器、炉灶等，供给单个厨房、卫生间及浴室等用水。在大型建筑内，也可采用多个局部热水供应系统分别对各个用水场所供应热水。

局部热水供应系统具有设备、系统简单，造价低，维护管理方便灵活，热损失较少，改建、增装容易等优点。其缺点是供水范围小，热水分散制备，热效率低，制备热水成本高，使用不够方便舒适，每个用热场所均需设置加热装置，占用建筑面积较大。

局部热水供应系统适用于热水用水量较小且较分散的建筑，如一般单元式民用住宅、小型饮食店、理发店等。

2) 集中热水供应系统

集中热水供应系统就是在锅炉房、热交换站或加热间把水集中加热，然后通过热水管网输送给整幢或几幢建筑的热水供应系统，如图 3-1 所示。

其特点是：供水范围大，加热器及其他设备集中，便于管理维修，设备的热效率高，热水成本低，占地面积小，设备总容量较小，使用较为方便、舒适，但系统较复杂，管线长，热损失大，初投资大，需配备专职人员维护管理，建成后改建、扩建较困难。

集中热水供应系统适用于热水用水量较大，用水点比较集中的建筑，如标准较高的高级民用住宅建筑、宾馆、医院、疗养院、体育馆、游泳池、大型饭店等，布置在较集中的工业、企业建筑内等。

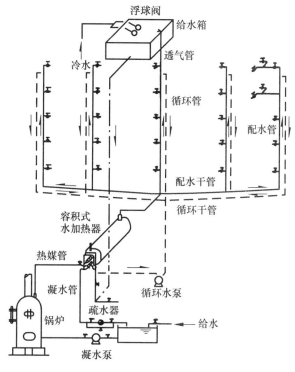

图 3-1 集中热水供应系统组成

3）区域热水供应系统

区域热水供应系统是把水在热电厂，区域锅炉或热交换站集中加热，通过市政热水管网送至整个建筑群、居住区或整个工矿企业的热水供应系统。

区域热水供应系统的特点是：便于热能的综合利用和集中维护管理，有利于减少环境污染，可提高热效率和自动化程度，热水成本低，占地面积小，使用方便、舒适，供水范围大，安全性高。但热水在区域锅炉房中的热交换站制备，管网复杂，热损失大，设备多，一次性投资大。

区域热水供应系统适用于建筑布置较集中，热水用量较大的城市和工业企业。目前在国外特别是发达国家中应用较多。

2. 热水供应系统的组成

集中热水供应系统的组成因建筑类型和规模、热源情况、用水要求、加热和储存设备的供应情况、建筑对美观和安静的要求等不同情况而异。图 3-1 所示是一典型的集中热水供应系统，其主要由热媒循环管网、热水配水管网、控制附件三部分组成。

1）热媒循环管网（第一循环系统）

热媒系统由热源、水加热器和热媒管网组成。锅炉产生的水蒸气（或高温水）通过热媒管网送到水加热器，经散热面加热冷水，蒸汽凝结放热后变成凝结水，靠余压经疏水器流至凝结水箱，再经循环水泵送回锅炉产生蒸汽，如此循环完成热水的制备。

2）热水配水管网（第二循环系统）

由热水配水管网和循环管网组成。配水管网将在加热器中加热到一定温度的热水送到各配水点，冷水由高位水箱或给水管网补给。为保证用水点的水温，支管和干管设循环管网，用于一部分水回到加热器重新加热，以补充管网所散失的热量。

3）控制附件

由于集中热水供应系统中控制、连接、排气及水温变化的需要，常用的控制和安全附件有温度自动调节器、疏水器、减压阀、安全阀、膨胀罐（箱）、管道补偿器、闸阀、水龙头、自动排气阀等。

二、热水加热方式与供应方式

1. 热水加热方式

热水加热方式分为直接加热方式和间接加热方式，如图3-2所示。

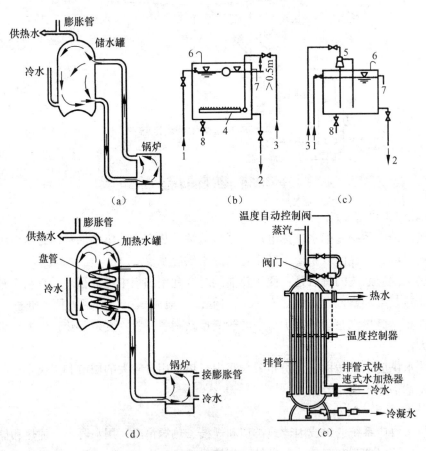

图3-2　加热方式

（a）热水锅炉直接加热；（b）蒸汽多孔管直接加热；（c）蒸汽喷射器混合直接加热；
（d）热水锅炉间接加热；（e）蒸汽—水加热器间接加热
1—给水；2—热水；3—蒸汽；4—多孔管；5—喷射器；6—通气管；7—溢水管；8—泄水管

1）直接加热方式

直接加热方式也称一次换热，是利用燃气、燃油、燃煤为燃料的热水锅炉把冷水直接加热到所需要的温度，或者是将蒸汽或高温水通过穿孔管或喷射器直接与冷水接触混合制备热水。热水炉直接加热具有热效率高、节能的特点；蒸汽直接加热具有设备简单、热效率高、无需冷凝水管的优点，但存在噪声大、对蒸汽质量要求高、冷凝水不能回收、热源需要大量经水质处理的补充水、运行费用高等缺点。此种方式仅适用于高质量的热媒、对噪声要求不严格，或定时供应热水的公共浴室、洗衣房、工矿企业等用户。

2）间接加热方式

间接加热方式也称二次换热，是利用热媒通过水加热器把热量传递给冷水，把冷水加热到所需热水温度，而热媒在整个加热过程中与被加热水不直接接触。这种加热方式回收的冷凝水可重复利用，补充水量少，运行费用低，加热时噪声小，被加热水不会造成污染，运行安全可靠，适用于要求供水安全稳定且噪声低的旅馆、住宅、医院、办公楼等建筑。

2. 热水供应方式

根据建筑物的性质和使用要求，可选用以下热水供应方式。

1）全循环、半循环和不循环方式

全循环热水供应方式指热水供应系统中热水配水管网的水平干管、立管、甚至配水支管都设有循环管道。该系统设循环水泵，用水时不存在启用前放水和等待时间，适用于高级宾馆、饭店、高级住宅等高标准建筑中，如图3-3所示。

半循环热水供应方式指热水供应系统中只在热水配水管网的水平干管设循环管道，该方式多用于全日和定时供应热水的建筑中，如图3-4所示。

不循环热水供应方式指热水供应系统中热水配水管网的水平干管、立管、配水支管都不设任何循环管道，适用于小型热水供应系统和使用要求不高的定时热水供应系统或连续用水系统，如公共浴室、洗衣房等，如图3-5所示。

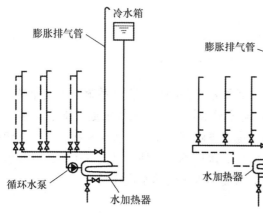 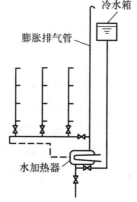 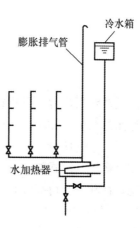

图3-3　全循环热水供应方式　　图3-4　半循环热水供应方式　　图3-5　不循环热水供应方式

2）自然循环和机械循环方式

根据热水循环系统中采用的循环动力不同，可分为自然循环和机械循环两种方式。

自然循环方式是利用配水管和回水管中水的温度差所形成的水的密度差，从而产生压力差，形成循环作用水头，使管网内维持一定量的循环流量，以补偿配水管道的热损失，保证用户对水温的要求，该系统一般适用于系统较小、用户对水温要求不严格的热水供应系统。

机械循环方式是在回水干管上设置循环水泵，利用水泵作为循环动力强制一定量的热水在管网系统中不停地循环流动，以补偿配水管道的热损失，保证管中热水的温度要求。该方式适用于大、中型且对水温要求较严格的热水供应系统。

3）开式热水供应和闭式热水供应方式

热水供应系统按管网压力工况特点的不同，可分为开式和闭式两种形式。

开式热水供应方式是指在热水配水系统中所有的配水点关闭后，系统内仍有与大气相连通的系统，如图 3-6（a）所示。一般是在系统的顶部设有开式水箱，管网与大气相连通，系统内的压力仅取决于水箱的设置高度，不受给水管网中水压波动的影响。该方式适用于用户要求水压稳定的系统。

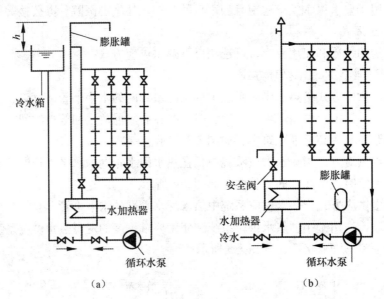

图 3-6 按系统压力分类
（a）开式热水供应系统；（b）闭式热水供应系统

闭式热水供应方式是指在热水配水系统中各配水点关闭后，整个系统与大气隔绝，形成一个密闭的系统，如图 3-6（b）所示。该方式的配水管网不与大气相通，冷水直接进入水加热器，故系统应设安全阀，必要时还可以考虑设置隔膜式压力膨胀罐和膨胀管，以确保系统的安全运转。闭式热水供应方式具有管路简单、水质不易受外界污染等优点，但其供水水压的稳定性和安全可靠性较差，适用于不宜设置屋顶水箱的热水供应系统。

4）同程式和异程式

在全循环热水供应系统中，根据各循环环路布置的长度不同可分为同程式和异程式两种形式。

同程式热水供应方式是指在热水循环系统中每一个循环环路的长度均相等，所有环路的水头损失均相同，如图 3-7 所示。

异程式热水供应方式是指在热水循环系统中每一个循环环路的长度各不相同，所有环路的水头损失也各不相同，如图 3-8 所示。

5）全日供应和定时供应方式

按热水供应的时间分为全日供应方式和定时供应方式。

全日供应方式是指热水供应管网在全天任何时刻都保持设计的循环水量，热水配水管网全天任何时刻都可正常供水，并能保证配水点的水温。

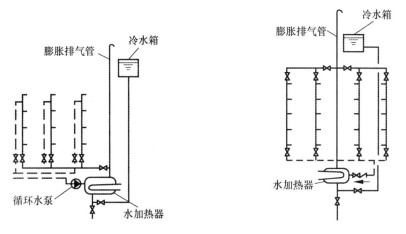

图 3-7　同程式全循环下行上给式管道布置图　　图 3-8　异程式自然循环上行下给式管道布置图

定时供应方式是指热水供应系统每天定时供水，其余时间系统停止运行。此方式在供水前利用循环水泵将管网中已冷却的水强制循环到水加热器进行加热，达到一定温度才能使用。

第二节　室内热水管道布置和敷设

热水管网的布置与给水管网的布置原则基本相同，一般多为明装，暗装不得埋于地面下，多敷设于地沟内、地下室顶部、建筑物最高层的顶板下或顶棚内、管道设备层内。设于地沟内的热水管应尽量与其他管道同沟敷设，地沟断面尺寸要与同沟敷设的管道统一考虑后确定。热水立管明装时，一般布置于卫生间内，暗装一般设于管道井内。管道穿过墙和楼板时应设套管。穿过卫生间楼板的套管应高出室内地面 50 mm，以避免地面积水从套管渗入下层。配水立管始端与回水立管末端以及多于 5 个配水龙头的支管始端，均应设置阀门，以便于调节和检修。为了防止热水倒流或窜流，在水加热器或热水罐、机械循环的回水管、直接加热混合器的冷、热水供水管上，都应装设止回阀。所有热水横管均应有不小于 0.003 的坡度，便于排气和泄水。为了避免热胀冷缩对管件或管道接头的破坏作用，热水干管应考虑自然补偿管道或装设足够的管道补偿器。在上行式配水干管的最高点应根据系统的要求设置排气装置，如自动放气阀、集气罐、排气管或膨胀水箱。管网系统最低点还应设置泄水阀或丝堵，以便检修时排泄系统的积水。

立管与水平干管的连接方法如图 3-9 所示。这样可以消除管道受热伸长时的各种影响。

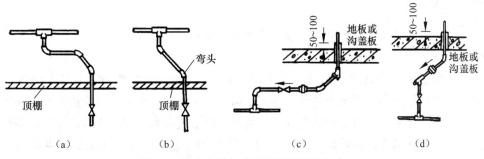

图 3-9　热水立管与水平干管的连接方式

热水配水干管、储水罐、水加热器一般均须保温，以减少热量损失。保温材料有石棉灰、泡沫混凝土、硅藻土、矿渣棉等。管道保温层厚度要根据管道中热媒温度、管道保温层外表面温度及保温材料的性质确定。

第三节　高层建筑热水供应系统特点

随着我国经济的快速发展，高层及超高层建筑逐渐增多，而高层建筑往往是高层建筑标准的公共建筑和高档住宅，因此在高层建筑中很多都设置了热水供应系统，高层建筑的热水供应系统基本同多层建筑，但由于建筑高度的增加，高层建筑的热水供应也有自己的特点，主要表现在热水供应系统往往采取分区供水方式，热水供应系统的循环方式也应采用机械循环系统等。

一、技术要求

高层建筑具有层数多、建筑高度高、热水用水点多等特点，如果选用一般建筑的各种热水供水方式，则会使热水管网系统中压力过大，产生配水管网始末端压差悬殊、配水均衡性难以控制等一系列问题。热水管网系统压力过大，虽然可选用耐高压管材、耐高压水加热器或减压设施加以解决，但不可避免地会增加管道和设备投资。因此，为保证良好的供水工况和节省投资，高层建筑热水供应系统必须解决热水管网系统压力过大的问题。

二、技术措施

与给水系统相同，解决热水管网系统压力过大的问题，可采用竖向分区的供水方式。高层建筑热水系统分区的范围，应与给水系统的分区一致，各区的水加热器、储水器的进水，均应由同区的给水系统设专管供应，也便于管理。但因热水系统水加热器、储水器的进水由同区给水系统供应，水加热后，再经热水配水管送至各配水水嘴，故热水在管道中的流程远比同区冷水水嘴流出冷水所经历的流程长，所以尽管冷、热水分区范围相同，混合水嘴处冷、热水压力仍有差异，为保持良好的供水工况，还应采取相应措施适当增加冷水管道的阻力，减小热水管道的阻力，以使冷、热水压力保持平衡，也可采用内部设有温度感应装置，能根据冷、热水压力大小、出水温度高低自动调节冷热水进水量比例，保持出水温度恒定的恒温式水嘴。

三、供水方式

高层建筑热水供应系统的分区供水方式主要有下列两种方式。

1. 集中加热热水供应方式

如图 3-10 所示，各区热水管网自成独立系统，其水加热器集中设置在建筑物的底层或地下室，水加热器的冷水供应来自各区给水水箱，这样可使卫生器具的冷热水水龙头出水均衡。此种方式的管网多采用上行下给方式。当下区冷水供应来自屋面给水水箱时，需在下区水加热器的冷水进水管上装设减压阀，如图 3-11 所示。当上下区共用水加热器时应在下区各支管上设置减压阀。

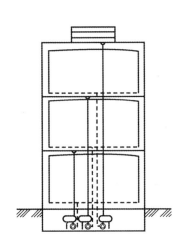

图 3-10　集中加热热水供应方式

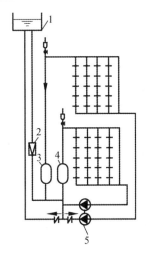

图 3-11　减压阀分区热水供应系统示意图
1—冷水补水箱；2—减压阀；3—高区水
加热器；4—低区水加热器；5—循环泵

集中加热热水供应方式的优点是设备集中，管理维护方便。其缺点是高区的水加热器承受压力大，因此，此种方式是用于建筑高度在 100 m 以内的建筑。

2. 分散加热热水供应方式

如图 3-12 所示，水加热器和循环水泵分别设置在各区技术层，根据建筑物具体情况，水加热器可放在本区管网的上部或下部。此种方式的优点是容积式水加热器承压小，制造要求低，造价低。其缺点是设备设置分散，管理维修不便，热媒管道长。此种方式适用于建筑物高度在 100 m 以上的高层建筑。

对于高层建筑底层的洗衣房、厨房等大用水量设备，由于工作制度与客房有差异，所以应设单独热水供应系统供水，便于维护管理。

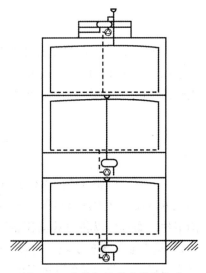

图 3-12　分散加热热水供应方式

四、管网布置与敷设

一般高层建筑热水供应的范围大，热水供应系统的规模也较大，为确保系统运行时的良好工况，进行管网布置与敷设时，应注意以下几点。

（1）当分区范围超过 5 层时，为使各配水点随时得到设计要求的水温，应采用全循环或立管循环方式；当分区范围小，但立管数多于 5 根时，应采用干管循环方式。

（2）为防止循环流量在系统中流动时出现短流，影响部分配水点的出水温度，可在回水管上设置阀门，通过调节阀门的开启度，平衡各循环管路的水头损失和循环流量。若因管网系统大，循环管路长，用阀门调节效果不明显时，可采用同程式管网布置形式，如图 3-13 所示，使循环流量通过各循环管路的流程相当，可避免短流现象，利于保证各配水点所需的水温。

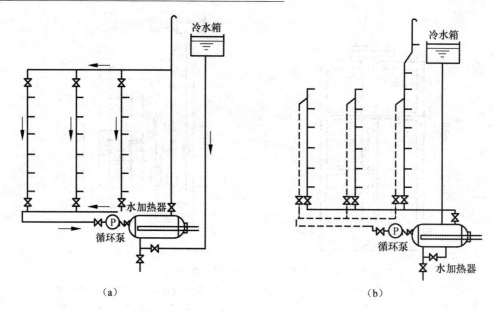

图 3-13 同程式热水管网布置形式
（a）上行式同程系统；（b）下行式同程系统

（3）为提高供水的安全可靠性，尽量减小管道、附件检修时的停水范围，或充分利用热水循环管路提供的双向供水的有利条件，放大回水管管径，使它与配水管径接近，当管道出现故障时，可临时作配水管使用。

第四节 燃 气 供 应

燃气，是可燃气体的统称。气体燃料较之液体燃料和固体燃料具有更高的热能利用率，燃烧温度高、火力调节自如，使用方便，易于实现燃烧过程的自动化，燃烧时没有灰渣，清洁卫生，而且可以利用管道和瓶装供应。在工业生产上，燃气供应可以满足多种生产工艺（如陶瓷工业、玻璃工业、冶金工业、机械工业等）的特殊要求，可达到提高产量、保证产品质量以及改善劳动条件的目的。在日常生活中应用燃气作为燃料，对改善生活条件，减少空气污染和保护环境，都具有重大的意义。

燃气虽然是一种清洁方便的理想能源，但是如果不了解它的性质或使用不当，也会带来严重的后果。由于燃气和空气混合到一定比例时，容易引起燃烧和爆炸，火灾危险性大，且人工煤气具有剧烈的毒性，容易引起中毒事故。因而，所有制备、输送、储存和使用燃气的设备及管道，都要有良好的密闭性，他们对涉及、加工、安装和材料选用都有严格的要求，同时必须加强日常维护和管理，对用户进行经常的安全用气教育。

一、燃气的种类及特性

根据来源的不同，燃气可分为天然气、人工燃气和液化石油气三种。

1. 天然气

天然气是从地下直接开采出来的可燃气体。天然气一般可分为四种：从气井开采出来的气田气或称纯天然气；伴随石油一起开采出来的石油气，也称石油伴生气；含石油轻质馏分的凝析气田气；从井下煤层抽出的煤矿矿井气。

一般纯天然气的可燃成分以甲烷为主，还含有少量的二氧化碳、硫化氢、氮和微量的氦、氖、氩等气体。天然气的发热值为 33 494 ~ 41 868 kJ/Bm³，是一种理想的城市气源。天然气可以管道输送，也可以压缩成液态运输和储存，液态天然气的体积仅为气态天然气的 1/600。

天然气通常没有气味，所以在使用时需混入无害而有臭味的气体（如乙硫醇 C_2H_2SH），以便易于发现漏气的情况，避免发生中毒或爆炸等事故。

2. 人工煤气

人工煤气是将煤、重油等矿物燃料，通过热加工而得到的，通常使用的有干馏煤气（如焦炉煤气）和重油裂解气。

将煤放在专用的工业炉中，隔绝空气，从外部加热，分解出来的气体经过处理后，可分别得到煤焦油、氨、粗萘、粗苯和干馏煤气。剩余的固体残渣即为焦炭。用于干馏煤气的工业炉有炼焦炉、连续式直立炭化炉和立箱炉等，一般都采用炼焦炉，其干馏煤气称为焦炉煤气。它的主要成分是甲烷和氢气。

将重油在压力、温度和催化剂的作用下，使分子裂变而形成可燃气体。这种气体经过处理后，可分别得到煤气、粗苯和残渣油。重油裂解气也叫油煤气或油制气。

将煤或焦炭放入煤气发生炉，通入空气、水蒸气或两者的混合物，使其吹过赤热的煤（焦）层，在空气供应不足的情况下进行氧化和还原作用，生成以一氧化碳和氢气为主的可燃气体，称为发生炉煤气。由于它的热值低，一氧化碳含量高，因此不适合作为民用煤气，多用于工业。

人工煤气具有强烈的气味及毒性，含有硫化氢、萘、苯、氨、焦油等杂质，容易腐蚀及堵塞管道，因此，人工煤气需加以净化后才能使用，并用储气罐气态储存或管道输送。

供应城市的人工煤气要求发热值在 14 654 kJ/Bm³ 以上。一般焦炉煤气的发热值为 17 585 ~ 18 422 kJ/Bm³，重油裂解气的发热值为 16 747 ~ 20 515 kJ/Bm³。

3. 液化石油气

液化石油气是在对石油进行加工处理过程中（例如常减压蒸馏、催化裂化等），作为副产品而获得的一部分碳氢化合物。

液化石油气是多种气体的混合物，其中主要是丙烷、丙烯、丁烷和丁烯，它们在常温常压下呈气态，当压力升高或温度降低时很容易转变为液态，便于储存和运输。液化气的发热值通常为 83 736 ~ 113 044 kJ/Bm³。

二、燃气供应方式

城市燃气的供应目前有两种方式，一是瓶装供应，它用于液化石油气，且距气源地不十分远，运输方便的城市；另一种是管道输送，它可以输送液化石油气，也可以输送人工煤气和天然气。

1. 瓶装供应

液化石油气可以用管道输送，但我国当前供应液化石油气都采用钢瓶。这种供应方式，应用方便，适应性强。一般的运装工艺过程是：炼油厂生产的液化气用火车或汽车槽车（也可直接用管道输送，在靠近海岸和内河的地方还可用船舶）运到使用城市的灌瓶站（也叫储配站），卸入球形储罐。卸车一般用油泵，也可使用升压器或靠位差的静压自流，由于静压自流的速度慢，一般不采用。由储罐向钢瓶充装液化气和液化气卸车的方式相似，也是将液体通过管道和油泵，由一个容器注入另一个容器的过程。

无论是钢瓶、槽车式储罐，其盛装液化气的充满度最高不允许超过容积的85%。由于液化气的体积是随温度变化的，其膨胀率约为温度升高10 ℃，体积增大3% ~4%。以装量10 kg的钢瓶为例，如超量充装12 kg，则充装时（-15 ℃）的液化气体积为21 L，占钢瓶容积的89.3%；若钢瓶外气温升至30 ℃，则液化气体积就增大为23.4 L，几乎充满了钢瓶，可能使钢瓶胀裂并发生爆炸。此外钢瓶充气前瓶内如有残液，应按规定到指定地点认真清除，不可随意倾倒，以免发生意外事故。

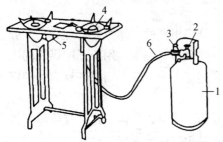

图 3-14　液化石油气单瓶供应
1—钢瓶；2—钢角阀；3—调压器；4—燃具；
5—开关；6—耐油胶管

单户的瓶装液化石油气供应有单瓶供应和双瓶供应。目前我国民用用户主要为单瓶供应。

单瓶供应设备如图 3-14 所示，是由钢瓶、调压器、燃气用具和连接管组成。一般钢瓶置于厨房内，使用时打开钢瓶角阀，液化石油气借本身压力进入调压器，降压后进入煤气用具燃烧。

钢瓶内液化石油气的饱和蒸气压一般为 70 ~ 800 kPa，靠室内温度可自然气化。在供燃气燃具及燃烧设备使用时，要经过钢瓶上调压器（又称减压阀）减压到（2.8 ±0.5）kPa。

钢瓶的放置地点要考虑到便于换瓶和检查，但不得装于卧室及没有通风设备的走廊、地下室、半地下室等。为了防止钢瓶过热和压力过高，钢瓶与燃气用具以及采暖炉、散热器等至少应距离 1 m。钢瓶与燃气用具之间用耐油耐压软管连接，软管长度不得大于 2 m。

钢瓶要定期进行安全检验。在运送过程中，无论人工装卸还是机械装卸，都应严格遵守消防安全法规和有关操作规程，严禁乱扔乱甩。

2. 管道输送燃气

根据输气压力的不同，城市燃气管网分为：

（1）低压管网，输气压力等于或低于 5 kPa（表压力，以下同）。

（2）中压管网，输气压力为 5 ~150 kPa。

（3）次高压管网，输气压力为 150 ~300 kPa。

（4）高压管网，输气压力为 300 ~800 kPa。

大城市的输配系统一般由低、中（或次高压）和高压三级管网组成；中等城市可由低、中压或低、次高压两级管网组成；小城镇可采用低压管网。

城市燃气管网通常包括街道燃气管网和庭院燃气管网两部分。燃气产生并经过净化后，由街道高压管网或次高压管网，经过燃气调压站，进入街道低压管网，再经庭院管网而接入用户。

街道燃气管网一般都布置成环状，以保证供气的可靠性，但投资较大；只有边缘地区才布置成枝状，它投资省，但可靠性差。庭院燃气管网常采用枝状。庭院燃气管网是指从燃气总阀门井以后，至各建筑物前的用户外管路。如图 3-15 所示。

燃气在输送过程中要不断排除凝结水，因而管道应有不小于3‰的坡度坡向凝水器。凝水器内的水定期用手摇泵排除。凝水器设在庭院燃气管道的入口处。

燃气管网一般为埋地敷设，也可以架空敷设。一般情况不设管沟，更不准与其他管道同沟敷设，以防燃气泄漏时积聚在管沟内，引起火灾、爆炸或中毒事故。埋地燃气管道不得穿过其他管沟，如因特殊需要必须穿越时，燃气管道必须装在套管内。埋地燃气管道穿越城市道路、铁路等障碍物时，燃气管应设在套管或管沟内，但套管或管沟要用砂填实。埋地燃气管道要做加强防腐处理，在穿越铁路等杂散电流较强的地方必须做加强防腐，以抗御电化锈蚀。

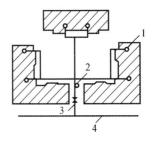

图 3-15　庭院燃气管网

1—燃气立管；2—凝水器；3—燃气阀门井；4—街道燃气管

当燃气管埋设在一般土质的地下时，可采用铸铁管，用青铅接口或水泥接口；亦可采用涂有沥青防腐层的钢管，用焊接接头。如埋设在土质松软及容易受震地段，应采用无缝钢管，用焊接接头。阀门应设在阀门井内。

庭院燃气管道直接敷设在当地土壤冰冻线以下 0.1~0.2 m 的土层内，但不得在堆积易燃易爆材料和具有腐蚀性液体的土壤层下面及房屋等建筑物下面通过。在布置管路时，其走向应尽量与建筑物轴线平行，距建筑物不小于 2 m，与其他地下管道水平净距为 1 m。与给水排水管道、热力管沟底或顶的最小垂直距离为 0.15 m，与电缆线最小垂直间距为 0.5 m。在可能引起管道不均匀下沉的地段，管下基础应做处理。

当由城市中压管网直接引入庭院管网；或直接接入大型公共建筑物内时，需设置专用调压室。调压室内设有调压器、过滤器、安全水封及阀门等，调压室宜为地上独立的建筑物。要求其净高不小于 3 m，屋顶应有泄压措施。与一般房屋的水平净距不小于 6 m，与重要的公共建筑物不应小于 25 m。

三、室内燃气管道

室内燃气管道系统由用户引入管、干管、立管、用户支管、燃气计量表、用具连接管和燃气用具组成，如图 3-16 所示。

1. 引入管

用户引入管与城市或庭院低压分配管道连接，在分支管处设阀门。输送湿燃气的引入管一般由地下引入室内，当采取防冻措施时也可由地上引入。输送湿燃气的引入管应有不小于 0.005 的坡度，坡向城市分配管道。在非采暖地区输送干燃气时，且管径不大于 75 mm 的，则可由地上引入室内。

引入管应直接引入用气房间（如厨房）内，不得敷设在卧室、浴室、厕所、易燃与易爆物仓库、有腐蚀性介质的房间、变配电间、电缆沟及烟、风道内。

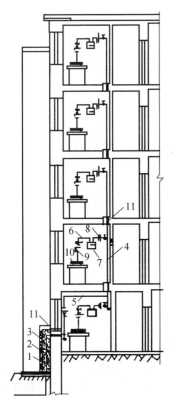

图 3-16　室内燃气管道系统

1—用户引入管；2—保温层；3—砖台；4—立管；5—水平干管；6—用户支管；7—燃气表；8—旋塞及活接头；9—用具连接管；10—燃气用具；11—套管

引入管进入室内后第一层处，应该安装严密性较好、不带手柄的阀门，避免无关人员随意开关。

对于高度在 20 m 以上建筑物的引入管，在进入基础之前配气管道上应设软性接头，以防地基下沉对管道的破坏。

当引入管穿越房屋基础或管沟时，应预留孔洞，加套管，间隙用油麻、沥青或环氧树脂填塞。管顶间隙应不小于建筑物最大沉降量，具体做法如图 3-17 所示。当引入管沿外墙翻身引入时，其室外部分应采取适当的防腐、保温和保护措施，具体做法如图 3-18 所示。

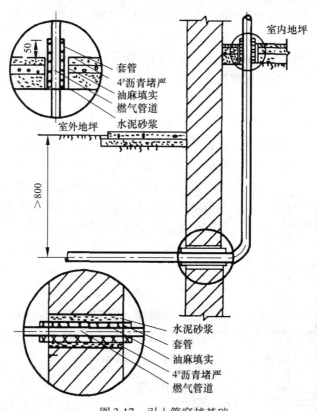

图 3-17　引入管穿越基础

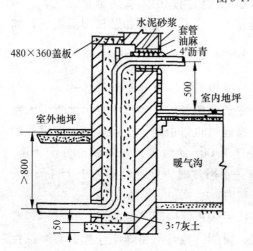

图 3-18　引入管沿外墙翻身引入

2. 室内燃气管道布置与敷设

从用户引入管到燃气用具，还要先后通过燃气室内干管、立管和用户支管。

1）水平干管

引入管连接多根立管时，应设水平干管。水平干管可沿楼梯间或辅助间的墙壁敷设，坡向引入管的坡度不小于 0.002。管道经过的楼梯和房间应有良好的通风。

2）立管

立管是将燃气由水平干管（或引入管）分送到备层的管道。

立管一般敷设在厨房、走廊或楼梯间内。每一立管的顶端和底端设丝堵三通，作清洗用，其直径不小于25 mm。当由地下室引入时，立管在第一层应设阀门。阀门应设于室内，对重要用户应在室外另设阀门。

3）套管

立管通过各层楼板处应设套管。套管高出地面至少50 mm，套管与立管之间的间隙用油麻填堵，沥青封口。

立管在一幢建筑中一般不改变管径，直通上面各层。

4）用户支管

由立管引向各单独用户计量表及燃气用具的管道为用户支管。用户支管在厨房内的高度不低于1.7 m，敷设坡度应不小于0.002，并由燃气计量表分别坡向立管和燃气用具。支管穿墙时也应有套管保护。

室内燃气管道一般为明装敷设。当建筑物或工艺有特殊要求时，也可以采用暗装，但必须敷设在有人孔的闷顶或有活盖的墙槽内，以便安装和检修。

室内燃气管道，不应敷设在潮湿或有腐蚀性介质的房间内。当必须穿过该房间时，则应采取防腐措施。

当室内燃气管道需要穿过卧室、浴室或地下室时，必须设置在套管中。室内燃气管道敷设在可能冻结的地方时，应采取防冻措施。用气设备与燃气管道可采用硬管连接或软管连接。当采用软管时，其长度不应超过2 m；当使用液化石油气时，应选用耐油软管。

室内燃气管道力求设在厨房内，穿过过道、厅（闭合间）的管段不宜设置阀门和活接头。

进入建筑物内的燃气管道可采用镀锌钢管或普通焊接钢管。连接方式可以用法兰，也可以焊接或螺纹连接，一般直径小于或等于50 mm的管道均为螺纹连接。如果室内管道采用普通焊接钢管，安装前应先除锈，刷一道防腐漆，并在安装后再刷两道银粉或灰色防锈漆。

四、燃气用具

1. 燃气表

燃气表是计量燃气用量的仪表。为了适应燃气本身的性质和城市用气量波动的特点，燃气表应具有耐腐蚀、不易受燃气中杂质影响、量程宽和精度高等特点。其工作环境宜在5 ℃ ~ 35 ℃。

燃气表种类繁多。在居住与公共建筑内，最常用的是一种皮膜式燃气表，如图3-19所示。

这种燃气表有一个方形的金属外壳，上部两侧有短管，左接进气管，右接出气管。外壳内有皮革制的小室，中间以皮膜隔开，分为左右两部分，燃气进入表内，可使小室左右两部分交替充气与排气，借助杠杆、齿轮传动机构，上部度盘上的指针即可指示出煤气用量的累计值。

计量范围：小型流量为1.5 ~ 3 m³/h，使用压力为0.5 ~ 3 kPa；中型流量为6 ~ 84 m³/h，大型流量可达100 m³/h，使用压力为1 ~ 2 kPa。

使用管道燃气的用户均应设置燃气表。居住建筑应一户一表，使

图3-19　燃气表

用小型燃气表，一般把表和用气设备一起布置在厨房内。小表可挂在墙上，距地面 1.6 ~ 1.8 m 处。燃气表到燃气用具的水平距离不得小于 0.8 ~ 1.0 m。公共建筑至少每个用气单位设一个燃气表，因表尺寸较大，流量大于 20 m³/h 时，宜设在单独的房间内。布置时应考虑阀门便于启闭和计数。

为了保证安全，燃气表应装在不受振动、通风良好的地方，不得装在卧室、浴室、危险品和易燃、易爆物仓库内。

2. 燃气灶

厨房燃气灶的形式很多，有单眼、双眼、多眼灶等。最常见的是双眼灶，由炉体、工作面和燃烧器三个部分组成。如图 3-20 所示。其灶面采用不锈钢材料，燃烧器为铸铁件。

为满足烘烤、烹调食品的要求，在双眼灶的基础上，附加了一个小型红外线或火管式烤箱，其构造如图 3-21 所示。

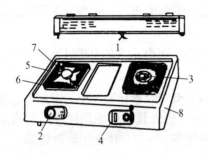

图 3-20　家用双眼灶结构示意图
1—进气管；2—开关钮；3—燃烧器；
4—火焰调节器；5—盛液盘；
6—灶面；7—锅支架；8—灶框

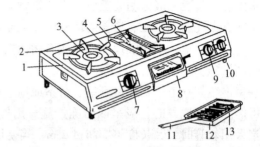

图 3-21　自动点火双眼烤排燃气灶
1—灶面；2—圆盘；3—燃烧器；4—锅架；
5—方形锅架；6—烤排燃烧器；7，9—
燃烧器旋钮；8—烤排门；10—烤排旋钮；
11—手柄；12—镀铬搁架；13—食品盘

为了提高燃气灶的安全性，避免发生中毒、火灾或爆炸事故，目前有些家用灶增设了熄火保护装置，它的作用是一旦燃气灶的火焰熄灭，立即发出信号，自动将煤气通路切断，使燃气不能逸漏。

燃气灶具在安装时，其侧面及背面应离可燃物（墙壁面等）15 cm 以上，若上方有悬挂物时，炉面与悬挂物之间的距离应保持在 100 cm 以上，如图 3-22 所示。安装燃气灶的房间为木质墙壁时，应做隔热防护。

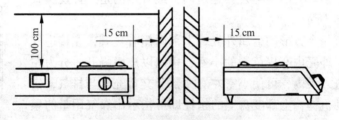

图 3-22　燃气灶安装位置图

除厨房的家用燃气灶外，燃气灶具还有燃气烤箱、炒菜灶、蒸锅灶等。

燃气烤箱由外部围护结构和内箱组成。内箱包以绝热材料用以减少热损失。箱内设有承载物品的托网和托盘，顶部设置排烟口，在内箱上部空间里装有恒温器的感热元件，它与恒温器联合工作，控制烤箱内的温度。烤箱的玻璃门上装有温度指示器。

3. 燃气热水器

为了洗浴方便，越来越多的家庭配置了燃气热水器。燃气热水器可分为直流式快速热水器和容积式热水器两种，目前采用最多的是直流式快速热水器。直流式快速热水器是冷水流经带有翼片的蛇形管被热烟气加热，得到所需要的热水温度的水加热器。直流式快速热水器能快速、连续地供应热水，热效率比容积式热水器要高 5% ~ 10%。图 3-23 为国产的燃气热水器的简图。

绝对禁止把燃气热水器安装在浴室内使用，可将其安装在厨房或其他房间内，该房间应具有良好的通风，房间体积不得小于 12 m³，房高不低于 2.6 m，安装时热水器应距地面有 1.2 ~ 11.5 m 的高度，图 3-24 为热水器安装示意图。

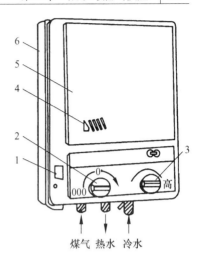

图 3-23 燃气热水器
1—气源名称；2—燃气开关；
3—水温调节阀；4—观察窗；
5—上盖；6—底壳

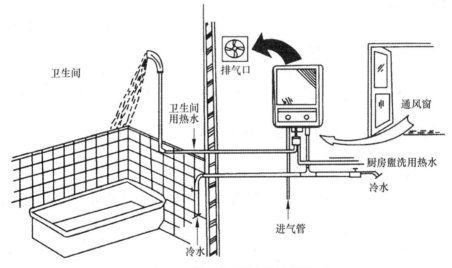

图 3-24 燃气热水器安装示意图

除以上介绍的几种常用燃气设备外，还有供应开水和温开水的燃气开水炉、不需要电的吸收式制冷设备——燃气冰箱以及燃气空调机等，这里就不一一介绍。

需要指出的是，由于燃气用具的热负荷越大，所需要的空气量越多，为了保证人体健康，维持室内空气的清洁度，同时，也为了提高燃气的燃烧效率，必须对使用燃气用具的房间采取一定的通风措施，使各种有害成分的含量能控制在允许浓度之下，使燃气燃烧得更加充分。

五、使用燃气用具的注意事项

由于燃气燃烧后排出的废气成分中含有不同浓度的一氧化碳，且当其容积浓度超过 0.16% 时，呼吸 20 min，会在 2 h 内死亡。因此，凡是设有燃气用具的房间，都应设有良好的通风措施。

为了提高燃气的燃烧效果，需要供给足够的空气，燃气用具的热负荷越大，所需的空气量也越多，一般地说，设置燃气热水器的房间，其体积应不小于 12 m^2；当燃气热水器每小时消耗发热量较高的燃气为 4 m^3 左右时，需要保证每小时有 3 倍房间体积（即 36 m^2）的通风量。设置小型燃气热水器的房间应保证有足够的容积，并在房间墙壁下面及上面，或者门扇的底部或上部，设置面积不小于 0.2 m^2 的通气窗。但要注意，通风窗不能与卧室相通。门扇要向外开，以保证安全。

目前常用的通风排气方式有机械通风和自然通风两种，机械通风方式是在使用燃气用具的房间安装诸如抽油烟机、排风扇等设备来通风换气。自然排气方式是各式各样的排气筒。

在楼房内，为了排除燃气燃烧产生的烟气，当层数较少时，应设置各自独立的烟囱。对于高层建筑，若每层设置独立的烟囱，在建筑构造上往往很难处理，可设置一根总烟道连通各层燃气用具，但一定要防止下面房屋的烟气窜入上层设有燃气用具的房间。

在安装燃气用具的房间内，当燃气燃烧时生成的烟气量较多，而房间内的通风情况又不很好时，应安装排气筒，它既可以排出燃气的燃烧产物，又可以在产生不完全燃烧和漏气情况下，排除可燃气体，防止中毒或爆炸，以提高燃气用具运行的安全性。

根据连接燃气用具的数量，排气筒可分为单独排气筒和共用（联合）排气筒两种。

1. 单独排气筒

图 3-25 为单独排气筒装置示意图，它由风帽、排气筒、排气罩、换气口四部分组成。排气筒的末端装置风帽，可以防止倒灌风，同时避免雨水漏入气筒内。单独排气筒的断面面积应不少于 140 mm×140 mm。单独排气筒在布置时，尽可能减少转弯，最好不超过三个以上的弯头，应尽量缩短水平管道长度。为了排除凝结水，水平管道应有不小于 0.01 的坡度坡向燃气用具。

当排气筒从屋檐处向上引出时，排气筒出口距屋顶高度应大于 60 cm；对平屋顶，排气筒要高出其 3～6 m 范围内的建筑物最高部分 0.3～1.0 m。

2. 共用（联合）排气筒

在同一水平面上，若有两个以上的燃气用具，烟气可借一个共用排气筒排放到室外，如图 3-26 所示。

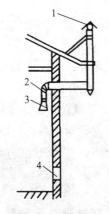

图 3-25 单独排气筒
1—风帽；2—排气筒；
3—排气罩；4—换气口

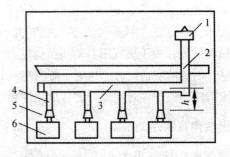

图 3-26 单层共用排气筒系统
1—风帽；2—烟囱；3—水平烟道；4—烟气导管；5—安全排气罩；6—煤气用具

对于多层和高层建筑，若每层设置独立的排气筒，在建筑构造上往往很难处理，可设置一根总烟道即共用排气筒连通各层燃气用具，如图 3-27 所示。

共用排气筒需要耐热材料构筑，贯通建筑物的排气筒要完全封闭，排气筒下端不能堵死，要安装严密的封盖，以便检查和排出冷凝水。

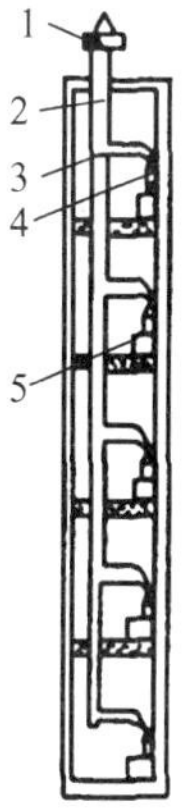

六、燃气供应系统的试验

燃气供应系统的试验包括燃气管网的试验和燃气系统的试验。

1. 燃气管网的试验

试验范围从进户总阀门燃具控制阀。进行管网压力试验时，燃气表和灶具与管网断开。

图 3-27 多层和高层
建筑共用排气筒

1—风帽；2—烟囱；3—烟
气导管；4—安全排气罩；
5—燃气用具

1）强度试验

试验时，燃气表处以连通管连通，试验压力为 0.4 MPa（表压），在试验压力下，用肥皂水检查全部接口，若有漏气处需进行修理，然后继续充气试验，直至全部接口不漏和压力无急剧下降的现象。

2）气密性试验

试验压力为 7 kPa（表压），在试验压力下观测 10 min，如压力下降不超过 0.2 kPa 则为合格；若超过 0.2 kPa，需再次用强度试验压力检查全部管网，尤其要注意阀门的活接头处有无漏气现象。修理后，继续进行气密性试验，直至实际压力降幅小于允许压力降幅。

2. 燃气系统气密性试验

接通燃气表，开启用具控制阀，进行室内燃气系统的气密性试验。试验压力为 3 kPa（表压）观测 5 min，若实际压力下降不超过 0.2 kPa，则认为室内燃气系统试验合格。

第五节 燃气系统常见的故障及排除

燃气是易燃、易爆、有一定毒性的气体，其燃烧后的烟气中含有有害物质。燃气泄漏或不完全燃烧以及烟气聚积等可能引起中毒、火灾和爆炸事故。

燃气运行管理部门的工作人员应向用户宣传正确使用燃气的方法和安全知识，遇到燃气系统故障及突发事故，应能采取有效措施，并及时向有关部门报告；如发生燃气泄漏或人员中毒事件，应迅速关断燃气阀门，切断气源；疏散现场人员，将中毒人员救离现场；打开门窗，通风换气；禁绝火种，严禁使用电气设备；能正确使用消防器材，扑灭初起火灾。

为使用安全，燃气用具的安装及改动均需到当地燃气管理部门报批。严禁用户或非专业人员进行燃气管道及设备的安装、改动。

一、定期检修

为保证用户安全和室内燃气系统始终处于良好的工作状态，应定期进行检修。室内燃气管道一般应每 1~2 年进行一次检修，检修内容包括：

1. 对整个系统进行全面的外观检查

检查穿墙、穿楼板及敷设在潮湿房间和地下室的管道、暗管有无腐蚀；燃气表运转是否正常；连接燃具的胶管是否老化，烟道是否通畅等。

2. 清洗和更换易损件

对所有的阀门均应清洗加油，并更换已磨损的阀门阀芯；清除燃具喷嘴、燃烧器火孔和喉管等处的污垢、锈渣及灰尘；更换燃具上损坏的零件。

二、常见故障及处理

1. 漏气

漏气是室内燃气系统最常见的故障。

1）漏气主要原因

施工或设备质量问题造成连接不严密。阀门及接口松动或老化，管道腐蚀穿孔，胶管老化开裂及使用不当等。

2）检漏方法

一般要眼看、鼻闻、耳听、手摸相结合查找漏气点，对可能漏气点及接口处用肥皂液涂刷。

在进行室内燃气管道系统漏气检查时，严禁用明火检查漏气，以免发生爆炸和火灾事故。

3）漏气处理

首先要打开门窗通风，严禁一切明火，迅速关闭阀门，组织力量及时抢修。一般管道、管件及接口漏气，要拆掉重装或更换新管及管件；胶管老化及开裂，亦应视其损坏程度切除漏气部分或更换新胶管；燃气表发现漏气一般应更换新表。

2. 管道堵塞

1）堵塞原因

多是由于燃气中含有的水、萘、焦油等杂质附着在管壁及阀门等处，形成堵塞。寒冷地区也有水分凝结成霜或冰，造成冰堵的现象。

2）堵塞部位的查找

首先应检查燃具，可用细铁丝等物清理喷嘴，然后逐段检查燃气表及各管段。

3）堵塞处理

燃气表堵塞一般要更换新表。阀门堵塞，可拆卸下来，清洗或更换新阀门；立管堵塞，可用带真空装置的燃气管道疏通机或人工方法清堵；引入管的萘或冰堵，可使上部三通将丝堵打开，向管内倒入热水，使萘或冰融化；如因管道保温不好造成萘或冰堵，则应重做保温。

3. 燃气表的故障及处理

燃气表的检定有效年限一般为 5~7 年。超过检定期限应进行检修。燃气表的故障通常有漏气、不通气、计量不准及外力作用破坏等。一般燃气表出现故障即应换新表，不得自行处理。

4. 燃具的故障及处理

燃气灶具常见的故障有不正常燃烧、点不着火及漏气等。一般应首先查清故障原因或漏气点，清除喷嘴及旋塞阀处的污垢，将挡风板进行适当调整。如仍不能正常使用，应由专业人员进行修理。

　　燃气热水器在使用过程中，由于燃气供气压力不稳定、水压不足、点火装置或水控装置故障及燃烧器污垢、积炭等，可能出现点不着火、热水出不来、供水不足及燃烧异常等现象。

　　燃气热水器内部的故障一般需要专业人员进行修理，用户应经常检查热水器燃气进口阀和热水器内部有无燃气泄漏，水管有无泄漏。热水器在使用两年后或发现燃烧状况不好时，应请专业人员清洗热水器，以清除积炭。

本 章 小 结

　　本章讲述了建筑内热水供应系统和燃气供应系统。在学习中应注意：热水供应系统的分类、热水供应系统的组成；热水供应管道系统形式；室内燃气供应方式；室内燃气管道系统组成；室内燃气管道的布置原则、布置要求；燃气管道管材及附属设备选用与安装要求及安全使用方法。

课 后 习 题

1. 简述热水供应系统的分类及各系统的特点。
2. 试述热水供应系统的组成及其工作过程。
3. 试绘出常用热水供应管道系统图示。
4. 试述高层建筑热水供应系统的特点及供应方式。
5. 如何进行燃气供应系统的试验？
6. 使用燃气灶具的注意事项是什么？

第四章 建筑供暖系统

本章要点：

通过本章的学习，要求学生了解采暖系统的基本组成；掌握热水采暖系统的工作原理及热水采暖系统的形式；了解蒸汽采暖系统的工作原理及蒸汽采暖系统的形式；认识及熟悉采暖系统组成中的各种设备；熟悉供暖系统常见的故障类型及排除方式。

第一节 供暖工程概述

一、集中供热系统的组成及分类

所谓集中供热是指由一个或几个热源通过热网向一个区域乃至一个城市的各热用户供热的方式。集中供热系统是由生产或制备热能的热源，输送热能的管网及消耗或使用热能的热用户三大部分组成。

集中供热系统按规模不同，分为分散单户供热系统、区域锅炉房供热系统和热电厂供热系统；按热媒不同，分为热水供热系统和蒸汽供热系统。

目前，应用最广泛的集中供热系统主要有区域锅炉房供热系统和热电厂供热系统。

1. 区域热水锅炉房供热系统

以热水为热媒的集中供热系统，如图 4-1 所示，它利用循环水泵使水在系统中循环，水在热水锅炉中被加热到所需温度，然后经供水干管输送到采暖系统和生活用热水系统，循环水被冷却后又沿回水管返回锅炉。补充水处理装置的作用是对水进行净化、除氧和软化处理，使水变成软水后，通过补水泵补充系统的失水。

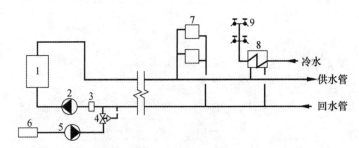

图 4-1 区域热水锅炉房供热系统

1—热水锅炉；2—循环水泵；3—除污器；4—压力调节器；5—补水泵；6—补水处理装置；
7—采暖散热器；8—生活热水加热器；9—水龙头

此系统多用于采暖用户占较大的住宅小区。

2. 区域蒸汽锅炉房供热系统

图 4-2 为设置蒸汽锅炉的区域锅炉房供热系统，蒸汽锅炉生产的蒸汽，通过蒸汽管道输送至采暖、通风、热水供应等用户，蒸汽凝结放热变成凝结水后，再通过凝结水管道返回锅

炉房的凝结水箱，由凝结水泵升压后返回锅炉。该种系统既能供蒸汽又能供热水；既能供应工业生产用户，又能供应采暖、通风和生活等不同的用户。

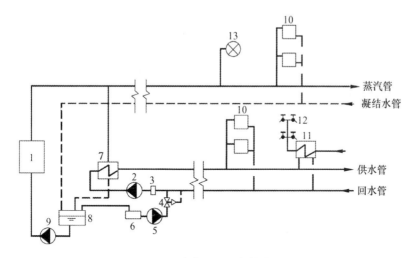

图 4-2　区域蒸汽锅炉房供热系统

1—热水锅炉；2—循环水泵；3—除污器；4—压力调节器；5—补水泵；6—补水处理装置；7—热网水加热器；
8—凝结水箱；9—锅炉给水泵；10—采暖散热器；11—生活热水加热器；12—水龙头；13—用汽设备

3. 热电厂供热系统

热电厂作为热源，电能和热能联合生产的集中供热系统，适用于生产热负荷稳定的区域供热，根据其汽轮机组的不同，有抽汽式、背压式和凝汽式等不同形式的供热系统。

图 4-3 为背压式汽轮发电机组的热、电联合生产的热电厂供热系统。锅炉产生的高压、高温蒸汽进入背压式汽轮机，推动汽轮机转子高速旋转，带动发电机发电供给电网。蒸汽减压后排出汽轮机进入供热系统，供蒸汽用户或经换热设备换热给热水用户。当热电厂供热系统的汽轮发电机组装有可调节的抽汽口，并可以根据热用户的需要抽出不同参数的蒸汽供应用户时，此供热系统为抽汽式供热系统。

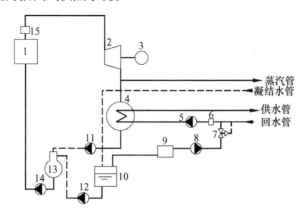

图 4-3　背压式热电厂供热系统

1—热水锅炉；2—汽轮机；3—发电机；4—冷凝器；5—循环水泵；6—除污器；7—压力
调节器；8—补水泵；9—水处理装置；10—凝结水箱；11，12—凝结水泵；13—除氧器；
14—锅炉给水泵；15—过滤器

二、采暖、采暖系统及分类

1. 采暖的概念

所谓采暖就是根据热平衡原理，在冬季以一定的方式向房间补充热量，以维持人们日常生活、工作和生产活动所需要的环境温度。为此，通常需要设置由产热设备（如锅炉、换热器等）、输热管道与散热器等三个基本部分组成的采暖系统。

采暖用户是集中供热系统用户的一种。

2. 采暖系统的分类

1）根据所采用的热媒种类划分采暖系统

（1）热水采暖。以热水作为热媒，一般认为，凡温度低于或等于 100 ℃的水称为低温水；高于 100 ℃的水称为高温水。低温水采暖系统，供回水设计计算温度通常为 70 ℃ ~ 95 ℃；高温水采暖系统的供水温度，我国目前大多不超过 130 ℃ ~ 150 ℃，回水温度多为 70 ℃。低温热水采暖系统在工程实际中应用最为广泛。

（2）蒸汽采暖。以水蒸气作为热媒，按蒸汽压力不同可分为低压蒸汽采暖，表压力低于或等于 70 kPa；高压蒸汽采暖，表压力高于 70 kPa；真空蒸汽采暖，压力低于大气压强。

（3）热风采暖。以热空气作为热媒，即把空气加热到适当的温度（一般为 35 ℃ ~ 50 ℃）直接送入房间。例如暖风机、热风幕就是热风采暖的典型设备。

（4）烟气采暖。它是直接利用燃料在燃烧时所产生的高温烟气，在流动过程中向房间散出热量，以满足采暖要求。如火炉、火墙、火炕等形式均属于这一类。

2）根据采暖系统服务的区域划分

（1）局部采暖。热源、供热管道和散热设备组成为一个整体的采暖系统称为局部采暖系统。如火炉采暖、简易散热器采暖、煤气采暖与电热采暖等。

（2）集中采暖。热源设在独立的锅炉房或换热站内，热量由热媒（热水或蒸汽）经供热管道输送至一幢或几幢建筑物的散热设备，这种供暖系统称为集中供暖系统。

（3）区域采暖。以区域性锅炉房作为热源，供一个区域的许多建筑物采暖的供暖系统，称为区域采暖系统，如果还兼顾供其他用热，则称为区域供热系统。

3）根据采暖时间划分

（1）连续采暖。对于全天使用的建筑物，为使其室内平均温度全天均能达到设计温度的采暖方式。

（2）间歇采暖。对于非全天使用的建筑物，仅使室内平均温度在使用时间内达到设计温度，而在非使用时间内可自然降温的采暖方式。

（3）值班采暖。在非工作时间或中断使用的时间内，为使建筑物保持最低室温要求（以免冻结）而设置的采暖方式。

另外还可按散热器的散热方式、热源的种类及室内系统的形式加以分类，这里就不一一介绍了。

第二节　热水供暖系统

热水采暖系统按照循环动力可分为自然循环热水采暖系统和机械循环热水采暖系统。

一、自然循环热水采暖系统

1. 自然循环热水采暖系统的工作原理

如图 4-4 所示，自然循环热水采暖系统由锅炉、散热设备、供水管道、回水管道和膨胀水箱组成。膨胀水箱设在系统最高处，以容纳系统受热后水的膨胀体积，并排除系统中的气体。系统充水后，水在锅炉中被加热，水温升高而密度变小。沿供水干管上升流入散热设备，在散热设备中放热后，水温降低密度增加、沿回水管流回加热设备再次加热。水连续不断地在流动中被加热和散热。这种仅依靠供回水密度差产生动力而循环流动的采暖系统称作自然（或重力）循环热水采暖系统。

2. 自然循环热水采暖系统的形式及作用压力

自然循环热水采暖系统的两种主要形式。该系统供水干管应顺水流方向设下降坡度，坡度值为 5‰~10‰。散热器支管也应沿水流方向设下降坡度，坡度值为 10‰，以便空气能逆着水流方向上升，聚集到供水干管最高处设置的膨胀水箱排除。回水干管应该有向锅炉方向下降的坡度，以便于系统停止运行或检修时能通过回水干管顺利泄水。如图 4-5 所示。

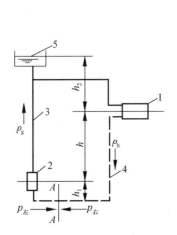

图 4-4　自然循环热水采暖
系统原理图
1—散热器；2—热水锅炉；
3—供水管道；4—回水管道；
5—膨胀水箱

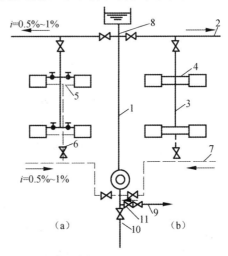

图 4-5　自然循环采暖系统
（a）双管上供下回式采暖系统；（b）单管上供下
回式（顺流式）采暖系统
1—总立管；2—供水干管；3—供水立管；4—散
热器供水支管；5—散热器回水支管；6—回水立
管；7—回水干管；8—膨胀水箱连接管；9—充水
管；10—泄水管；11—止回阀

如图 4-4 所示，假想回水管路的最低点断面 A—A 处有一阀门，若阀门突然关闭，A—A 断面两侧会受到不同的水柱压力，两侧的水柱压力差就是推动水在系统中循环流动的自然循环作用压力。

A—A 断面两侧的水柱压力分别为

$$P_{左} = g(h_1\rho_h + h\rho_g + h_2\rho_g)$$
$$P_{右} = g(h_1\rho_h + h\rho_h + h_2\rho_g)$$

系统的循环作用压力为

$$\Delta P = P_{右} - P_{左} = gh(\rho_h - \rho_g)$$

式中　ΔP——自然循环采暖系统的作用压力，Pa；

　　　g——重力加速度，m/s^2；

　　　h——加热中心至冷却中心的垂直距离，m；

　　　ρ_h——回水密度，kg/m^3；

　　　ρ_g——供水密度，kg/m^3。

从上式中可以看出，自然循环作用压力的大小与供、回水的密度差和加热中心与散热器中心的垂直距离有关。当供、回水温度一定时，为了提高采暖系统的循环作用压力，锅炉的位置应尽可能降低。为此，自然循环采暖系统的作用压力一般都不大，作用半径不超过50 m。

二、机械循环热水采暖系统

机械循环热水采暖系统是依靠水泵提供的动力使热水流动循环的采暖系统。它的作用压力比自然循环采暖系统大得多，所需管径小，采暖系统形式多样，供热半径长。

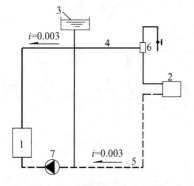

图4-6　机械循环热水采暖
系统工作原理

1—热水锅炉；2—散热器；3—膨胀水箱；4—供水管道；5—回水管道；6—集气罐；7—循环水泵

1. 机械循环热水采暖系统的组成

如图4-6所示，采暖系统由热水锅炉、供水管道、散热器、集气罐、回水管道等组成。同自然循环采暖系统比较有如下特点。

（1）循环动力不同。机械循环以水泵作循环动力，属于强制流动。

（2）膨胀水箱同系统连接点不同。机械循环采暖系统膨胀管连接在循环水泵吸入口一侧的回水干管上，而自然循环采暖系统多连接在热源的出口供水立管顶端。

（3）排气方法不同。机械循环采暖系统大多利用专门的排气装置（如集气罐）排气，例如，上供下回式采暖系统，供水水平干管有沿着水流方向逐渐上升的坡度（俗称"抬头走"，坡度值多为0.003），在最高点设排气装置，如图4-6所示。

2. 机械循环热水采暖系统的形式

采暖系统的形式种类繁多，在此仅介绍几种常见形式。

1）上供下回式采暖系统

该系统供水干管敷设在所有散热器之上，多在顶层天棚下面，水流沿着立管自上而下流过散热器，回水干管设于底层的暖气沟或地下室中。

上供下回式机械循环热水采暖系统有单管和双管系统两种形式。如图4-7所示，左侧为双管式系统，右侧为单管式系统。

图4-7左侧为双管系统管路和散热器连接方式。在双管式系统中，水在系统内循环，主要依靠水泵所产生的压头，但同时也存在自然压头，它使流过上层散热器的热水多于实际需要量，并使流过下层散热器的热水量少于实际需要量；从而失调现象愈加严重，因此，双管系统不宜在四层以上的建筑物中采用。

图4-7右侧立管Ⅲ是单管顺流式系统。单管顺流式系统的特点是立管中全部水量依次流入各层散热器。顺流式系统形式简单，施工方便，造价低。它最大的缺点是不能进行局部调节。

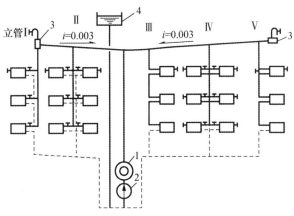

图4-7　机械循环上供下回式热水采暖系统

1—热水锅炉；2—循环水泵；3—集气罐；4—膨胀水箱

图4-7右侧立管Ⅳ是单管跨越式系统。立管的一部分水量流进散热器，另一部分水量通过跨越管与散热器流出的回水混合，再流入下层散热器。与顺流式相比，由于在散热器支管上安装了阀门，施工工序增多，使系统造价增高，因此，目前在国内只用于房间温度要求较严格，并需要进行局部调节散热量的建筑中。

图4-7右侧立管Ⅴ是跨越式与顺流式相结合的一种形式，上部采用跨越式，下部采用顺流式。通过调节设置在上层跨越管段上的阀门开启度，在系统试运转或运行时，调节进入上层散热器的流量，可以适当地减轻供暖系统中经常会出现的上热下冷现象。

2）下供下回式采暖系统

该系统供水干管和回水干管均敷设于底层散热器的下面，由于系统干管均敷设于地沟内，其系统的安装可以配合土建施工进度进行。系统适用于平屋顶而顶层天棚下又难以布置管道的建筑物。

下供下回式系统的空气排除比较困难，排除空气的方式主要有两种：一是通过顶层散热器的冷风阀手动分散排气（图4-8左侧）；二是通过专设的空气管手动或自动集中排气（图4-8右侧），从散热器和立管排出的空气，沿空气管送到集气装置，定期排出系统。专设空气管集中排气的方法，通常只在作用半径小或系统压降小的热水供暖系统中采用。不论采用上述哪种方式排气都增加了造价，而且使用管理也复杂。

3）下供上回式采暖系统

供水干管在下，回水干管在上，水在立管中自下而上流动，故亦称作倒流式采暖系统。它有单管和双管系统，如图4-9所示，左侧是双管系统，右侧是单管顺流式系统，顶部还设有顺流式膨胀水箱。

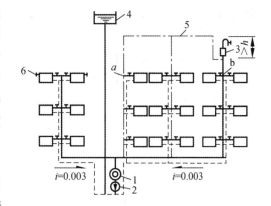

图4-8　机械循环下供下回式热水采暖系统

1—热水锅炉；2—循环水泵；3—集气罐；4—膨胀水箱；5—空气管；6—冷风阀

倒流式系统的优点是：

（1）水在系统内的流动方向是自下而上，与空气流动方向一致，因此，容易排除系统内的空气。

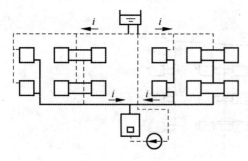

图 4-9　下供上回式热水采暖系统

（2）供水干管在下部，回水干管在上部，无效热损失小。

（3）对于单管下供上回式系统，如用于高温水系统时，由于回水干管在高处而供水干管在底层，这样就可降低水箱标高，减少布置高位水箱的困难。

（4）对热损失大的底层房间，由于底层供水温度较高，所以底层散热器的面积较少，这样有利于布置散热器。

（5）给水主立管短，热损失小。

（6）可缓解竖向水力失调。

这种系统的缺点是散热器的传热系数比上供下回式系统低。散热器的平均温度几乎等于散热器的出口温度，这样就增加了散热器的面积。但用于高温水供暖时，这一特点却有利于满足散热器表面温度不致过高的卫生要求。

由于它具有上述优点，该系统适用于高温热水采暖系统，可以有效避免高温水汽化问题。

4）中供式采暖系统

由总立管引出供水干管，干管敷设在系统中间，如图 4-10 所示。每根立管的散热器在供水干管之下形成了上供下回式系统，而在供水干管之上的散热器形成了下供下回式系统。

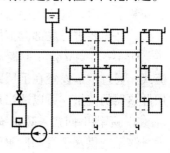

图 4-10　中供式采暖系统

供水干管放在立管的中间，这就避免了由于顶层大梁标高过低以致上供下回式系统供水干管难于敷设的问题；而且还减少了供水干管的无效热损失，减轻了双管上供下回式在立管上垂直失调现象。但上层的排气需要设置空气管或排气阀。

5）同程式与异程式

（1）同程式系统。同程式系统是指各环路管路总长度基本相等的系统。系统的特点：各环路阻力易于平衡，不易出现失调，布置管道合理时耗费管材不多，在较大的建筑中常采用同程式。如图 4-11 所示。

（2）异程式系统。异程式系统是指各环路管路总长度不相等的系统。系统的特点：系统节省管材，降低投资，但各个环路的阻力损失难于平衡，容易出现前热后冷、水平失调的现象，如图 4-12 所示。

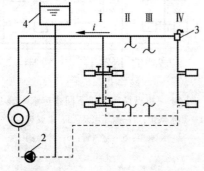

图 4-11　同程式系统　　　　　　图 4-12　异程式系统
1—热水锅炉；2—循环水泵；3—集气罐；4—膨胀水箱　1—热水锅炉；2—循环水泵；3—集气罐；4—膨胀水箱

6）水平式采暖系统

水平支管采暖系统构造简单，施工简便，节省管材，穿楼板次数少。水平式系统按供水与散热器的连接方式可分为顺流式 [图 4-13（a）] 和跨越式 [图 4-13（b）] 两类。很显然，顺流式系统虽然最省管材，但每个散热器不能进行局部调节，所以它只能用在对室温控制要求不严格的建筑物中或大的房间中。跨越式可以在散热器处进行局部调节，它可以用在需要局部调节的建筑物中。

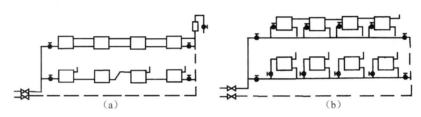

图 4-13 水平式采暖系统

（a）顺流式；（b）跨越式

7）分户计量热水采暖系统

采暖分户计量是供暖节能的重要手段之一，就是像水表、电表、煤气表一样按户安装热量表。热量表如图 4-14 所示，它是由流量计、温度传感器和积分仪组成。流量计测量供水或回水的流量并以脉冲形式传送给积分仪，温度传感器测量供水与回水之间的温差，积分仪就根据这些数据计算出采暖系统消耗的热量值。

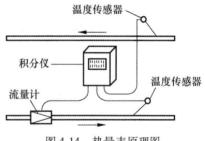

图 4-14 热量表原理图

分户热计量采暖系统应便于分户管理及分户分室控制、调节供热量。系统的特点在每一户管路的起止点安装关断阀和在起止点其中之一处安装调节阀，新建住宅热水集中采暖系统应设置分户热计量和室温调控装置。流量计或热表装在用户出口管道上时，水温低，有利于延长其使用寿命，但失水率将增加，因此，热表一般装在用户入口管道上。

户内供热系统形式主要有分户水平单管系统、分户水平双管系统、分户水平放射式系统。

（1）分户水平单管系统。该系统与以往采用的水平式系统的主要区别在于：水平支路长度限于一个住户之内；能够分户计量和调节供热量；可分室改变供热量，满足不同的室温要求。该系统比水平双管系统布置管道方便，节约管材，水力稳定性好。如图 4-15 所示。

（2）分户水平双管系统。该系统要求在一个住户内的各散热器并联，在每组散热器上装调节阀或恒温阀，水平供水管和回水管可采用多种方案布置。该系统的水力稳定性不如单管系统，耗费管材。如图 4-16 所示。

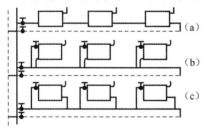

图 4-15 分户热计量水平单管系统

（a）顺流式；（b）同侧接管跨越式；
（c）异侧接管跨越式

以便分室控制和调节室内空气温度、水平供水管和回水管可采用多种方案布置。该系统的水力稳定性不如单管系统，耗费管材。如图 4-16 所示。

（3）分户水平单、双管系统。该系统兼有上述分户水平单管和双管系统的优缺点，可用于面积较大的户型以及跃层式建筑。如图 4-17 所示。

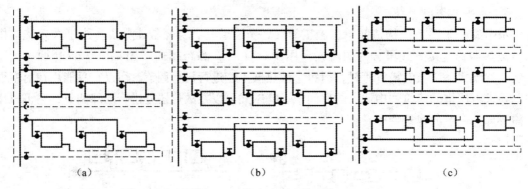

图 4-16 分户水平双管系统

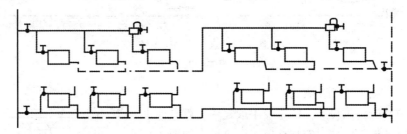

图 4-17 分户水平单、双管系统

（4）分户水平放射式系统。系统在每户的供热管道入口设小型分水器和集水器，与散热器并联。从分水器引出的散热器支管呈辐射状敷设（又称"章鱼式"）至各个散热器。该系统管线埋地敷设，不影响室内装修，较美观，可以实现分室控温，调节性也优于单管采暖系统，管材宜采用交联聚乙烯、聚丁烯或铝塑复合管等。如图 4-18 所示。

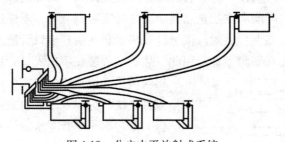

图 4-18 分户水平放射式系统

三、高层建筑采暖

在高层建筑采暖系统设计中，一般其高度超过 50 m，建筑采暖系统的水静压力较大。由于建筑物层数较多，垂直失调问题也会很严重。宜采用的管路布置形式有以下几种。

1. 竖向分区采暖系统

高层建筑热水采暖系统在垂直方向上分成两个或两个以上的独立系统称为竖向分区式采暖系统。

竖向分区采暖系统的低区通常直接与室外管网相连，高区与外网的连接形式主要有两种：

1）设热交换器的分区式采暖系统

该系统的高区水与外网水通过热交换器进行热量交换，热交换器作为高区热源，高区又设有水泵、膨胀水箱，使之成为一个与室外管网压力隔绝的、独立的完整系统。该方式是目前高层建筑采暖系统常用的一种形式，适用于外网是高温水的采暖系统。如图 4-19 所示。

2）设双水箱的分区式采暖系统

该系统将外网水直接引入高区，当外网压力低于该高层建筑的静水压力时，可在供水管上设加压水泵，使水进入高区上部的进水箱。高区的回水箱设溢流管与外网回水管相连，利用进水箱与回水箱之间的水位差 h 克服高区阻力，使水在高区内自然循环流动。该系统适用于外网是低温水的采暖系统。如图 4-20 所示。

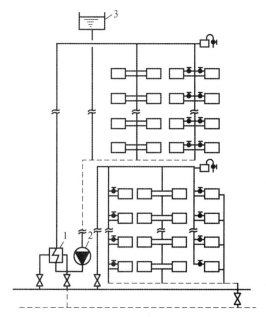

图 4-19　设热交换器的分区式热水采暖系统

1—热交换器；2—循环水泵；3—膨胀水箱

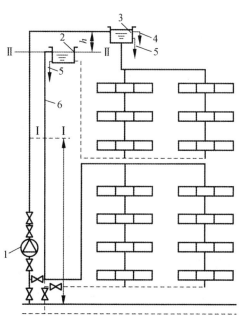

图 4-20　双水箱分区式热水采暖系统

1—加压水泵；2—回水箱；3—进水箱；4—进水箱溢流管；5—信号管；6—回水箱溢流管

2. 双线式采暖系统

高层建筑的双线式采暖系统有垂直双线单管式采暖系统（图 4-21）和水平双线单管式采暖系统（图 4-22）。

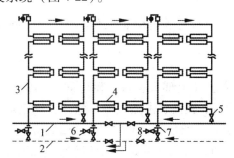

图 4-21　垂直双线单管式采暖系统

1—供水干管泵；2—回水干管；3—双线立管；4—散热器或加热盘管；5—截止阀；6—排气阀；7—节流孔板；8—调节阀

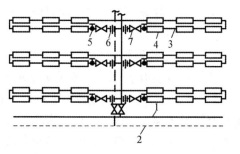

图 4-22　水平双线单管式采暖系统

1—供水干管泵；2—回水干管；3—双线水平管；4—散热器；5—截止阀；6—节流孔板；7—调节阀

双线式单管采暖系统是由垂直或水平的"∩"形单管连接而成的。散热设备通常采用承压能力较高的蛇形管或辐射板。

1）垂直双线式采暖系统

散热器立管是由上升立管和下降立管组成，各层散热器的热媒平均温度近似相同，这有利于避免垂直方向的热力失调。但由于各立管阻力较小，易引起水平方向的热力失调，可考虑在每根回水立管末端设置节流孔板以增大立管阻力，或采用同程式采暖系统减轻水平失调现象。如图 4-21 所示。

2）水平双线采暖系统

水平方向的各组散热器内热媒平均温度近似相同，可避免水平失调问题，但容易出现垂直失调现象，可在每层供水管线上设置调节阀进行分层流量调节，或在每层的水平分支管线上设置节流孔板，增加各水平环路的阻力损失，减少垂直失调问题。如图 4-22 所示。

3. 单、双管混合式系统

若将散热器沿垂直方向分若干组，在每组内采用双管式，而组与组之间则用单管连接，这就组成了单、双管混合式系统。如图 4-23 所示。

这种系统的特点是：既避免了双管系统在楼层数过多时出现的严重竖向失调现象，同时又能避免散热器支管管径过大的缺点，而且散热器还能进行局部调节。

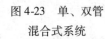

图 4-23 单、双管混合式系统

四、低温地板辐射采暖

地面辐射供暖分为低温热水地面辐射采暖、低温辐射电热膜采暖和发热电缆地面辐射采暖。低温热水地面辐射供暖是以温度不高于 60 ℃的热水为热媒，在加热管内循环流动，加热地板，通过地面以辐射和对流的传热方式向室内供热的一种供暖方式。系统具有舒适性强、节能、方便实施按户热计量，便于住户二次装修等特点，还可以有效地利用低温热源如太阳能、地下热水、采暖和空调系统的回水、热泵型冷热水机组、工业与城市预热和废热等。发热电缆地面辐射供暖是以低温发热电缆为热源，加热地板，通过地面以辐射和对流的传热方式向室内供热的一种供暖方式。

1. 低温热水地板辐射采暖

目前常用的低温热水地板辐射采暖系统，采用塑料管预埋在地面不宜小于 30 mm 混凝土垫层内，如图 4-24 所示。

1）低温热水地板辐射采暖构造

地面结构一般由结构层（楼板或土壤）、绝热层（上部敷设按一定管间距固定的加热管）、填充层、防水层、防潮层和地面层（如大理石、瓷砖、木地板等）组成。绝热层主要用来控制热量传递方向，填充层用来埋置保护加热管并使地面温度均匀，地面层指完成的建筑地面。当楼板基面比较平整时，可省略找平层，在结构层上直接铺设绝热层。当工程允许地面按双向散热进行设计时，可不设绝热层。但对住宅建筑而言，由于涉及分户热量计量，不应取消绝热层，并且户内每个房间均应设分支管、视房间面积大小单独布置成一个或多个环路。直接与室外空气或不采暖房间接触的楼板、外墙内侧周边，也必须设绝热层。与土壤相邻的地面，必须设绝热层，并且绝热层下部应设防潮层。对于潮湿房间如卫生间、厨房和

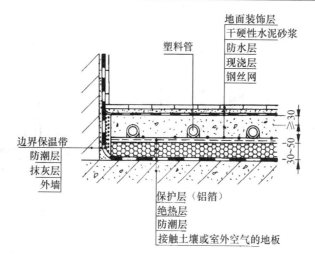

图 4-24　低温热水辐射地板采暖施工示意图

游泳池等，在填充层上宜设置防水层。为增强绝热板材的整体强度，并便于安装和固定加热管，有时在绝热层上还敷设玻璃布及铝箔保护层和固定加热管的低碳钢丝网。

2）低温热水地板辐射采暖系统设置

图 4-25 是低温热水地板辐射采暖系统示意图。其构造形式与前述的分户热量计量系统基本相同，只是户内加设了分、集水器而已。另外，当集中采暖热媒温度超过低温热水地板辐射采暖的允许温度时，可设集中的换热站，也有在户内入口处加热交换机组的系统。后者更适合于要将分户热量计量对流采暖系统改装为低温热水地板辐射采暖系统的用户。

低温地板辐射采暖的楼内系统一般通过设置在户内的分水器、集水器与户内管路系统连接。分、集水器常组装在一个分、集水器箱体内，每套分、集水器宜接 3~5 个回路，最多不超过 8 个。分、集水器宜布置于厨房、盥洗间、走廊两头等既不占用主要使用面积，又便于操作的部位，并留有一定的

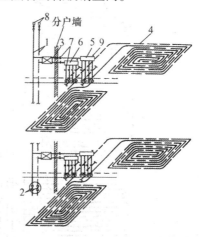

图 4-25　低温热水地板辐射采暖系统示意图
1—共用立管；2—立管调节装置；3—入户装置；4—加热盘管；5—分水器；6—集水器；7—球阀；8—自动排气阀；9—散热器放气阀

检修空间，且每层安装位置应相同。建筑设计时应给予考虑。如图 4-26 所示。

图 4-27 是低温热水地板辐射采暖环路布置示意图。为了减少流动阻力和保证供、回水温差不致过大，加热盘管均采用并联布置。原则上采取一个房间为一个环路，大房间一般以房间面积 20~30 m² 为一个环路，视具体情况可布置多个环路。每个分支环路的盘管长度宜尽量接近，一般为 60~80 m，最长不宜超过 120 m。

卫生间一般采用散热器采暖，自成环路，采用类似光管式散热器与分、集水器直接连接。如面积较大有可能布置加热盘管时亦可按地暖设计，但应避开管道、地漏等，并做好防水。

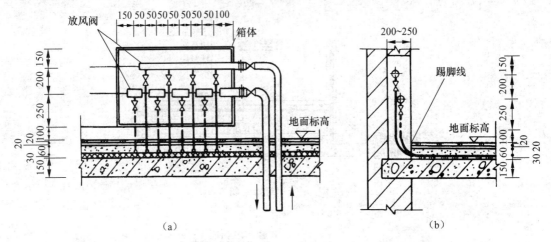

图 4-26 低温热水地板辐射采暖系统分、集水器安装示意图
(a) 分、集水器安装正视图；(b) 分、集水器安装侧视图

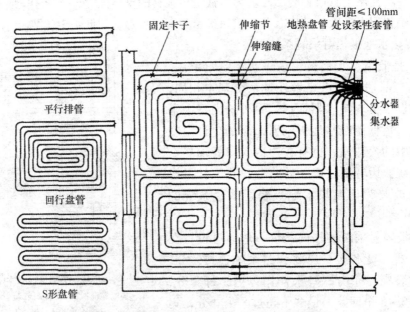

图 4-27 低温热水地板辐射采暖环路布置示意图

埋地盘管的每个环路宜采用整根管道，中间不宜有接头，防止渗漏。加热管的间距不宜大于 300 mm。PB 和 PE-X 管转弯半径不宜小于 5 倍管外径，其他管材不宜小于 6 倍管外径，以保证水路畅通。

加热管以上的混凝土填充层厚度不应小于 30 mm，且应设伸缩缝以防止热膨胀导致地面龟裂和破损。一般当采暖面积超过 30 m² 或边长超过 6 m 时，填充层应设置间距不大于 6 mm、宽度不小于 5 mm 的伸缩缝，缝中填充弹性膨胀材料（如弹性膨胀膏）。加热管穿过伸缩缝处宜设长度不小于 100 mm 的柔性套管。沿墙四周 100 mm 均应设伸缩缝，其宽度为 5 ~ 8 mm，在缝中填充软质闭孔泡沫塑料。为防止密集管路胀裂地面，管间距小于 100 mm 的管路应外包塑料波纹管。

2. 低温辐射电热膜采暖

低温辐射电热膜采暖方式是以电热膜为发热体，大部分热量以辐射方式散入采暖区域。它是一种通电后能发热的半透明聚酯薄膜，由可导电的特制油墨、金属载流条经印刷、热压在两层绝缘聚酯薄膜之间制成的。电热膜工作时表面温度为 40 ℃ ~ 60 ℃，通常布置在顶棚上或地板下或墙裙、墙壁内，同时配以独立的温控装置，如图 4-28 所示。

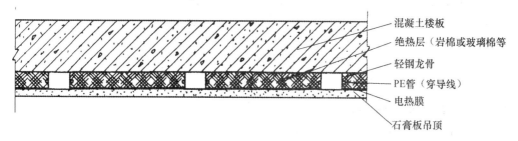

图 4-28　低温电热膜采暖顶板施工示意图

3. 低温发热电缆采暖

发热电缆是一种通电后发热的电缆，它由实芯电阻线（发热体）、绝缘层、接地导线、金属屏蔽层及保护套构成。低温加热电缆采暖系统是由可加热电缆和感应器、恒温器等组成，也属于低温辐射采暖，通常采用地板式，将发热电缆埋设于混凝土中，有直接供热及存储供热等系统形式，如图 4-29 所示。

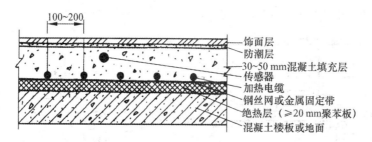

图 4-29　低温发热电缆辐射采暖安装示意图

第三节　蒸汽采暖系统

一、蒸汽采暖系统的工作原理与分类

以水蒸气作为热媒的采暖系统称为蒸汽采暖系统。

1. 蒸汽采暖系统的工作原理

图 4-30 为蒸汽采暖系统的原理图。水在蒸汽锅炉内被加热，产生具有一定压力的饱和蒸汽。饱和蒸汽在自身压力下经蒸汽管道流入散热器。饱和蒸汽在散热器里被室内空气冷却，放出汽化潜热变成凝结水。凝结水经过疏水器依靠重力沿凝结水管道流入锅炉或流入凝结水箱，流入凝结水箱的水再用水泵打入锅炉，最后又被加热成新的饱和蒸汽。由此看来，蒸汽供暖的连续运行的过程，就是水在锅炉里被加热成饱和蒸汽，饱和蒸汽在散热器内凝结

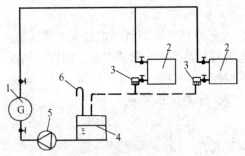

图 4-30 蒸汽采暖系统原理图

1—蒸汽锅炉；2—散热器；3—疏水器；

4—凝结水箱；5—凝水泵；6—空气管

成水的汽化和凝结的循环过程。

2. 蒸汽采暖系统的分类

按照供汽压力的大小，将蒸汽采暖分为三类：供汽的表压力高于 70 kPa 时，称为高压蒸汽采暖；供汽的表压力等于或低于 70 kPa 时，称为低压蒸汽采暖；当系统的压力低于大气压力时，称为真空蒸汽采暖。

按照蒸汽干管的布置位置不同，蒸汽采暖系统可分为上供式、中供式和下供式三种。

按照立管的布置特点，蒸汽采暖系统可分为双管系统和单管系统。目前我国的蒸汽采暖系统，绝大多数为双管采暖系统。

按照凝结水的流动动力，蒸汽采暖系统可分为重力回水和机械回水两种蒸汽采暖系统。

二、低压蒸汽采暖系统

低压蒸汽采暖系统一般都采用开式系统，根据凝结水回收的动力分为重力回水和机械回水两大类。供汽干管位置可分为上供下回式、下供下回式和中供式。低压蒸汽采暖系统一般适用于有蒸汽汽源的工业辅助建筑和厂区办公楼。

1. 重力回水低压蒸汽采暖系统

重力回水低压蒸汽采暖系统的主要特点是供汽压力小于或等于 0.07 MPa，以及凝结水在有一定坡度的管道中依靠其自身的重力回流到热源。如图 4-31 所示。

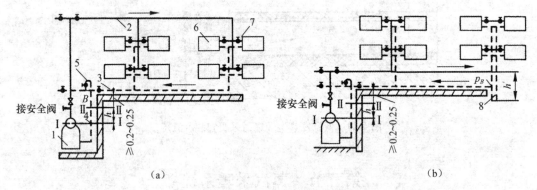

(a)   (b)

图 4-31 重力回水低压蒸汽采暖系统

(a) 上供式；(b) 下供式

1—锅炉；2—蒸汽管；3—干式自流凝结水管；4—湿式凝结水管；5—空气管；

6—散热器；7—截止阀；8—水封

重力回水低压蒸汽采暖系统简单，不需要设置凝结水箱和凝结水泵，节省了电能，供汽压力低。只要调节好散热器入口阀门，原则上可以不装疏水器，以降低系统造价。一般重力回水低压蒸汽采暖系统的锅炉位于一层地面以下。该系统宜在小型系统中采用。

2. 机械回水低压蒸汽采暖系统

机械回水低压蒸汽采暖系统的主要特点是供汽压力小于 7 kPa，凝结水依靠水泵的动力送回热源重新加热。如图 4-32 所示。

机械回水系统的最大优点是扩大了供热范围，因而应用最为普遍。

3. 双管上供下回式低压蒸汽采暖系统

双管上供下回式低压蒸汽采暖系统是常用的一种形式。从锅炉产生的低压蒸汽经分汽缸分配到管道系统，蒸汽在自身压力的作用下，克服流动阻力经室外蒸汽管道、室内蒸汽主管、蒸汽干管、立管和散热器支管进入散热器。蒸汽在散热器内放出汽化潜热变成凝结水，凝结水从散热器流出后，经凝结水支管、立管、干管进入室外凝结水管网流回锅炉房内凝结水箱，再经凝结水泵注入锅炉，重新被加热变成蒸汽后送入采暖系统。该系统易产生上冷下热的现象。如图 4-33 所示。

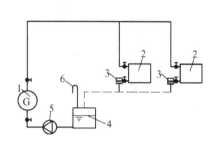

图 4-32　机械回水低压蒸汽采暖系统

1—蒸汽锅炉；2—散热器；3—疏水器；

4—凝结水箱；5—凝水泵；6—空气管

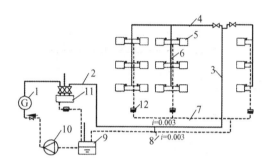

图 4-33　双管上供下回式系统

1—锅炉；2—室外蒸汽管；3—蒸汽立管；4—蒸汽干管；5—散热器；6—凝结水立管；7—凝结水干管；8—室外凝水管；9—凝水箱；10—凝结水泵；11—分汽缸；12—疏水器

4. 双管下供下回式低压蒸汽采暖系统

在双管下供下回式系统中，汽水呈逆向流动，蒸汽立管要采用比较小的速度，以减轻水击现象。为防止蒸汽串流进入凝结水管，在蒸汽干管末端和散热器出口要加疏水器。室内蒸汽干管和凝结水干管均布置在地下室或特设的地沟里，室内顶层无供汽干管，美观，可缓和上热下冷现象。如图 4-34 所示。

5. 双管中供式低压蒸汽供暖系统

双管中供式系统总立管长度比上供式短，供汽干管的余热也可得到利用。如图 4-35 所示。

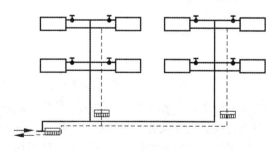

图 4-34　双管下供下回式蒸汽采暖系统

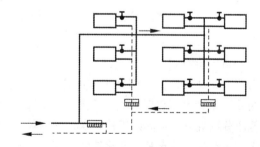

图 4-35　双管中供式蒸汽采暖系统

6. 单管上供下回式低压蒸汽供暖系统

单管上供下回式系统采用单根立管，节省材料。但底层散热器易被凝结水充满，散热器内空气不易排出。如图 4-36 所示。

7. 单管下供下回式低压蒸汽供暖系统

在单管下供下回式系统中，单根立管中的蒸汽向上流动，进入散热器凝结散热，冷凝水沿管流回立管，为使凝结水顺利流回立管，散热器支管与立管的连接点要低于散热器出口水平面。因为汽水在同一管道逆向流动，管径要粗一些，安装简便，造价低。同时在每个散热器 1/3 的高度处安装自动排气阀。目前主要是一些欧美国家在使用。如图 4-37 所示。

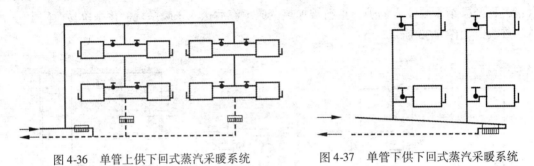

图 4-36 单管上供下回式蒸汽采暖系统   图 4-37 单管下供下回式蒸汽采暖系统

三、高压蒸汽采暖系统

高压蒸汽采暖系统蒸汽的温度、压力都比较高，在工厂中，生产工艺往往需要使用高压蒸汽，厂区间的车间及辅助建筑也需要利用高压蒸汽做热源进行供暖，故高压蒸汽供暖是一种厂区内常用的供暖方式。如图 4-38 所示。

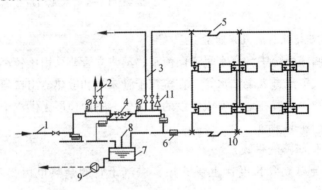

图 4-38 室内高压蒸汽供暖系统

1—室外蒸汽管；2—室内高压蒸汽供热管；3—室内高压蒸汽供暖管；4—减压装置；5—补偿器；
6—疏水器；7—开式凝水箱；8—空气管；9—凝水泵；10—固定支点；11—安全阀

高压蒸汽通过室外蒸汽管路输送到用户入口的高压分汽缸，根据各用户的使用情况和压力要求，从分汽缸上引出不同的蒸汽管路分送不同的用户。当蒸汽入口压力或生产工艺用热的使用压力高于供暖系统的工作压力时，应在分汽缸之间设置减压装置，减压后蒸汽再进入低压分汽缸分送不同的用户。送入室内各管路的蒸汽，在经散热设备冷凝放热后，凝结水经凝水管道汇集到凝水箱。凝水箱的水通过凝结水泵加压送回锅炉重新加热，循环使用。和低压蒸汽不同的是，在高压蒸汽系统内不仅在散热器前装截止阀，还在散热器后装截止阀，使散热器能够完全和管路隔开。各组散热器的凝水通过室内凝水管路进入集中的疏水器。高压蒸汽的疏水器仅安装在每只凝水干管的末端，不像低压蒸汽一样每组散热器的凝水支管上都装一个。

四、蒸汽采暖系统的特点

由于蒸汽与热水在物理性质上有很大的差别，因此蒸汽供暖系统有其自身的特殊性质。蒸汽供暖系统的特点如下。

1. 蒸汽供暖系统的散热器表面温度高

散热器中热媒的平均温度越高，相应的散热器表面温度也越高，房间所需的散热器面积就越少，因此蒸汽供暖要比热水供暖节省散热器材。

但是，散热器表面温度高也会带来一定的问题。散热器上的灰尘被加热时，会分解出带有臭味的气体（有机物的"升华"），对人体健康不利；同时散热器表面温度过高，也会烫伤人和造成房间燥热，卫生效果差。

2. 蒸汽供暖系统比机械循环热水供暖系统节省能源

蒸汽供暖系统是靠蒸汽本身压力来输送热媒，几乎不需要电力，仅在机械回水时需使用水泵；而且在热负荷相同的情况下，蒸汽供暖系统所需的热媒量比热水供暖系统少很多，因而蒸汽供暖系统一般比机械循环热水供暖系统要节省能源。

3. 蒸汽供暖系统的热惰性小

蒸汽供暖系统在启动时，蒸汽很快充满系统，同时由于蒸汽温度高，房间温度很快升高；而当停止供汽时，系统中的蒸汽就很快凝结为水，由水管返回水池，房间温度很快下降。当系统间歇供暖时，房间温度波动比较大，室内温度有忽冷忽热的现象。

4. 高压蒸汽供暖系统节省管材

由于蒸汽供暖系统中蒸汽流量比热水供暖系统中的热水流量少，而且高压蒸汽在管道中的流速比水高很多，因此高压蒸汽供暖系统需要的管径比热水供暖系统的管径小，因而较节省管材，初投资少。

5. 蒸汽供暖系统适用于高层建筑

由于蒸汽的密度比水小很多，因此它用于高层建筑时，不致因底层散热器承受静压过高而破裂。而热水供暖系统中则需要考虑这一问题。

6. 蒸汽供暖系统的热损失大

高压蒸汽的凝结水温很高，流至回水池时会产生二次蒸汽，系统间歇调节时会使管道骤冷骤热、剧烈胀缩，容易使管件连接处损坏，造成漏水漏汽（即出现"跑、冒、滴、漏"现象），导致热损失较大。

7. 蒸汽供暖的回水管使用年限短

蒸汽供暖系统一般采用"干式回水"，凝结水不充满回水管，管中存在着大量空气，容易腐蚀管壁，使回水管容易损坏。

第四节　供暖系统的主要设备

一、散热器

散热器是安装在供暖房间内的一种散发热量的设备，其功能是将供暖系统的热媒所携带的热量通过散热器壁面传给房间。

1. 对散热器的要求

1）热工性能方面的要求

散热器的传热系数 K 值越高，说明其散热性能越好。可以采用增加外壁散热面积（在外壁上加肋片）、提高散热器周围空气流动速度和增加散热器向外辐射散热的比例等措施来提高散热器的传热系数。

2）经济方面的要求

散热器传给房间的单位热量所需金属耗量越少，成本越低，其经济性越好。

3）安装使用和工艺方面的要求

散热器应具有一定机械强度和承压能力；散热器的结构形式应便于组合成所需要的散热面积，结构尺寸要小，少占房间面积和空间；散热器的生产工艺应满足大批量生产的要求。

4）卫生和美观方面的要求

散热器外表面光滑，不积灰且易于清扫，散热器的装设不应影响房间的美观。

5）使用寿命的要求

散热器应耐腐蚀、不易损坏和使用年限长。

2. 散热器的种类

散热器按其制造材质分为铸铁、钢制和其他材质（铝、混凝土等）的散热器。

按其结构形状分为管型、翼型、柱型、平板型等。

按其传热方式分为对流型（对流换热占60%以上）和辐射型（辐射换热占60%以上）。

1）铸铁散热器

铸铁散热器长期以来被广泛应用。因为它具有结构比较简单、防腐性好、使用寿命长以及热稳定性好的优点；但是它的突出缺点是金属耗量大，制造安装和运输劳动繁重，生产制造过程中对周围环境造成污染。我国工程中常用的铸铁散热器有翼型和柱型两种。

（1）翼型散热器。它分为圆翼型和长翼型两种。图4-39所示为圆翼型散热器。它是在一根管外加有许多圆形肋片的铸件，其规格用内径表示，有 $D50$（内径50 mm，肋片27片）和 $D75$（内径75 mm，肋片47片）两种，每根管长750 mm 或1 000 mm，管子两端配置法兰，当需要散热面积大时，可把若干根连起来成为一组。

图4-39　圆翼型铸铁散热器

长翼型散热器如图4-40所示，也叫60型散热器。它的外表面具有许多竖向肋片，外壳内部为一扁盒状空间，其规格用高度表示，如60型散热器的高度是60 cm；又根据散热器每片长度的不同，长度为280 mm（14个翼片）的称大60，长度为200 mm（10个翼片）的称小60。它们可以单独悬挂或互相搭配组装。

翼型散热器承压能力低，外表面有许多肋片，易积灰，难清扫，外形不美观，不易组成所需散热面积，不节能。适用于散发腐蚀性气体的厂房和湿度较大的房间，以及工厂中面积大而又少尘的车间。

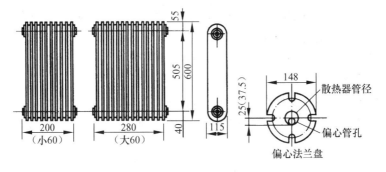

图 4-40　长翼型散热器

（2）柱型散热器。柱型散热器是呈柱状的单片散热器。外表光滑，无肋片。每片各由几个中空的立柱相互连通。根据散热面积的需要，可把各个单片组对在一起形成一组。但每组片数不宜过多，片数多，则相互遮挡，散热效率降低，一般二柱不超过 20 片，四柱不超过 25 片。

我国常用的柱型散热器有四柱、五柱和二柱 M-132。如图 4-41 所示。

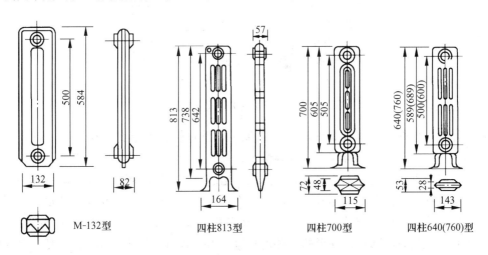

图 4-41　柱型散热器

M-132 型散热器宽度为 132 mm，两边为柱状，中间有波浪形的纵向肋片。

四柱和五柱型散热器规格是按高度表示。如：四柱 813 型，其高度为 813 mm。它有带脚与不带脚两种片型，用于落地或挂墙安装。

柱型散热器与翼型散热器相比，传热系数高，外形美观，易清除积灰，容易组成需要的散热面积，被广泛应用于住宅和公共建筑中。其主要缺点是制造工艺复杂。

2）钢制散热器

目前我国生产的钢制散热器主要有闭式钢串片散热器、板型散热器、钢制柱型散热器以及扁管型散热器四大类。钢制散热器与铸铁散热器相比，具有如下一些特点。

（1）钢制散热器大多数由薄钢板压制焊接而成，金属耗量少。

（2）铸铁散热器的承压能力一般为 0.4 ~ 0.5 MPa。钢制板型及柱型散热器最高工作压力达 0.8 MPa；钢串片的承压能力高达 1.0 MPa。

（3）外形美观整洁、占地小、便于布置。如板型和扁管型散热器还可在外表面喷刷各种颜色和图案，与建筑和室内装饰相协调。

（4）除钢制柱型散热器外，钢制散热器的水容量较少，热稳定性差些。在供水温度偏低而又采用间歇供暖时，散热效果明显降低。

（5）钢制散热器的最主要缺点是容易腐蚀，使用寿命比铸铁散热器短。

由于钢制散热器存在上述缺点，它的应用范围受到一些限制。铸铁柱型散热器仍是目前国内应用最广的散热器。

（1）闭式钢串片式散热器。闭式钢串片式散热器由钢管、钢片、联箱和管接头组成，如图 4-42 所示。钢管上的串片采用薄钢片，串片两端折边 90°形成封闭形。形成许多封闭垂直空气通道，增强了对流来释放热量，同时也使串片不易损坏。闭式钢串片式散热器规格以"高×宽"表示，其长度可按设计要求制作。

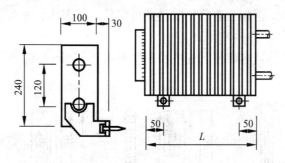

图 4-42 闭式钢串片式散热器

钢串片对流散热器的优点是体积小、占地少、重量轻、省金属、承压高、制造工艺简单。缺点是用钢材制作，造价较高，水容量小，易积灰尘。

钢串片对流散热器易用于承受压力较高的高温水供暖系统和高层建筑供暖系统中。

（2）钢制板式散热器。钢制板式散热器由面板、背板、进出水口接头、放水门、固定套和上下支架组成，如图 4-43 所示。面板、背板多用 1.2～1.5 mm 厚的冷轧钢板冲压成型，在面板上直接压出呈圆弧形或梯形的散热器水道。水平联箱压制在背板上，经复合滚焊形成整体。为增大散热面积，在背板后面可焊上 0.5 mm 厚的冷轧钢板对流片。

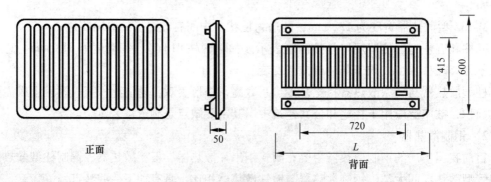

图 4-43 钢制板式散热器

板式散热器主要有两种结构形式：一种是由面板和背板复合成型的，叫单板板式散热器；另一种是在单板板式散热器背面加上对流片的，叫单板带对流片板式散热器。板式散热器规格：高度有 480 mm、600 mm 等几种规格，长度有 400 mm、600 mm、800 mm、1 000 mm、1 200 mm、1 400 mm、1 600 mm 和 1 800 mm 八种。板式散热器适用于热水供暖系统。

（3）钢制柱型散热器。钢制柱型散热器的构造与铸铁柱型散热器相似，每片也有几个中空立柱，如图 4-44 所示。这种散热器采用 1.25～1.5 mm 厚冷钢板冲压延伸形成片状半柱型。将两个片状半柱型经压力滚焊复合成单片，单片之间经气体弧焊连接成散热器。

钢制柱式散热器传热性能好，承压能力高，表面光滑美观。但制造工艺复杂，造价高，对水质要求高，易腐蚀，相对铸铁散热器而言使用年限短。

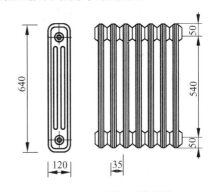

图 4-44　钢制柱型散热器

3）扁管散热器

扁管散热器是采用 52 mm × 11 mm × 1.5 mm（宽 × 高 × 厚）的水通路扁管作为散热器的基本模数单元，然后将数根扁管叠加焊接在一起，在两端加上断面 35 mm × 40 mm 的联箱就形成了扁管单板散热器。

扁管散热器外形尺寸是以 52 mm 为基数，根据需要，可叠加成 416 mm（8 根管）、520 mm（10 根管）和 624 mm（12 根管）三种高度。长度有 600 mm、800 mm、…、2 000 mm 等不同规格。

扁管散热器的板型有单板、双板、单板带对流片和双板带对流片四种结构形式，如图 4-45 所示。由于单、双板扁管散热器两面均为光板，板面温度较高，有较大的辐射热。对带有对流片的单、双板扁管散热器，由于在对流片内形成了许多对流空气柱，热量主要是以对流方式传递的。

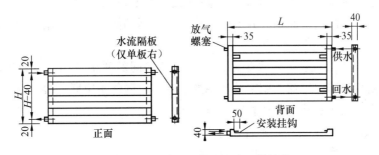

图 4-45　扁管单板不带对流片型散热器

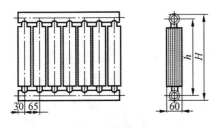

图 4-46　柱翼式铝制散热器

4）铝制散热器

铝制散热器的材质为耐腐蚀的铝合金，经过特殊的内防腐处理，采用焊接方法加工而成。铝制散热器重量轻，热工性能好，使用寿命长，可根据用户要求任意改变宽度和长度，其外形美观大方，造型多变，可做到采暖装饰合二为一，但铝制散热器对采暖系统用水要求较高。如图 4-46 所示。

5）铜铝复合散热器

采用最新的液压胀管技术将里面的铜管与外部的铝合金紧密连接起来，将铜的防腐性能和铝的高效传热性能结合起来，这种组合使得散热器的性能更加优越。

此外，还有用塑料等制造的散热器。塑料散热器可节省金属、耐腐蚀，但不能承受太高的温度和压力。各种散热器的热工性能及几何尺寸可查厂家样本或设计手册。

3. 散热器的布置

散热器的布置原则是：应力求使室内温度均匀，较快地加热由室外深入房间的冷空气，并且尽量少占用室内有效空间。常见的布置位置和要求如下。

（1）散热器宜安装在外墙的窗台下，这样沿散热器上升的对流热气流能阻止和改善从玻璃窗下降的冷气流和玻璃冷辐射的影响，有利人体舒适。当安装或布置管道有困难时，也可靠内墙安装。如图 4-47 所示。

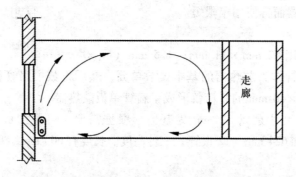

图 4-47　散热器布置示意图

（2）为防止冻裂散热器，两道外门之间的门斗内不应设置散热器。楼梯间的散热器宜分配在底层或按一定比例分配在下部各层。

（3）散热器宜明装。内部装修要求较高的民用建筑可采用暗装，暗装时装饰罩应有合理的气流通道和足够的通道面积，并方便维修。幼儿园的散热器必须暗装或加防护罩，以防烫伤儿童。

（4）在垂直单管或双管热水采暖系统中，同一房间的两组散热器可以串联连接；储藏室、盥洗室、厕所和厨房等辅助用室及走廊的散热器可同邻室串联连接。两串联散热器之间的串联管直径应与散热器接口直径相同，以便水流畅通。

（5）铸铁散热器的组装片数不宜超过下列数值：

粗柱型（包括柱翼型）——20 片；细柱型——25 片；长翼型——7 片。

二、暖风机

以空气作为热媒的供暖称为热风供暖。暖风机是热风供暖的主要设备，它是由风机、电动机、空气加热器、吸风口和送风口等组成的通风供暖联合机组。按风机的种类不同，可分为轴流式暖风机和离心式暖风机，如图 4-48 和图 4-49 所示。在通风机的作用下，室内空气被吸入机体，经空气加热器加热成热风，然后经送风口送出，以维护室内一定的温度。

暖风机是热风供暖系统的备热和送热设备。热风供暖是比较经济的供暖方式之一，对流散热几乎占 100%，因而具有热惰性小，升温快的特点。

轴流式暖风机为小型暖风机，它体积小，结构简单，安装方便、灵活，可悬挂或用支架设在墙上或柱子上。但它出风口送出的气流射程短、风速低，热风可以直接吹向工作区。

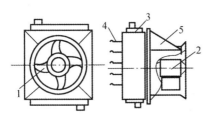

图 4-48　轴流式暖风机

1—风机；2—电机；3—换热器；

4—百叶窗；5—支架

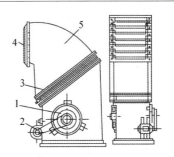

图 4-49　离心式暖风机

1—离心式风机；2—电动机；3—加

热器；4—导流叶片；5—外壳

离心式暖风机为大型暖风机，它的送风量和产热量大，气流射程长，风速高，送出的气流不直接吹向工作区，而是使工作区处于气流的回流区。常用于集中送风供暖系统。

暖风机供暖是利用空气再循环并向室内放热，不适于空气中含有有害气体，散发大量灰尘，产生易燃、易爆气体以及对噪声有严格要求的环境。

三、膨胀水箱

膨胀水箱是热水供暖系统的重要附属设备之一。膨胀水箱的主要作用就是容纳系统的膨胀水，在自然循环上供下回系统中，起到排气的作用。膨胀水箱的另一个作用是恒定供暖系统的压力。

膨胀水箱一般用钢板制成，通常是圆形或矩形，膨胀水箱在采暖系统中的位置及与系统的连接如图 4-50 所示，膨胀水箱的配管有膨胀管、循环管、溢流管、信号管、排水管等管路，膨胀水箱的配管如图 4-51 所示。

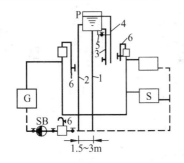

图 4-50　膨胀水箱与系统连接示意图

1—膨胀管；2—循环管；3—信号管；

4—溢流管；5—排水管；6—放气管

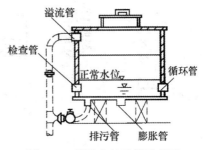

图 4-51　膨胀水箱配管示意图

1）膨胀管

膨胀水箱设在系统最高处，系统的膨胀水通过膨胀管进入膨胀水箱。自然循环系统膨胀管接在供水总立管的上部；机械循环系统膨胀管接在回水干管循环水泵入口前。膨胀管不允许设置阀门，以免偶然关断使系统内压力增高，发生事故。

2）循环管

为了防止水箱内的水冻结，膨胀水箱需设置循环管。在机械循环系统中，连接点与定压点应保持 1.5～3.0 m 的距离，使热水能缓慢地在循环管、膨胀管和水箱之间流动。循环管上也不应设置阀门，以免水箱内的水冻结。

3）溢流管

溢流管用于控制系统的最高水位，当水的膨胀体积超过溢流管口时，水溢出就近排入排水设施中。溢流管上也不允许设置阀门，以免偶然关闭，水从入孔处溢出。

4）信号管

信号管用于检查膨胀水箱水位，决定系统是否需要补水。信号管控制系统的最低水位，应接至锅炉房内或人们容易观察的地方，信号管末端应设置阀门。

5）排水管

排水管用于清洗、检修时放空水箱用，可与溢流管一起就近接入排水设施，其上应安装阀门。

四、排气设备

在热水采暖系统中，积存的空气若得不到及时排除，就会破坏系统内热水的正常循环，因此必须及时排除空气，这对维护热水采暖系统的正常运行是至关重要的。

热水采暖系统排气设备有手动放气阀、集气罐、自动排气阀等。

1. 手动放气阀

手动放气阀又称冷风阀，多用在水平式或下供下回式系统中，外形尺寸如图4-52（a）所示，手动排气阀多为钢制，用于热水系统时，应装在散热器上部丝堵的顶端。用于低压蒸汽系统时，则应装在散热器下部1/3高度处，如图4-52（b）所示，以便散热器内的空气能顺利地排出，以达到如图4-52（c）散热器正常的工作状态。

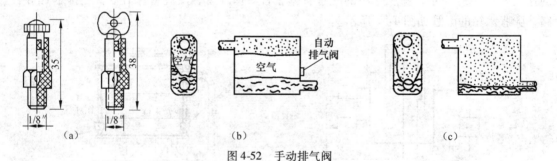

图4-52　手动排气阀

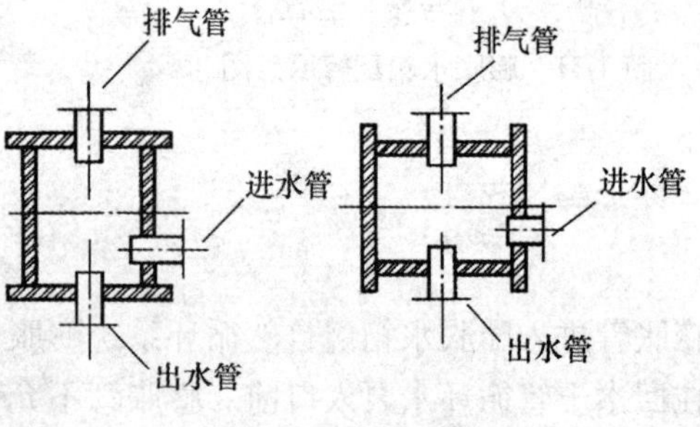

图4-53　集气罐

（a）立式集气罐；（b）卧式集气罐

2. 集气罐

集气罐一般是用直径 100 ~ 250 mm 的钢管制成，分为立式和卧式两种，如图 4-53 所示。集气罐顶部连接直径 15 mm 的排气管，排气管应引至附近的排水设施处，排气管另一端装有阀门，排气阀应设在便于操作处。

集气罐一般设于系统供水干管末端的最高处，如图 4-54 所示。供水干管应向集气罐方向设上升坡度，以使管膨胀。水箱的作用是用来储存热水供暖系统加热的膨胀水量。它在自然循环上供下回式系统中还起着排气的作用，在机械循环系统中还起着恒定供暖系统压力的作用。

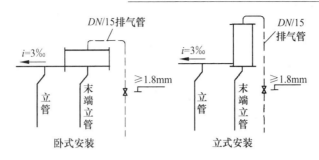

图 4-54　集气罐安装示意图

3. 自动排气阀

自动排气阀靠本体内的自动机构使系统中的空气能自动排出系统之外。目前国内生产的自动排气阀形式较多。它们的工作原理多数是依靠阀体内水对浮体的浮升力，通过杠杆机构传动使排气孔自动启闭，实现自动排气阻水的功能，如图 4-55 所示。

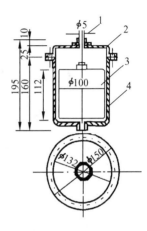

图 4-55　自动排气阀
1—排气孔；2—上盖；
3—浮漂；4—外壳

五、调节与控制阀

采暖系统由于种种原因的影响，设计情况与实际情况的不一致，汽水系统的温度、压力和流量是一个动态的变化过程，近几年为实现节能，往往在供暖系统中安装散热器温控阀和热计量装置，以下几种阀件能够根据实际情况自动可知系统的温度、压力和流量。

1. 散热器温控阀

散热器温控阀是一种自动控制进入散热器热媒流量的设备，它由阀体部分和感温元件部分组成，如图 4-56 所示。当室内温度高于给定的温度值时，感温元件受热，其顶杆压缩阀杆，将阀口关小，进入散热器的水流量会减小，散热器的散热量也会减小，室温随之降低。当室温下降到设置的低限值时，感温元件开始收缩，阀杆靠弹簧的作用抬起，阀孔开大，水流量增大，散热器散热量也随之增加，室温开始升高。温控阀的控温范围在 13 ℃ ~ 28 ℃，控温误差为 ±1 ℃。

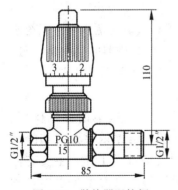

图 4-56　散热器温控阀

散热器温控阀具有恒定室温，节约热能等优点，但其阻力较大。

2. 流量控制阀

流量控制阀又称定流量阀或最大流量限制器，如图 4-57 所示。

在一定工作压差范围内，它可以有效地控制通过的流量。当阀门前后的压差增大时，阀门自动关小，它能够保持流量不增大；反之，当压差减小时，阀门自动开大，流量依然恒定；但是当压差小于阀门正常工作范围时，流量不能无限增大，失去控制功能。

3. 压力平衡阀

压力平衡阀与普通阀门的不同之处在于有开度指示、开度锁定装置及阀体上有两个测压小阀。在管网平衡调试时，用软管将被调试的平衡阀测压小阀与专用智能仪表连接，仪表可显示出流经阀门的流量值（及压降值），同时向仪表输入压力平衡阀处要求的流量值后，仪表通过计算、分析，得出管路系统达到水力平衡时该阀门的开度值。如图4-58所示。

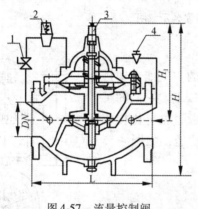 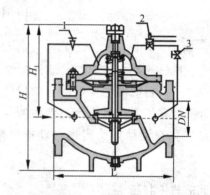

图 4-57　流量控制阀 　　　　　　　　图 4-58　压力平衡阀

1—小球阀；2—导阀；3—流量调节器；4—针型阀 　　　1—针型钢；2—导阀；3—球阀

压力平衡阀可安装于供水管上，也可安装在回水管上，每个环路中只需安装一处，用于消除环路剩余压头，限定环路水流量。其作用是用来平衡管网系统的阻力，达到各个环路阻力平衡。

六、疏水器

疏水器是蒸汽供暖系统中的重要设备，其作用是能自动阻止蒸汽逸漏、并迅速排出用热设备及管道中的凝水，同时能排除系统中积留的空气和其他不凝性气体。它的工作状况对系统运行的可靠性和经济性影响极大。在蒸汽供暖系统水平干管向上的抬管处、室内每组散热器的凝水出口处、上供下回式系统的每根立管下部必须装设疏水器。

疏水器有各种不同的类型和规格。简单的有水封、多级水封和节流孔板；能自动启闭调节的有机械型、热力型和恒温型等。机械型疏水器是依靠蒸汽和凝结水的密度差，利用凝结水的液位进行工作，主要有浮筒式、钟形浮子式、倒吊桶式等。热力型疏水器是利用蒸汽和凝结水的热动力特性来工作的，主要有脉冲式、热动式、孔板式等。恒温型疏水器是利用蒸汽和凝结水的温度差引起恒温元件变形而工作的，主要有双金属片式、波纹管式和液体膨胀式等。图4-59为浮筒式疏水器。

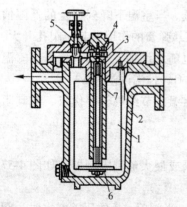

图 4-59　浮筒式疏水器

1—浮筒；2—外壳；3—顶针；4—阀孔；
5—放气阀；6—可换重块；7—水封套筒
上的排气孔

疏水器多为水平安装。疏水器与管道的连接方式如图 4-60 所示。疏水器前后需设置阀门，用以检修使用。疏水器的安装设有旁通管、冲洗管、检查管。

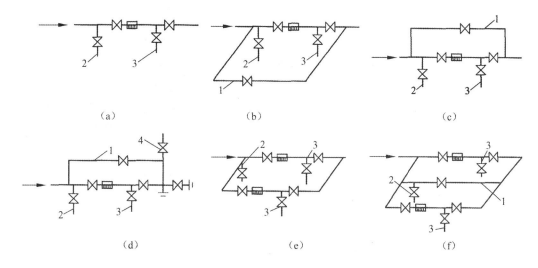

图 4-60 疏水器的安装方式

（a）不带旁通管水平安装；（b）带旁通管水平安装；（c）带旁通管垂直安装；
（d）带旁通管水平安装；（e）不带旁通管并联安装；（f）带旁通管并联安装
1—旁通管；2—冲洗管；3—检查管；4—单向阀

七、除污器

除污器也称过滤器，其作用是清除和过滤采暖系统中混在介质内的砂土、焊渣等杂物，用以保护设备、配件及仪表，使之免受冲刷磨损，防止淤积堵塞。除污器一般设置在供暖系统入口调压装置前、锅炉房循环水泵的吸入口前和换热设备入口前。除污器的型式有立式直通、卧式直通和卧式角通三种。

图 4-61 所示，除污器前后应装有阀门，并设有旁通管以供定期排污和检修。采暖系统常用立式直通除污器。除污器工作时，水从管 4 进入除污器，因流速突然降低使水中的污物沉淀到筒底，较洁净的水经过设有过滤小孔的出水管 1 流出。除污器不允许反装。

八、减压阀

减压阀靠启闭阀孔对蒸汽进行节流达到减压的目的。减压阀应能自动地将阀后压力维持在一定范围内、工作时无振动、完全关闭后不漏汽。由于供汽压力的波动和用热设备工作情况的改变，减压阀前后的压力是可能经常变化的。使用节流孔板和普通阀门也能减压，但当蒸汽压力波动时需要专人管理来维持阀后需要的压力不变，显然这是很不方便的。因此，除非在特殊情况下，例如：供暖系统的热负荷较小、散热设备的耐压程度高，或者外网供汽压力不高于用热设备的承压能力时，可考虑采用截止阀或孔板来减压；在一般情况下应采用减压阀。目前国产减压阀有活塞式、波纹管式及薄膜式等。图 4-62 是活塞式减压阀，图 4-63 是波纹管减压阀。图 4-64 为减压阀与管道连接安装图。

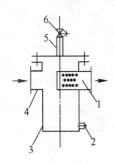

图 4-61　除污器

1—出水管；2—排污管；3—外壳；
4—进水管；5—放气管；6—截止阀

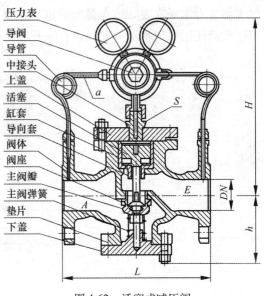

图 4-62　活塞式减压阀

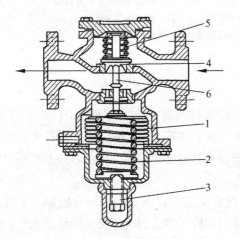

图 4-63　波纹管减压阀

1—波纹箱；2—调节弹簧；3—调整螺钉；
4—阀瓣；5—辅助弹簧；6—阀杆

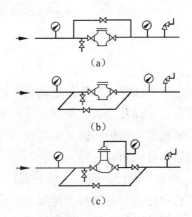

图 4-64　减压阀连接安装图

（a）活塞式减压阀旁通管垂直安装；（b）活
塞式减压阀旁通管水平安装；（c）薄膜式或
波纹　　　式减压阀安装

九、伸缩器与管道支架

在热媒流过管道时，由于温度升高，管道会发生热伸长，如果热伸长不能得到补偿，将会使管子承受巨大的应力，引起管道变形，甚至破裂。为了使管道不会由于温度变化所引起的应力而破坏，必须在管道上设置各种补偿器，以补偿管道的热伸长及减弱或消除因热膨胀而产生的轴向应力。工程上常用的补偿器有方形补偿器、套筒式补偿器、波纹补偿器、金属软管等。为了使管道的伸长能均匀合理地分配给补偿器，使管道不偏离允许的位置，在管段中间应用固定支架固定。管道支架的形式如图 4-65 所示，常用的补偿器的形式如图 4-66 所示。

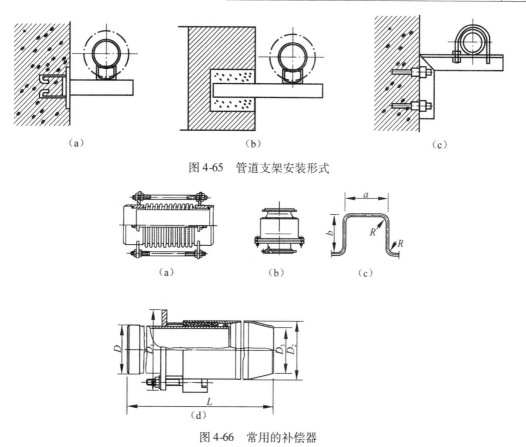

图 4-65 管道支架安装形式

图 4-66 常用的补偿器

（a）波纹管补偿器；（b）球形补偿器；（c）方形补偿器；（d）套筒式补偿器

第五节 锅炉与锅炉房设备

锅炉是供热之源。锅炉及锅炉房设备的任务，在于安全可靠，经济有效地把燃料的化学能转化为热能，进而将热能传递给水，以产生热水或蒸汽。

一、锅炉的类型

蒸汽不仅用做将热能转变成机械能的介质以产生动力，蒸汽（或热水）还广泛地作为工业生产和采暖通风等方面所需热量的载热体。通常，我们把用于动力、发电方面的锅炉，叫做动力锅炉；把用于工业及采暖方面的锅炉，称为供暖锅炉，又称工业锅炉。

供暖锅炉有两大类，即蒸汽锅炉和热水锅炉，每一类又都可分为低压和高压两种。在蒸汽锅炉中，蒸汽压力低于 70 kPa（表压力）的称为低压锅炉；蒸汽压力高于 70 kPa 的称为高压锅炉。在热水锅炉中，温度低于 115 ℃ 的称为低压锅炉；温度高于 115 ℃ 的称为高压锅炉。集中供暖系统常用的热水温度为 95 ℃，常用的蒸汽压力往往低于 70 kPa，所以供暖锅炉大都采用低压锅炉。区域供暖系统则多用高压锅炉。

二、锅炉的基本构造及工作过程

锅炉是由汽锅和炉子两大部分组成。燃料在炉子里进行燃烧，将它的化学能转化为热能；高温的燃烧产物烟气则通过汽锅受热面将热量传递给汽锅内温度较低的水，水被加热、进而沸腾汽化，生成蒸汽。不同型号的锅炉有不同的结构，现在我们以 SHL 型锅炉（即双锅筒横置式链条炉排锅炉）（图 4-67）为例，简要地介绍锅炉的基本构造和工作过程。

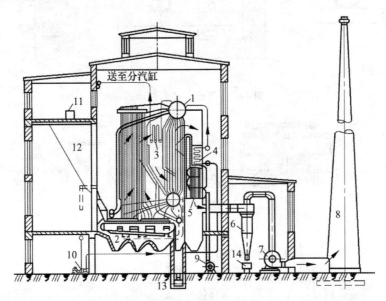

图 4-67 锅炉设备简图

1—锅筒；2—链条炉排；3—蒸汽过热器；4—省煤器；5—空气预热器；6—除尘器；7—引风机；
8—烟囱；9—送风机；10—给水泵；11—带式输送机；12—煤仓；13—刮板除渣机；14—灰车

汽锅的基本构造包括锅筒（又称汽包）、管束、水冷壁、集箱和下降管等组成的一个封闭汽水系统。炉子包括煤斗、炉排、炉膛、除渣板、送风装置等组成的燃烧设备。

1. 锅炉的基本构造

锅炉设备包括锅炉本体和辅助设备两大部分。

1）锅筒

锅筒又称为汽包。锅筒是由钢板焊制而成的圆筒形受压容器，它由筒体和封头两部分组成。内设进水装置、汽水分离装置、排污装置等。由于筒内能容纳相当数量的水，增加了运行的安全性和稳定性。设置汽水分离装置可提高蒸汽的品质。

下锅筒通过管束与上锅筒相连，形成水循环。下锅筒还起到沉积水渣作用，通过排污管定期排放。有些锅炉不设下锅筒，用联箱代替，称为单锅筒锅炉。

2）水冷壁

水冷壁由垂直布置在炉膛四周壁面上的许多水管组成，吸收炉膛内的辐射热。因此称为辐射受热面。管子下端与下集箱相连，下集箱通过下降管与锅筒的水空间相连，管子的上端可直接与锅筒连接，从而构成水冷壁的水循环系统。

水冷壁的另一个作用是减少熔渣和高温烟气对炉墙的破坏，起到保护炉墙的作用。

3）对流管束

对流管束通常是由连接上下锅筒间的管束构成，其全部设置在烟道中，受烟气冲刷，吸收烟气热量，将管内水加热。对流管束称为对流换热面，它和锅筒，水冷壁构成锅炉的主要受热面。

4）蒸汽过热器

蒸汽过热器是产生过热蒸汽的锅炉中不可缺少的部件。它由弯成蛇形的钢管和联箱组成，通过管道与上锅筒的蒸汽管相接，蒸汽过热器设置在烟道中，管内的饱和蒸汽吸收烟气热量被加热成过热蒸汽。

5）省煤器

省煤器是尾部受热面。一般可用铸铁管或钢管制成，设置在对流管束后面的烟道中，利用排烟的部分余热加热锅炉给水，以提高锅炉热效率，节省燃料。

6）空气预热器

空气预热器也是利用烟气余热的尾部受热面。主要作用是加热燃料燃烧需要的冷空气，提高送入炉膛内的空气温度，改善炉内燃料燃烧条件，同时可降低排烟温度，提高锅炉热效率。

蒸汽过热器、省煤器、空气预热器称为锅炉的辅助受热面。

此外，为了保证锅炉正常工作，安全运行，还必须设置一些附件和仪表，如安全阀、压力表、温度计、水位报警器、排污阀、吹灰器等，还有构成锅炉围护结构的炉墙，以及支撑结构的钢架。

2. 锅炉的工作过程

锅炉的工作包括燃料的燃烧、烟气向水的传热和水受热的汽化（蒸汽生产过程）三个同时进行的过程。

1）燃料的燃烧过程

如图 4-68 所示，燃料由炉门投入炉膛中，铺在炉箅上燃烧；空气受烟囱的引风作用，由灰门进入灰坑，并穿过炉箅缝隙进入燃料层进行助燃。燃料燃烧后变成烟气和炉渣，烟气流向汽锅的受热面，通过烟道经烟囱排入大气。

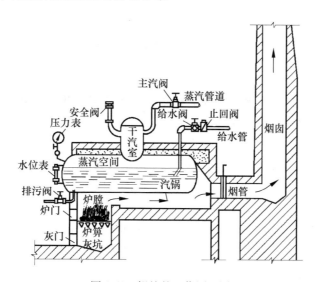

图 4-68 锅炉的工作原理图

2）烟气与水的热交换过程

燃料燃烧时放出大量热能，这些热能主要以辐射和对流两种方式传递给汽锅里的水，所以，汽锅也就是一个热交换器。由于炉膛中的温度高达1 000 ℃以上，因此，主要以辐射方式将热量传给汽锅壁，再传给汽锅中的水。在炉膛中，高温烟气冲刷汽锅的受热面，主要以对流方式将热量传给汽锅中的水，从而使水受热并降低了烟气的温度。

3）水受热的汽化过程

由给水管道将水送入汽锅里至一定的水位，汽锅中的水接受锅壁传来的热量而沸腾汽化。沸腾水形成的汽泡由水底上升至水面以上的蒸汽空间，形成汽和水的分界面——蒸发面。蒸汽离开蒸发面时带有很多水滴，湿度较大，到了蒸汽空间后，由于蒸汽运动速度减慢，大部分水滴会分离下来，蒸汽上升到干汽室后还可分离出部分水滴，最后带少量水分由蒸汽管道送出。

三、锅炉房的辅助设备

锅炉房的辅助设备，可按它们围绕锅炉所进行的工作过程，由以下几个系统所组成，如图4-69所示。

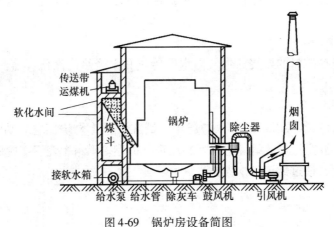

图4-69　锅炉房设备简图

1. 运煤、除灰系统

包括传送带运煤机、煤斗和除灰车。传送带运煤机通过煤斗将煤送入炉内。小型锅炉房，通常采用人工运煤、除灰。

2. 送、引风系统

包括向炉排下送风的鼓风机、抽引烟气的引风机、除尘器和烟囱。大型锅炉的鼓风机送入的空气，先进入位于锅炉尾部的空气预热器。

3. 水、汽系统（包括排污系统）

包括给水装置、水处理装置及送汽系统。给水装置由给水箱、水泵和给水管道组成。水处理装置由水的软化设备、除氧设备及管道组成。此外，还有送汽的分汽缸及排污系统的降温池等。

4. 仪表控制系统

除锅炉本体上装有的仪表附件外，为监控锅炉设备安全经济运行，还常设有一系列的仪表和控制设备，如蒸汽流量计、水量表、烟温计、风压计、排烟二氧化碳指示仪等常用仪表。有的工厂锅炉房中，还设有给水自动调节装置，烟、风闸门远距离操作或遥控装置等。

四、锅炉房的设置

锅炉房的平面布置，以保证设备安装、运行、检修安全方便，使风、烟、汽流程短，锅炉房面积和体积紧凑为原则。根据锅炉房的工艺流程，以建筑布局来看，可以分为燃料储存场所、锅炉间、辅助间、通风除尘和生活间五个部分。

1. 锅炉房在小区平面位置

（1）锅炉房应尽量靠近主要热负荷或热负荷集中的地区。

（2）锅炉房应尽量位于地势较低的地点（但要注意地下水和地面水对锅炉的影响），以利于蒸汽系统的凝结水回收和热水系统的排气。

（3）锅炉房应位于供暖季节主导风向的下风向，避免烟尘吹向主要建筑物和建筑群，全年使用的锅炉房应位于常年主导风向的下风向。

（4）锅炉房的位置，应有较好的朝向，以利于自然通风和采光。

（5）锅炉房的位置，应便于燃料和灰渣的运输、堆放。

（6）锅炉房的位置，应便于供水、供电和排水。

（7）要考虑锅炉房有扩建的可能性，选择锅炉房的位置时，应注意留有扩建的余地。

2. 锅炉房对土建的要求

（1）锅炉房是一、二级耐火等级的建筑，应单独建造。

（2）锅炉前端、侧面和后端与建筑物之间的净距，应满足操作、检修和布置辅助设施的需要，并应符合下列规定：

炉前至墙距离不应小于 3 m；当需要在炉前拨火、清炉等操作时，炉前距离应不小于燃烧室总长加 2 m；锅炉侧面和后端的通道净距不应小于 0.8 m，并应保证有更换锅炉管束和其他附件的可能。

（3）锅炉房结构的最低处到锅炉的最高操作点的距离，应不小于 2 m，屋顶为木结构时，应不小于 3 m。卧式快装锅炉的锅炉房，净高一般不宜低于 6 m。

（4）锅炉房占地面积超过 150 m² 时，应至少有两个出口通向室外，并分别设在锅炉房的两侧。如果锅炉前端锅炉房的总宽度（包括锅炉之间的过道在内）不超过 12 m，且锅炉房占地面不超过 200 m² 的单层锅炉房，可只设一个出口。

（5）锅炉房的外门应向外开，锅炉房内休息间或工作间的门应向锅炉间开。

（6）锅炉房内应有足够的光线和良好的通风。在炎热地区应有降温措施，在寒冷地区应有防寒措施。

（7）锅炉房一般应设水处理间、机泵间、热交换器间、维修间、休息间及浴厕等辅助房间。此外，还可根据具体情况设有化验室、办公室及库房等。

（8）锅炉房的地面应高出室外地面150 mm，以利于排水。锅炉房门口应做成坡道。

（9）锅炉房应留有能通过最大设备的安装洞，安装洞可与门窗结合考虑，利用门窗上面的过梁作为预留洞的过梁，待到设备安装完毕后，再封闭预留洞。

（10）锅炉房内的管道，应由墙上的支架支撑，一般不应吊在屋架下弦上。

第六节　供暖系统常见的故障及排除

目前热水采暖广泛用于工业和民用建筑中。但是由于施工作业人员在热水采暖系统的施工、调整与运行管理方面的经验不足，系统在运行时可能会出现一些故障，影响正常供热。供热系统常见的故障及其排除方法介绍如下。

一、系统不热现象分析及排除

1. 双管上供下回式热水供暖系统

当供暖系统采用双管系统时，在层数较多的情况下，系统易发生垂直失调现象，即系统上层散热器过热，下层散热器不热，上层房间室温超过了供暖要求的值，造成了能源的浪费，而下层房间室温达不到供暖要求。

排除方法：可关小上层散热器支管上的阀门，使通过上下层散热器的热媒流量趋于平衡，减小垂直失调现象。

2. 双管中分式热水供暖系统

当采用双管中分式供暖系统时，供、回水干管设在系统中部，下部散热器易出现不热，下层房间室温达不到供暖要求。

解决方法：系统回水干管设在散热器下部，以解决散热器垂直失调现象。

3. 垂直单管热水供暖系统

当采用垂直单管上供下回式供暖系统时，由于层数较多，造成下部散热器出现不热，下层房间室温达不到供暖要求，出现垂直失调现象。

解决方法：在系统散热器的支管上安装三通温控阀，有效控制进入散热器的流量，使每组散热器能单独调节，以解决垂直失调现象，保证房间室温的要求。

4. 异程式供暖系统

在异程式供暖系统的末端最不利采用环路，散热器常常不热。

排除方法：可调节系统环路立管或支管上阀门，应关小近端环路立管阀门，另外要排除末端散热器的存气现象。

5. 局部散热器不热现象

由于各种原因会使管道和散热器堵塞，造成局部散热器不热，可通过敲打或拆开检查清除堵塞。若系统内排气设备安装位置不当，就会使空气不能顺利排除，造成散热器不热。因此，要正确安装集气设备的位置，打开放气阀放出空气。

6. 蒸汽供暖系统水击现象

蒸汽供暖系统易出现水击现象，产生噪声，是由于蒸汽供暖系统管道坡度设置不对。蒸汽管道中的蒸汽和沿途产生的凝结水发生碰撞，使之冲撞管道壁面和局部构件。

解决方法：水平的蒸汽管道要有正确的坡度和坡向，才能及时排除管道内的凝结水，避免或减轻水击现象的危害。

7. 蒸汽供暖系统疏水器

蒸汽供暖系统易发生疏水器失灵，不能有效地阻止蒸汽通过，发生疏水器漏汽现象。

解决方法：选用符合国家标准的设备，保持管道内的清洁，及时检修。

二、供暖系统外管网运行中常见的故障及处理

1. 管道破裂

管道破裂是由于安装了不合格的管子、管子焊接质量不好造成的。

管道破裂的处理方法：一是放水补焊或更换管道；二是在不能停止运行时，用打卡子的办法处理。

2. 管道堵塞

外网干管堵塞时，会造成全管网或几栋楼房暖气不热。干管堵塞时水泵进出口压差会出现太大或负压现象，此时，恒压点被破坏，开停泵后膨胀水箱的水位有明显变化。常用的排除方法是冲洗法。

3. 支架破坏

支架破坏是由于补偿器的补偿量不够、固定支架位置不对、未考虑管道伸缩及支架材料强度不够造成的，支架破坏后，应将管子用吊链吊起来，对支架做加强处理，或更换补偿能力满足要求的补偿器。

4. 阀门、法兰处漏水

阀门漏水主要是从压盖和阀杆间漏水，其主要原因是压盖填料密封破坏或压盖压的不紧。处理方法是重新压石棉绳填料或拧紧压盖。

法兰处漏水主要是螺栓松紧不一或垫片有起皱、裂缝缺陷。处理方法是更换法兰垫片，力量均匀地对角紧固螺栓。

三、供暖用户常见的故障及处理

1. 管道漏水

丝接管道漏水主要由于螺纹连接处未充分拧紧；丝扣套得太软；安装时操作不当，拧管件时用力过猛或缠麻方法不对；管道腐蚀裂缝、开孔或管件有裂缝等原因引起的。

焊接管道漏水是由于管道质量不好或腐蚀使管道破坏，也有因焊口质量不好使焊口渗水造成。

对于管道漏水的处理应据具体情况采用卸下重拧；更换管道或管件；对裂缝、开孔进行补焊等方法进行处理。

2. 散热器漏水

散热器漏水主要是组对后，未按规定逐组进行水压试验，及组对时对丝未拧紧或胶垫损坏等缺陷未能及时返修所致。

散热器对丝处漏水，可先用再紧一下对丝的办法试处理，更换对丝或胶垫。散热器有砂眼、裂纹时，一般需更换处理。

3. 管道异物堵塞

管道堵塞是供暖系统中常见的故障之一，堵塞后造成供暖系统不热。堵塞故障的处理关键在于如何判断管道堵塞及其位置。下面分不同情况说明如何通过检查发现在不同部位发生的异物堵塞。

（1）房屋中部分环路发生堵塞。如不热的环路通过用阀门尽力调节还是不热，甚至很热的环路也凉下来，则该环路必堵无疑。此外，有些环路不热且热媒出现倒流，也是该环路

供水管道堵塞的特征。

（2）房屋入口处干管堵塞。入口干管堵塞情况与室内部分环路发生堵塞相似，常常也是一部分环路热，一部分环路不热。不同的是经阀门调节，可先使原先不热的环路热起来，很热的变凉或全部变成温度不足。另外，如入口处供回水压差很大，而室内暖气不正常，则入口干管必堵无疑。

判断出堵塞位置后，进行排除。排除堵塞时可先用冲洗法，即关闭未堵塞的环路，打开堵塞环路的回水管末端，排水冲洗。排水清洗无法排除时，只好打开清除。

4. 管道或散热器内有空气滞留

管道或散热器内集存空气的原因有多种，排除空气时应根据具体情况采用相应的措施，如弥补或改正设计、施工中的缺陷和错误，加强运行操作管理，系统充足水，勤放气。

本 章 小 结

本章主要讲述了建筑采暖系统的组成及分类；热水采暖系统和蒸汽采暖系统的工作原理及形式；供暖系统中各种设备；锅炉的类型、基本构造及工作过程；供暖系统中常见的故障及排除。

课 后 习 题

1. 供暖系统的任务是什么？
2. 自然循环热水供暖系统的工作原理是什么？影响作用压力的主要因素是什么？
3. 机械循环热水供暖系统主要由哪些部分组成？
4. 供暖系统的形式有哪几种？各有何特点？
5. 说明蒸汽供暖系统的工作原理。
6. 蒸汽供暖与热水供暖相比有哪些优缺点？
7. 蒸汽供暖系统常采用何种形式。
8. 常用的散热设备有哪些？有何特点？
9. 散热器的布置原则是什么？
10. 辐射板的制作应注意哪些问题？
11. 热水供暖为何设置膨胀水箱？
12. 膨胀水箱有哪些配管？有何作用？
13. 疏水器、减压阀、安全阀的作用是什么？
14. 常用疏水器有哪些形式？有何特点？
15. 供暖系统为何设排气装置？如何设置？
16. 疏水器的安装有哪些配管？作用如何？
17. 供热管道为何有一定坡度？坡度和坡向如何考虑？
18. 供热管道为何设置补偿器？常用的补偿器有哪些形式？
19. 说明锅炉的本体构造和工作过程？
20. 锅炉有哪些受热面？哪些是主要受热面？哪些是辅助受热面？
21. 锅炉为什么要进行水处理？

第五章 通风及空气调节

本章要点：

通过本章的学习，要求学生了解通风与空气调节的任务和意义；掌握通风系统的分类和组成；了解防火分区和防烟分区，掌握高层建筑防火排烟的各种形式，熟悉防火排烟设备及部件；掌握空调系统的组成与分类；了解空调房间的各种气流组织方式；掌握各种空气处理设备的基本原理；了解空调系统的冷热源，掌握制冷系统的基本原理；熟悉通风空调系统中常见的故障及排除方法。

第一节 通风及空气调节概述

一、通风与空气调节的意义和任务

1. 通风与空气调节的概念

随着社会的进步、科学技术的不断发展和经济的繁荣，人们对空气环境提出了更高的要求，以满足日益发展的生产和生活的要求，从而保证人们身体的健康和生产的正常进行。

对于某个特定空间来说，要想保证其空气环境满足生产和人们生活的需要，主要是针对该空间的空气的温度、湿度、流速、清洁度、噪音、压力以及各种有害物进行调节和控制，由于影响这些参数的因素很多，有室内的因素，如生产工艺、设备、人员产生的有害物；有来自室外大自然的影响，如太阳的辐射、室外的温度、湿度、空气流速和大气污染物等。因此，就必须从室内和室外两方面入手，采取相应的技术手段，对空气进行处理，如加热、冷却、加湿、减湿、过滤等，也就是说，通风和空气调节就是对空气进行的一系列置换和热质交换过程。

在工业生产中，很多工艺过程都产生大量的有害物污染环境，给人类的健康、动物和植物的生长、工业生产都带来了很大的危害，如在采矿、烧结、冶炼、耐火材料、铸造等车间生产过程中产生的各种粉尘，工人如果长时间处于这样的空气环境，会给人的呼吸神经系统带来严重的损害，引起矽肺病，甚至威胁人的生命；二氧化硫、三氧化硫、氟化氢和氯化氢等气体遇到水蒸气时，会对金属材料、油漆涂层产生腐蚀作用，缩短其使用寿命；大量的工业废气（如二氧化碳、二氧化硫等）排放导致温室效应和酸雨，使气候异常，旱涝频繁，对农作生产造成极大的危害。

通风与空气调节是空气换气技术，它是采用某些设备对空气进行适当处理（热、湿处理和过滤净化等），通过对建筑物进行送风和排风，来保证人们生活或生产产品正常进行提供需要的空气环境，同时保护大气环境。

通风就是用自然或机械的方法向某一房间或空间送入室外空气，或由某一房间或空间排除空气的过程。送入的空气可以是处理的，也可以是不经处理的。换句话说，通风是利用室外空气（称新鲜空气或新风）来置换建筑物内的空气（简称室内空气），以改善室内空气品质。通风的功能主要有：

（1）提供人呼吸所需要的氧气。

（2）稀释室内污染物或气味。

（3）排除室内工艺过程产生的污染物。

（4）除去室内多余的热量（称余热）或湿量（称余湿）。

（5）提供室内燃烧设备燃烧所需的空气。

建筑中的通风系统可能只完成其中的一项或几项任务。其中利用通风除去室内余热和余湿的功能是有限的，它受室外空气状态的限制。

3. 空气调节的任务

空气调节，简称"空调"，是指为满足人们生活、生产或工作的需要，改善环境条件，用人工的方法创造和保持满足一定要求的空气环境。这种空气环境包括温度、湿度、空气流动速度和空气洁净度。

空气调节的任务是提供空气处理的方法，净化或者纯净空气，保证生产工艺和人们正常生活所要求的洁净度；通过加热或冷却、加湿或去湿，控制空气的温度和湿度，并且不断地进行调节。它的作用是为工业、农业、国防、科技创造一定的恒温恒湿、高清洁度和适宜的气流速度的空气环境，也为人们的正常生活提供适宜的室内空气环境。

综上所述，无论是工业建筑中为了保证工人的身体健康和产品质量，还是在公共建筑中为了满足人的各种活动对舒适度的要求，都需要维持一定的空气环境。采取人工的方法，创造和保持一定的空气环境，来满足生产和生活的需要，这就是通风和空气调节的任务。

第二节　通风系统的分类和主要设备及构件

一、通风系统的分类

通风系统主要有两种分类方法。按照通风系统作用动力划分为自然通风和机械通风；按照通风系统的作用范围划分为局部通风、全面通风。

1. 自然通风

自然通风是利用室内外空气的温度差所引起的热压或室外风力所形成的风压使空气流动，它的优点是不需要动力设备，投资少，管理方便；缺点是热压或风压均受自然条件的束缚，通风效果不稳定。

1）风压作用下的自然通风

当风吹过建筑时，在建筑的迎风面一侧压力升高，相对于原来大气压力而言，产生了正压；在背风侧产生涡流及在两侧空气流速增加，压力下降，相对原来的大气压力而言，产生了负压。

建筑在风压作用下，具有正值风压的一侧进风，而在负值风压的一侧排风，这就是在风压作用下的自然通风。通风强度与正压侧与负压侧的开口面积及风力大小有关。如图 5-1 建筑物在迎风的正压侧有窗，当室外空气进入建筑物后，建筑物内的压力水平就升高，而在背风侧室内压力大于室外，空气由室内流向室外，这就是我们通常所说的"穿堂风"。

2）热压作用下的自然通风

热压是由于室内外空气温度不同而形成的重力压差。当室内空气温度高于室外空气温度时，室内热空气因其密度小而向上升从建筑物上部的孔洞（如天窗等）处逸出，室外较冷而密度较大的空气不断地从建筑物下部的门、窗补充进来，如图5-2所示。热压作用压力的大小与室内外温差、建筑物孔口设计形式及风压大小等因素有关，温差越大、建筑物高度越大，自然通风效果越好。

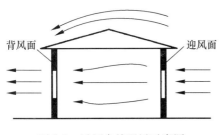
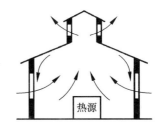

图5-1　风压自然通风示意图　　　　　　图5-2　热压自然通风示意图

3）热压和风压共同作用下的自然通风

热压与风压共同作用下的自然通风可以简单地认为它们是叠加效果。设有一建筑，室内温度高于室外温度。当只有热压作用时，室内空气流动如图5-2所示。当热压和风压共同作用时，在下层迎风侧进风量增加了，下层的背风侧进风量减少了，甚至可能出现排风；上层的迎风侧排风量减少了，甚至可能出现进风，上层的背风侧排风量加大了；在中和面附近迎风面进风、背风面排风。如图5-3所示，建筑中压力分布规律究竟谁起主导作用呢？实测及原理分析表明：对于高层建筑，在冬季（室外温度低）时，即使风速很大，上层的迎风面房间仍然是排风的，热压起了主导作用；高度低的建筑，风速受临近建筑影响很大，因此也影响了风压对建筑的作用。

风压作用下的自然通风与风向有着密切的关系。由于风向的转变，原来的正压区可能变为负压区，而原来的负压区可能变为正压区。风向是不受人的意志所能控制的，并且大部分城市的平均风速较低。因此，由风压引起的自然通风的不确定因素过多，无法真正应用风压的作用原理来设计有组织的自然通风。

自然通风按建筑构造的设置情况又分为有组织自然通风和无组织自然通风。有组织自然通风是指具有一定程度调节风量能力的自然通风，例如，可以由通风管道上的调节阀门以及窗户的开启度控制风量的大小；无组织自然通风是指经过围护结构缝隙所进行的不可进行风量调节的自然通风。自然通风在一般工业厂房中应采用有组织的自然通风方式用以改善工作区的劳动条件；在民用和公共建筑中多采用窗扇作为有组织或无组织自然通风的设施。

图5-1、图5-2和图5-3均属有组织自然通风。建筑物窗口设计能满足所需要通风量的要求，且可以通过变换孔口截面大小来调节换气风量。高温车间常采用这种对流"穿堂风"和开设天窗的方法来达到防暑降温的目的。图5-4所示是一种有组织的管道自然通风，室外空气从室外进风口进入室内，先经加热处理后由送风管道送至房间，热空气散热冷却后从各房间下部的排风口经排风道由屋顶排风口排出室外。这种通风方式常用做集中供暖的民用和公共建筑物中的热风供暖或自然排风措施。

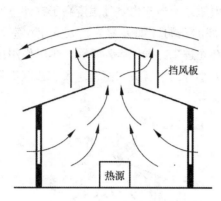

图 5-3　利用风压和热压的自然通风

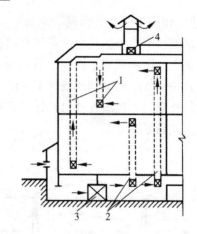

图 5-4　管道自然通风系统
1—排风管道；2—送风管道；3—进风加
热设备；4—为加大热压的排风加热设备

还有一种无组织的辅助性渗透通风，则是室内外空气受自然作用动力驱使，通过围护结构的缝隙进行交换。这种通风方法不宜作为唯一的通风措施单独使用。

自然通风具有经济、节能、简便易行、不需专人管理、无噪声等优点，在选择通风措施时应优先采用。但因自然通风作用压力有限，除了管道式自然通风尚能对送风进行加热处理外，一般情况下均不能进行任何预处理，因此不能保证用户对送风温度、湿度及洁净度等方面的要求；另外从污染房间排出的污浊空气也不能进行净化处理；由于风压和热压均受自然条件的影响，通风量不易控制，通风效果不稳定。

2. 机械通风

机械通风是利用系统中配置的动力设备——通风机提供的压力来强制空气流动。机械通风包括机械送风和机械排风。机械通风与自然通风相比较有很多优点，机械通风作用压力可根据设计计算结果而确定，通风效果不会受自然条件的影响；可根据需要对进风和排风进行各种处理，满足通风房间对进风的要求；也可以对排风进行净化处理满足环保部门的有关规定和要求；送风和排风均可以通过管道输送，还可以利用风管上的调节装置来改变通风量大小，但是机械通风系统中需设置各种空气处理设备、动力设备（通风机）、各类风道、控制附件和器材，故而初次投资和日常运行维护管理费用远大于自然通风系统；另外各种设备需要占用建筑空间和面积，并且通风机还将产生噪声。

通风系统按照作用范围划分为全面通风和局部通风。

1. 全面通风

全面通风是整个房间进行通风换气，使室内有害物浓度降低到最高允许值以下，同时把污浊空气不断排至室外，所以全面通风也称稀释通风。

全面通风有自然通风、机械通风、自然和机械联合通风等多种方式。图 5-1 ~ 图 5-4 均为全面自然通风。设计时一般应从节能减排角度出发，尽量采用自然通风，若自然通风不能满足生产工艺或房间的卫生标准要求时，再考虑采用机械通风方式。在某些情况下两者联合的通风方式可以达到较好的使用效果。

全面通风包括全面送风、全面排风和全面送排风等。

1）全面送风

当室内对于送风有所要求或邻室有污染源，不宜直接自然进风时，可采用机械送风系统。室外新风先经空气处理装置进行预处理，达到室内卫生标准和工艺要求时，由送风机、送风道、送风口送入房间。此时室内处于正压状态，室内部分空气通过门、窗逸出室外。如图5-5所示。

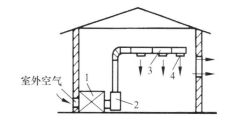

图5-5 全面送风系统
1—空气处理室；2—风机；3—风管；4—送风口

2）全面排风

在全面排风、自然进风系统中，室内污浊空气在风机作用下通过排风口和排风管道排到室外，而室外新鲜空气在排风机抽吸造成的室内负压作用下，由外墙上的门、窗孔洞或缝隙进入室内。由于室内处于负压状态，可防止气体窜出到室外。如果有害气体浓度超过排放大气规定的容许值时应进行处理后再排放。对于污染严重的房间可采用这种全面机械排风系统。如图5-6所示。

3）全面送排风

室外新鲜空气在送风机作用下，经过空气处理设备、送风管道和送风口进入室内，污染后的室内空气在排风机的作用下，直接排到室外或送往空气净化设备处理。全面通风房间的门、窗应密闭，根据送风量和排风量的大小差异，可保持房间处于正压或负压状态，不平衡的风量由围护结构缝隙的自然渗透通风补充。进风和排风均可按照实际要求进行相应的预处理和后续处理。图5-7为某一车间同时采用全面送风和全面排风，即全面送、排风系统室的示意图。

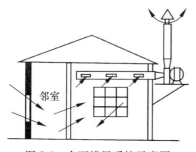

图5-6 全面排风系统示意图

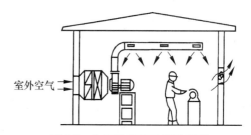

图5-7 全面送排风系统示意图

4）置换通风

置换通风是一种新型的通风形式，它可使人停留区具有较高的空气品质、热舒适性和通风效率。其工作原理是以极低的送风速度将新鲜的冷空气由房间底部送入室内，由于送风温度低于室内温度，新鲜空气在后续进风的推动下与室内的热源（人体或设备）产生热对流，在热对流的作用下向上运动，从而将热量和污染物等带至房间上部，脱离人停留区，并从设置在房间顶部的排风口排出，如图5-8所示。置换通风可以节约建筑能耗，将会得到广泛应用。

全面通风的使用效果与通风的房间气流组织形式有关。合理的气流组织形式应该是正确地选择送、排风口的形式、数量及位置，使送风和排风均能以最短的流程进入工作区或排至大气中。

2. 局部通风

为了保证某一局部区域的空气环境，将新鲜空气直接送的这个局部区域，或者将污浊空气或有害气体直接从产生的地方抽出，防止其扩散到全室，这种通风方式称为局部通风。局部通风又分为局部送风、局部排风和局部送排风。

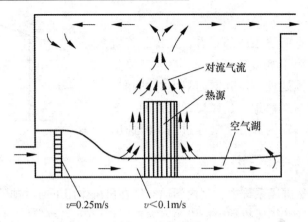

$v=0.25\text{m/s}$ $v<0.1\text{m/s}$

图 5-8　置换通风

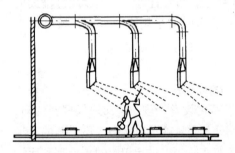

图 5-9　局部送风系统示意图

1）局部送风

局部送风是将符合要求的空气送到人的活动范围。在局部地区造成一定保护性的空气环境，气流应该从人体前侧上方倾斜地吹到头、颈和胸部，图 5-9 为岗位吹风或者为空气浴，通常用来改善高温操作人员的工作环境。该送风方式适用于生产车间较大、工作地点比较固定的厂房。

2）局部排风

局部排风系统是对室内某一局部区域进行排风，具体地讲，就是将室内有害物质在未与工作人员接触之前就捕集、排除，以防止有害物质扩散到整个房间。局部排风是防毒、防尘、排烟的最有效措施，如图 5-10 所示。

3）局部送排风

局部送排风系统即对局部产生有害物质的部位，既能送入新鲜风改善工作环境，又能使有害物质通过排风系统排出。如在食堂的操作间烹饪中产生的高热、高湿及油烟等有害物质，会危害操作人员的身体健康。可采用局部送排风系统，工作人员在操作时，可通过送风喷头送到工作区一定新鲜风，改善高温气体的危害，稀释有害物质的浓度；而排风机将产生的油烟热气排出，使工作区内保持良好的工作环境。如图 5-11 所示。

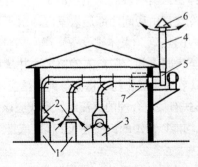

图 5-10　机械局部排风系统示意图
1—工作台；2—集气罩；3—通风柜；4—风道；
5—风机；6—排风帽；7—排风处理装置

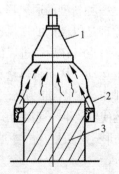

图 5-11　局部送排风装置
1—排气罩；2—送风嘴；
3—有害物来源

二、通风系统主要设备及构件

根据通风系统及形式的不同，通风系统采用的设备和管道也有所不同。自然通风只需要进、排风窗及附属的开关装置。机械通风和管道式自然通风系统中，则需要较多的设备、管道和构件组成。在这些通风方式中，除利用管道输送空气以及机械通风系统使用风机造成空气流通的作用压力外，一般的机械通风系统，是由有害物收集和净化除尘设备、风道、通风机、排风口或伞形风帽等组成的；机械送风系统由进气室、风道、通风机、进气口组成。机械通风系统中，为了开、关和调节排气量，还设有阀门控制。下面将通风系统的主要设备及构件简述如下。

1. 通风机

通风机适用于为空气流动提供必需的动力以克服输送过程中的阻力损失。在通风工程中，根据通风机的作用原理有离心式、轴流式和贯流式三种类型，通常使用的通风机是离心式和轴流式。此外，在特殊场所使用的还有高温通风机、防爆通风机、防腐通风机和耐磨通风机等。

1）离心式通风机

离心式通风机如图 5-12（a）所示，其工作原理由电机转动带动通风机中的叶轮旋转，因离心力的作用使气体获得压能和动能。离心风机产生的风压在 1 000 Pa 以下为低压通风机，在 1 000~3 000 Pa 范围内为中压通风机，在 3 000~10 000 Pa 范围内为高压通风机。

低、中压通风机大都用于通风、除尘系统；高压风机用于强制通风及气体输送。在通风空调装配中低、中压风机是主要选择对象，高压风机很少采用。

2）轴流式通风机

轴流式通风机如图 5-12（b）所示，它是借助叶轮的推力作用促使气流流动的，气流方向与机轴相平行。轴流式风机的优点是结构紧凑，价格较低，通风量大，效率高。其缺点是：噪声大，风压小（产生压力一般在 294 Pa 左右）。因此，轴流风机只能用于无须设置管道的场合以及管道阻力较小的系统，而离心风机则用在阻力较大的系统中。

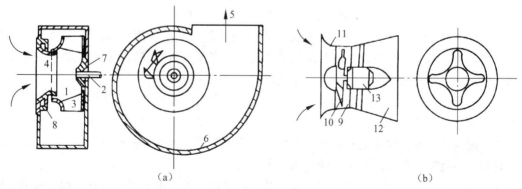

图 5-12　风机构造
（a）离心式风机构造；（b）轴流式风机构造
1—叶轮；2—机轴；3—叶片；4—吸气口；5—出气口；6—机壳；7—轮毂；8—扩压环；
9—机壳；10—叶轮；11—吸入口；12—扩压段；13—电动机

3）屋顶通风机

屋顶通风机是轴流风机的一种。专门用于顶层房间的室内排风和设专门排风竖井顶部的屋面上集中排风，其安装示意图如图 5-13 所示。

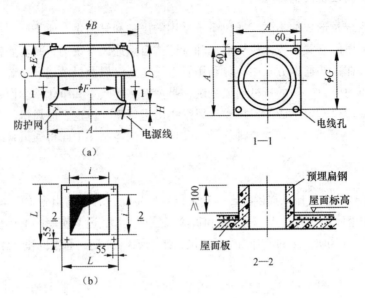

图 5-13 屋顶通风机安装示意图
（a）外形；（b）基础

4）卫生间通风机

卫生间应尽量采用自然通风方式，但对于室内厕所又无法设集中排风时，则一般将轴流式通风机或排气扇安装在外墙上或管道上进行排风，也可以用管道风机进行排风。对于多层和高层建筑，卫生间竖向布置集中、整齐，一般设专门的排风竖井，在每个卫生间的吊顶上安装一台自带止回装置的卫生间换气扇，用短管与竖井相连接，再在竖井顶部的屋面上设集中排风机。卫生间的门上还应开一个小百叶窗，靠负压补充新风。

2. 风道

风道是通风系统中的主要部件之一，其主要作用是用来输送空气。

常用的通风管道的断面有圆形和矩形两种。同样截面积的风道，以圆形截面最节省材料，而且其流动阻力小，因此采用圆形风道的较多。当考虑到美观和穿越结构物或管道交叉敷设时便于施工，才用矩形风道或其他截面风道。如图 5-14 所示。

目前最常用的管材是普通薄钢板和镀锌薄钢板，有板材和卷材。对洁净要求高或有特殊要求的工程，可采用铝板或不锈钢板制作。对于有防腐要求的工程，可采用塑料或玻璃钢制作。采用建筑风道时，宜用钢筋混凝土制作。选用风管材料和保温材料时，应优先选用不易燃烧材料。对有防火要求的场合，应选用耐火风管。

在确定风道的截面积时，必须事先确定其中的流速。对于机械通风系统，如果流速取得较大，虽然可以减小风道的截面积，从而降低通风系统的造价和减少风道占用的空间，但却增大了空气流动的阻力，增加风机消耗的电能，并且气体流动的噪声也随之增大。如果流速取得偏低，则与上述情况相反，将增加系统的初期投资，运行费用会随着管道截面积的增大而降低。因此，对流速的选定，应该进行技术经济比较，其原则是使通风系统的初投资和运行费用的总和最经济，同时也要兼顾噪声和布置方面的一些因素。

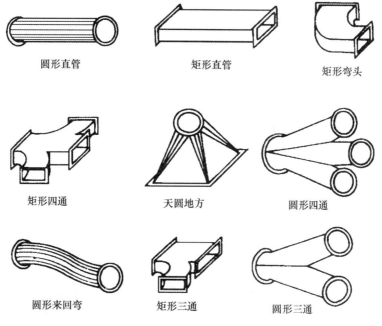

图 5-14 矩形、圆形风管及管件

通风道的截面一般按下式确定

$$F = \frac{L}{3\,600v}$$

式中 F——通风管道截面积，m^2；

L——通风管道中空气流量，m^3/s；

v——通风管道中空气流速，m/s。可按表 5-1 选取。

表 5-1 确定风道中的空气流速   m/s

类　　别	管道材料	干　管	支　管
工业建筑机械通风	薄钢板	6 ~ 14	2 ~ 8
工业辅助及民用建筑	砖、混凝土等	4 ~ 12	2 ~ 6
自然通风		0.5 ~ 1.0	0.5 ~ 0.7
机械通风		5 ~ 8	2 ~ 5

每个风口的风量及排风口空气的流速，由上式计算，室内送风口通常设置在房间的上部，其送风速度为 2 ~ 5 m/s（由房间的大小及对噪声的不同要求来选定），排风口一般设在房间的下部，其吸风速度为 1 ~ 3 m/s。

除尘系统中的空气流速，应根据避免粉尘沉积，以及尽可能减少流动阻力和对管道系统磨损的原则来确定。根据粉尘性质和粒径的不同，一般选择空气流速在 12 ~ 23 m/s 范围内。

3. 室外进、排风口

1）室外进风口

室外进风口是通风和空调系统采集新鲜空气的入口。机械送风系统和管道式自然通风系统的室外进风装置，应设在空气新鲜、灰尘少、远离室外排气口的地方。它主要用于采集室外新鲜空气供室内送风系统使用，根据设置位置不同，可分为设于外围护结构墙上的窗口型

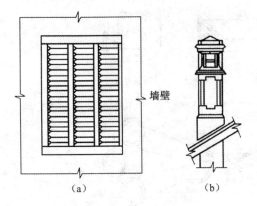

图 5-15　室外进风装置

(a) 窗口型；(b) 进气塔型

和独立设置的进气塔型，如图 5-15 所示。

进风口高度一般应高出地面 2.5 m，设于屋顶的进风口应高出屋面 1.0 m，进风口应设在主导风向上风侧。进风口上一般还应设有百叶窗，以防止雨、雪、杂物（树枝、纸片等）被吸入，百叶窗里设有保温阀，以用于冬季关闭进气口。进风口的尺寸由通过百叶窗的风速来确定，百叶窗风速为 2.0 ~ 5.0 m/s。

2）室外排风装置

室外排风装置主要用于将排风系统收集到的污浊空气排至室外，通常设计成塔式，并安装于屋面。如图 5-16 所示。

为避免排出的污浊空气污染周围空气环境，排风装置应高出屋面 1 m 以上。如果进、排风口都设在屋面时，其水平距离应大于 10 m。特殊情况下，如果排风污染程度较轻时，则水平距离可以小些，此时排气口应高于进气口 2.5 m 以上。图 5-17 为设在外墙上的排风口示意图。

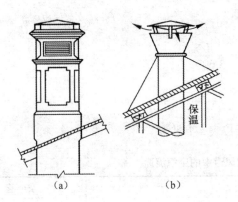

图 5-16　设在屋顶上的排风装置

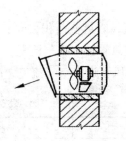

图 5-17　设在外墙上的排风口

4. 室内送、回风口

室内送风口用于将管道输送来的空气以适当的速度、数量和角度均匀送到工作地点的风道末端装置。室内排风口用于将一定数量的污染空气，以一定的速度排出。送、回风口应满足以下要求：回风口风量能调节；阻力小；风口尺寸尽可能小。民用建筑和公共建筑中的送、回风口形式应与建筑结构的外观相配合。

1）室内送风口

室内常用送风口形式有插板式送风口、百叶式、散流器、孔板送风等。

图 5-18 是两种最简单的送风口，孔口直接开设在风管上，用于侧向或下向送风。图 5-18（a）为风管侧送风口，除风口本身外，没有任何调节装置；图 5-18（b）为插板式送风口，这种风口虽然可以调节风量，但不能控制气流方向。

百叶式送风口是一种性能较好的常用室内送风口，可以在风道上、风道末端或墙上安装。如图 5-19 所示，对于布置在墙内或暗装的风道可采用，安装在风道的末端或墙壁上，百叶式送风口有单、双层和活动式、固定式，其中双层百叶式风口可以调节控制气流速度、气流角度。

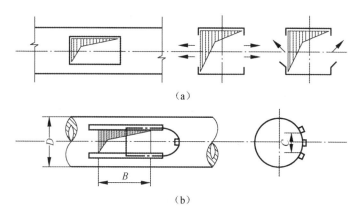

图 5-18　两种最简单的送风口

（a）风管侧送风口；（b）插板式送风口

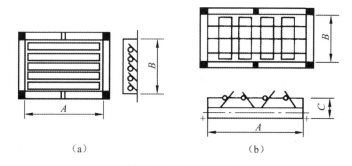

图 5-19　百叶式送风口

（a）单层百叶式送风口；（b）双层百叶式送风口

散流器是一种由上向下送风的送风口，通常都安装在送风管道的端部明装或暗装于顶棚上，散热器常见的形式有盘式和流线式，如图 5-20 所示。

孔板送风是将空气通过开有若干圆形或条缝小的孔板送入室内，如图 5-21 所示。

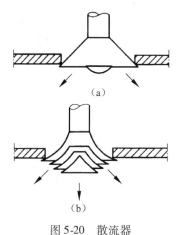

图 5-20　散流器

（a）盘式；（b）流线式

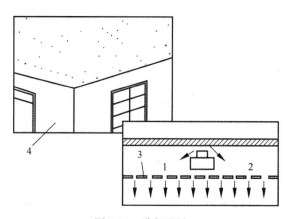

图 5-21　孔板送风口

1—风管；2—静压室；3—孔板；4—空调机房

2）室内回风口

室内回风口的作用是将室内污浊空气排入风道中的装置，回风口的种类较少，一般安装在风道或墙壁上的矩形风口或安装成地面散点式和格栅式，如图 5-22 所示。

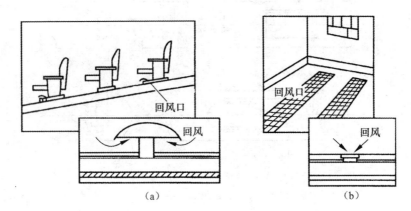

图 5-22　室内回风口

（a）散点式回风口；（b）格栅式回风口

3）排气罩

排气罩是局部排风系统的重要部件。它安装在有害物源附近，通过风机在罩口造成的负压形成吸入速度场，在有害物没有扩散到室内之前将其捕集起来，再通过管道排走，保护室内空气环境。排气罩的种类很多，下面介绍常用的几种。

（1）密闭罩。如图 5-23 所示，密闭罩将有害物源密闭在罩内，把有害物限制在一个很小的空间内，只需要较小的排风量，就能防止有害物的扩散，工人可通过工作孔观察罩内的工作情况。密闭罩排气效果好，所需风量小，是设计局部排风系统时，优先选择的排气罩。

（2）外部吸气罩。当不便将有害物源置于罩内时，可选择外部吸气罩设在有害物源附近，由风机在罩口外造成的吸入速度场，将一定范围内的有害物吸入罩内。图 5-24 为一设在有害物源上部的吸气罩，这种罩子的罩口尺寸与有害物源的平面尺寸有关，为了增强吸气效果，可在罩口加边或加挡板。

（3）槽边吸气罩。在排除各种工业槽产生的有害气体时，可将外部排气罩做成一种特殊的形式，即槽边吸气罩。图 5-25 为单侧槽边吸气罩，当液面上产生有害物时，风机在罩口造成负压，将有害物和部分空气吸入。当工业槽较宽时（槽宽 > 700 mm），可采用双侧槽边吸气罩。

图 5-23　防尘密闭罩　　　图 5-24　外部吸气罩　　　图 5-25　单侧槽边吸气罩

槽边吸气罩口离有害物源近，又不影响工艺操作，如工艺允许，应尽量靠墙布置，以增强吸气效果。

5. 风阀

通风系统中的阀门主要是用于风机启动，关闭风道、风口，平衡阻力，调节风量以及防止系统火灾等。阀门安装于风机出口的风道上、主干风道上、分支风道上或空气分布器之前等位置。常用的阀门有闸板阀、蝶阀、止回阀和防火阀等。

闸板阀如图 5-26 多用于通风机的出口或主干管上作为开关。它的特点是严密，但占地面积大。

蝶阀如图 5-27 多安装在分支管上或空气分布器前，作风量调节用。这种阀门只要改变阀板的转角就可调节风量，操作简便。但严密性较差，故不宜作关断用。

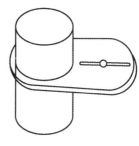

图 5-26　闸板阀示意图

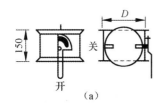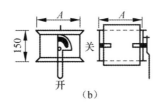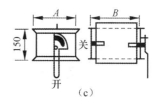

图 5-27　蝶阀构造示意图

(a) 圆形；(b) 方形；(c) 矩形

止回阀的作用是当风机停止运转时，阻止气流倒流。止回阀必须动作灵活，阀板关闭严密。

6. 空气净化处理设备

为防止大气污染或对排除的气体中有用物质的回收，排风系统将气体在排入大气前，应根据实际情况采取必要的净化、回收和综合利用措施。

使空气的粉尘与空气分离的过程称为含尘空气的净化或除尘。常用的除尘设备有重力沉降室、惯性除尘器、旋风除尘器、湿式除尘器、过滤式除尘器、电除尘器等。

消除有害气体对人体及其他方面的危害，称为有害气体的净化。净化设备有各种吸收塔、活性炭吸附器等。

在条件受到限制的情况下，不得不把未经净化或净化不够的废气直接排入高空，通过在大气中的扩散进行稀释，使降落到地面的有害物质的浓度不超过标准中的规定，这种处理方法称为有害气体的高空排放。

1）重力沉降室

重力沉降室是一种最简单的除尘器，如图 5-28 所示，除尘机理是通过重力使尘粒从气流中分离出来，当通过沉降时，由于气体突然进入沉降室的大空间内，使空气流速迅速降低，此时气流中尘粒在重力作用下慢慢地落入灰池内。沉降室的尺寸由设计计算确定，需使尘粒沉降得充分，以达到净化的目的。重力沉降室具有设备阻力损失小的优点，但是占用体积大，除尘效率低，仅能用于粗大尘粒的去除，使用范围有局限性。

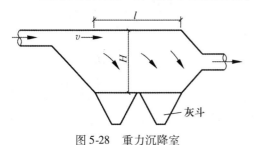

图 5-28　重力沉降室

2）旋风除尘器

旋风除尘器是利用含尘气流做旋转运动产生的离心力，将尘粒从气体中分离并捕集下来的装置。它有结构简单、没有运动部件、除尘效率较高、适应性强、运行操作与维修方便等优点，是工业中应用较广泛的除尘设备之一。通常情况下，旋风除尘器用于捕集 5～10 μm 以上的尘粒，其除尘效率可达 90% 左右，获得满意的除尘效果。

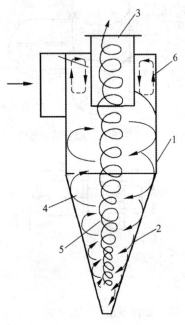

图 5-29　旋风除尘器

1—筒体；2—锥体；3—排出管；
4—外涡旋；5—内涡旋；6—上涡旋

普通旋风除尘器的结构组成如图 5-29 所示。含尘气流由进气管沿切线方向进入除尘器内，在除尘器的壳体内壁与排气管外壁之间形成螺旋涡流后，向下做旋转运动。在离心力的作用下，尘粒到达壳体内壁并在下旋气流和重力共同作用下，沿壁面落入灰斗，净化后的气体经排气管排出。

3）湿式除尘器

湿式除尘器是使含尘气体通过与液滴和液膜的接触，使尘粒加湿、凝聚而增重从气体中分离的一种除尘设备。湿式除尘器与吸收净化处理的工作原理相同，可以对含尘、有害气体同时进行除尘、净化处理。

湿式除尘器按照气液接触方式可分为两类：其一是迫使含尘气体冲入液体内部，利用气流与液面的高速接触激起大量水滴，使粉尘与水滴充分接触，粗大尘粒加湿后直接沉降在池底，与水滴碰撞后的细小尘粒由于凝聚、增重而被液体捕集。如冲激式除尘器、卧式旋风水膜除尘器即属此类。其二是用各种方式向气流中喷入水雾，使尘粒与液滴、液膜发生碰撞，如喷淋塔。图 5-30 为几种湿式除尘器。

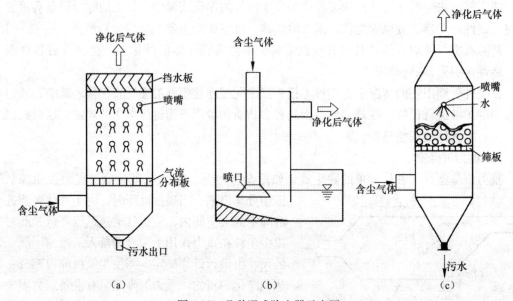

图 5-30　几种湿式除尘器示意图

（a）喷淋塔；（b）水浴除尘器；（c）泡沫除尘器

4）过滤除尘器

过滤除尘器是指含尘气流通过固体滤料时，粉尘借助于筛滤、惯性碰撞、接触阻留、扩散、静电等综合作用，从气流中分离的一种除尘设备。过滤方式有两种，即表面过滤和内部过滤。表面过滤是利用滤料表面上黏附的粉尘层作为滤层来滞留粉尘的；内部过滤则是指由于尘粒尺寸大于滤料颗粒空隙而被截留在滤料内部。

5）电除尘器

电除尘器又称静电除尘器，其工作原理如图 5-31 所示。它是利用电场产生的静电力使尘粒从气流中分离。电除尘器是一种干式高效过滤器，其特点是可用于去除微小尘粒，去除效率高，处理能力大，但是由于其设备庞大，投资高，结构复杂，耗电量大等缺点，目前主要用于某些大型工程的除尘净化。

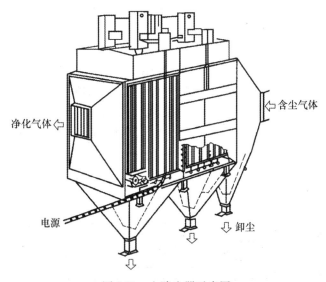

图 5-31　电除尘器示意图

第三节　建筑防排烟

在火灾事故的死伤者中，大多数是因烟气的窒息或中毒造成的。在现代的高层建筑中，各种在燃烧时产生有毒气体的装修材料的使用，以及高层建筑中各种竖向管道产生的烟囱效应，使烟气更加容易扩散到各个楼层，不仅造成人身伤亡和财产损失，而且因烟气遮挡视线，使人们在疏散时产生心理上的恐慌，给消防抢救工作带来很大困难。因此，在高层建筑的空调设计中，必须认真慎重地进行防火排烟设计，以便在火灾发生时，顺利地进行人员疏散和消防灭火工作。

根据《高层民用建筑设计防火规范》（GB 50045—1995）的规定，对于建筑高度超过24 m 的新建、扩建和改建的高层民用建筑（不包括单层主体建筑高度超过24m 的体育馆、会堂、影剧院等公共建筑，以及高层民用建筑中的人民防空地下室）及与其相连的裙房，都应进行防火排烟设计。其中，对于一类高层建筑和建筑高度超过 32 m 的二类高层建筑的下列部位，需要设置排烟设施：

（1）长度超过 20 m 的内走道。

（2）面积超过 100 m²，且经常有人停留或可燃物较多的房间。

（3）高层建筑的中庭和经常有人停留或可燃物较多的地下室。

工程实践中，高层建筑所采用的防烟排烟方式有自然排烟、机械防烟和排烟等形式，下面分别进行讨论。

一、防火分区和防烟分区

1. 安全分区的概念

当居住房间发生火灾时，作为室内人员的疏散通道，一般路线是经过走廊、楼梯间前

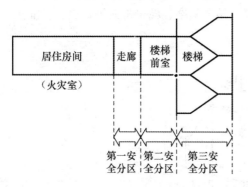

图 5-32　防烟安全分区概念图

室、楼梯到达安全地点。把上述各部分用防火墙或防烟墙隔开，采取防火排烟措施，就可使室内人员在疏散过程得到良好的安全保护。室内疏散人员在从一个分区向另一个分区移动中需要花费一定的时间，因此，移动次数越多，就越要有足够的安全性。在图 5-32 所示的分区中，走廊是第一安全分区，楼梯间前室是第二安全分区，楼梯是第三安全分区。安全分区之间的墙壁，应采用气密性高的防火墙或防烟墙，墙上的门应采用防火门，图 5-33 是一个防烟安全设计的实例。

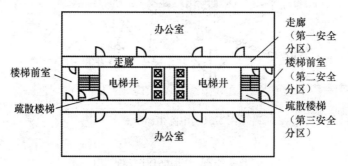

图 5-33　防烟安全设计实例

防火是防止火灾蔓延和扑灭火灾，排烟是将火灾产生的烟气及时予以排除，防止烟气向外扩散，以确保室内人员的顺利疏散。

2. 防火分区和防烟分区

在高层建筑的防火排烟设计中，通常将建筑物划分为若干个防火、防烟单元，用防火墙（或防烟墙）及防火门隔开，采取防火排烟措施，把火势和烟气控制在一定的范围内，减少火灾的危害。这些防火、防烟的单元称为防火和防烟分区。

1）防火分区

根据我国《高层民用建筑设计防火规范》（GB 50045—1995）的规定：一类高层建筑每个防火分区最大允许面积为 1 000 m²，二类高层建筑 1 500 m²，地下室 500 m²。如果防火分区内设有自动灭火设备，防火分区的面积可增加一倍。

高层建筑的竖直方向通常每层划分为一个防火分区，以楼板为分隔。对于在两层或多层之间设有各种开口，如设有开敞楼梯、自动扶梯的建筑，应把连通部分作为一个竖向防火分

区的整体考虑，且连通部分各层面积之和不应超过允许的水平防火分区的面积。

2）防烟分区

火灾发生时，为了控制烟气的流动和蔓延，保证人员疏散和消防扑救的工作通道，需要对建筑进行防烟分区。规范规定：设置排烟设施的走道和净高不超过 6 m 的房间，应采用挡烟垂壁 [图 5-34（a）]、隔墙或从顶棚下突出不小于 0.5 m 的梁 [图 5-34（b）] 划分防烟分区。每个防烟分区的面积不宜超过 500 m²，且防烟分区的划分不能跨越防火分区。

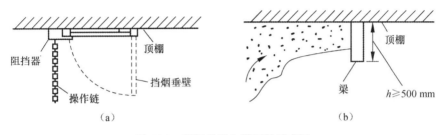

图 5-34 挡烟垂壁和挡烟梁示意图

二、烟气的扩散机理

所谓烟气，是指物质在不完全燃烧时产生的固体及液体粒子在空气中的浮游状态。烟气的流动扩散主要受到风压和热压等因素的影响。

火灾发生时，失火房间的窗户往往会因室内空气受热膨胀而破裂，如果窗户在建筑物的背风面，风形成的负压会使烟气从窗户排向室外，大大减少烟气在整个建筑物中的流动和扩散。反之，如果窗户处于建筑物的迎风面，风的作用会使烟气迅速地扩散到整个失火楼层，甚至把它吹到其他的楼层中去。

当建筑物里的温度高于室外空气温度时，在建筑物的竖井中（如楼梯井、电梯井、设备管道井等竖向通道）有股热空气上升，就像烟囱中的烟气上升一样。这种现象是由室内外空气的密度差和空气柱高度产生的作用力所造成，称为热压或烟囱效应，热压作用随着室内外温差和竖井高度的增加而增大。

火灾发生时，高层建筑物内温度远远高于室外温度，加上高层建筑竖井高度较大的影响，热压明显增大，烟气将沿着建筑物的竖井向上扩散，而且失火楼层越低，烟囱效应越明显。由此可知，当建筑物的下部或迎风面房间发生火灾时，由于风压和热压的作用，火灾造成的危害性要比建筑物的上部或背风面房间失火所造成的危害大得多。

此外，在火灾发生时，空调系统风机提供的动力，以及由竖向风道产生的烟囱效应会使烟气和火势沿着风道扩散，迅速蔓延到风道所能达到的地方。

因此高层建筑的防排烟，需采用自然排烟、机械防烟、机械排烟等各种形式，阻止烟气在建筑物内部疏散通道中的扩散蔓延，确保安全。此外，建筑物的通风空调系统应采取防火、防烟措施。

三、高层建筑防火排烟的形式

1. 自然排烟

自然排烟是利用风压和热压作动力的排烟方式。它利用建筑物的外窗、阳台、凹廊或专用排烟口、竖井等将烟气排出或稀释烟气的浓度，具有结构简单、节省能源、运行可靠性高等优点。

在高层建筑中，除建筑物高度超过 50 m 的一类公共建筑和建筑高度超过 100 m 的居住建筑外，具有靠外墙的防烟楼梯间及其前室、消防电梯间前室和合用前室的建筑宜采用自然排烟方式，排烟口的位置应设在建筑物常年主导风向的背风侧。

利用建筑的阳台、凹廊或在外墙上设置便于开启的外窗或排烟窗进行自然排烟的方式如图 5-35 所示。

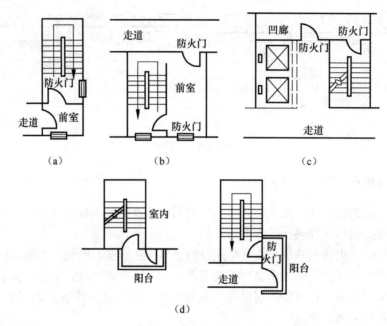

图 5-35　自然排烟方式示意图
(a) 靠外墙的防烟楼梯间及其前室；(b) 靠外墙的防烟楼梯间及其前室；
(c) 带凹廊的防烟楼梯间；(d) 带阳台的防烟楼梯间

自然排烟口应设于房间的上方，宜设在距顶棚或顶板下 800 mm 以内，其间距以排烟口的下边缘计。自然进风口应设于房间的下方，设于房间净高的 1/2 以下，其间距以进风口的上边缘计。内走道和房间的自然排烟口，至该防烟分区最远点应在 30 m 以内。自然排烟窗、排烟口、送风口应设开启方便、灵活的装置。

2. 机械防烟

机械防烟是采取机械加压送风方式，以风机所产生的气体流动和压力差控制烟气的流动方向的防烟技术。它在火灾发生时用风机气流所造成的压力差阻止烟气进入建筑物的安全疏散通道内，从而保证人员疏散和消防扑救的需要。

防烟楼梯间及其前室、消防电梯前室和两者合用前室，应设置机械防烟设施。若防烟楼梯间前室或合用前室有散开的阳台、凹廊或前室内有不同朝向的可开启外窗，能自然排烟时，该楼梯间可不设防烟设施。避难层为全封闭式避难层时，应设加压送风设施。如图 5-36 所示。

楼梯间每隔 2~3 层设置一个送风口，前室应每层设一个送风口。加压送风口应采用自垂式百叶风口或常开百叶风口；当采用常开百叶风口时，应在加压风机的压出管上设置止回阀。当设计为常闭型时，发生火灾只开启着火层的风口。风口应设手动和自动开启装置，并与加压送风机的启动装置连锁。

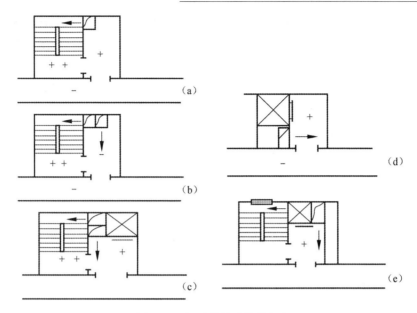

图 5-36　加压送风系统的方式

3. 机械排烟

采取机械排风方式,以风机所产生的气体流动和压力差,利用排烟管道将烟气排出或稀释烟气的浓度。

机械排烟方式适用于不具备自然排烟条件或较难进行自然排烟的内走道、房间、中庭及地下室。带裙房的高层建筑防烟楼梯间及其前室,消防电梯间前室或合用前室,当裙房以上部分利用可开启外窗进行自然排烟,裙房部分不具备自然排烟条件时,其前室或合用前室应设置局部机械排烟设施。我国对机械排烟的要求如下所述。

(1) 排烟口应设在顶棚上或靠近顶棚的墙面上,设在顶棚上的排烟口,距可燃构件或可燃物的距离不应小于 1 m。

(2) 排烟口应设有手动和自动开启装置,平时关闭,当发生火灾时仅开启着火楼层的排烟口。

(3) 防烟分区内的排烟口距最远点的水平距离不应超过 30 m。走道的排烟口应尽量布置在与人流疏散方向相反的位置。

(4) 在排烟支管和排烟风机入口处应设有温度超过 280 ℃时能自行关闭的排烟防火阀。

(5) 排烟风机应保证在 280 ℃时能连续工作 30 min。当任一排烟口或排烟阀开启时,排烟风机应能自行启动。

(6) 排烟风道必须采用不燃材料制作。安装在吊顶内的排烟管道,其隔热层应采用不燃材料制作,并应与可燃物保持不小于 150 mm 的距离。

(7) 机械排烟系统与通风、空调系统宜分开设置。若合用时,必须采取可靠的防火安全措施,并应符合排烟系统要求。

(8) 设置机械排烟的地下室,应同时设置送风系统。

4. 通风和空调系统的防火

火灾发生后,应尽量控制火情向其他防火分区蔓延,在通风空调系统的通风管道中需设置防火阀。防火阀应设置在穿越防火分区的隔墙处；穿越机房及重要房间或有火灾危险性房间的隔墙和楼板处；与垂直风道相连的水平风道交接处；穿越变形缝的两侧。防火阀的动作温度为 70 ℃。

通风空调管道工程中所用的管道、保温材料、消声材料和胶黏剂等应采用不燃材料或难燃材料制作。穿过防火墙和变形缝两侧各 2 m 范围内、管内设电加热器前后各 800 mm 范围内、穿过容易起火部位的管道及材料必须采用不燃材料。此外，垂直风管应设在管井内。风管内设有电加热器时，风机应与电加热器连锁。空气中含有易燃、易爆物质时，其通风设备应采用防爆型设备。

四、防火、防排烟设备及部件

防火、防排烟设备及部件主要有防火阀、排烟阀及排烟风机等。

1. 防火阀

防火阀是防火阀、防火调节阀、防烟防火阀及防火风口的总称。防火阀与防火调节阀的区别在于叶片的开度能否调节。

1）防火阀的控制方式

防火阀的控制方式有热敏元件控制、感烟感温器控制及复合控制等。复合控制方式为上述两种控制方式的组合方式，设备中既含有热敏元件，也含有感烟感温器。

热敏元件有易熔环、热敏电阻、热电偶和双金属片等，它通过元件在不同温度下的状态或参数变化来实现控制。采用易熔环时，通过火灾时易熔环的熔断脱落，实现阀门在弹簧力或自重力作用下关闭。采用热敏电阻、热电偶、双金属等时，通过传感器及电子元器件控制驱动微型电动机工作将阀门关闭。

感烟感温器控制是通过感烟感温控制设备的输出信号控制执行机构的电磁铁、电动机动作，或控制气动执行机构，实现阀门在弹簧力作用下的关闭或电动机转动使阀门关闭。

2）防火阀的阀门关闭驱动方式

防火阀的阀门关闭驱动方式有重力驱动式、弹簧力驱动式、电机驱动式及气动驱动式等四种。

3）常用的防火阀

（1）重力式防火阀。重力式防火阀分矩形和圆形两种。其构造如图 5-37 ～ 图 5-39 所示。防火阀平时处于常开状态。阀门的阀板式叶片由易熔片将其悬吊成水平或水平偏下 5°状态。当火灾发生且空气温度高于 70 ℃时，易熔片熔断，阀板或叶片靠重力自行下落，带动自锁簧片动作，使阀门关闭自锁。

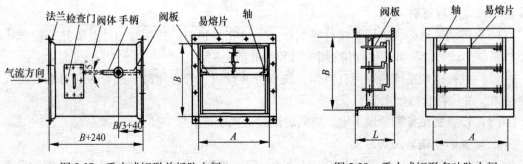

图 5-37　重力式矩形单板防火阀　　　　　　　图 5-38　重力式矩形多叶防火阀

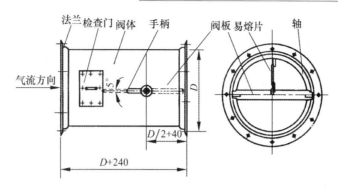

图 5-39 重力式圆形单板防火阀

当需要重新开启阀门时，旋松自锁簧片前的螺栓，手握操作杆，摇起阀板或叶片，接上易熔片，摆正自锁簧片，旋紧螺栓后防火阀恢复正常工作状态。

（2）弹簧式防火阀。弹簧式防火阀有矩形和圆形两种。其构造如图 5-40 和图 5-41 所示。

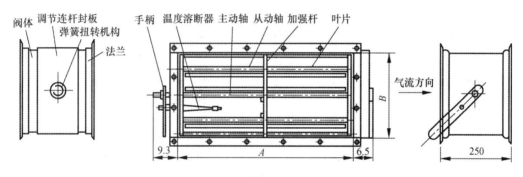

图 5-40 弹簧式矩形防火阀

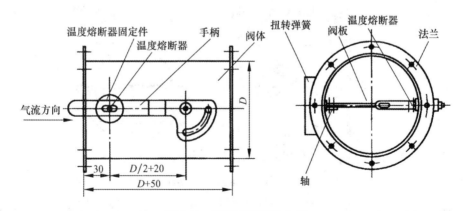

图 5-41 弹簧式圆形防火阀

防火阀平时为常开状态。当火灾发生且空气温度高于 70 ℃时，易熔片熔断，温度熔断器内的压缩弹簧释放，内芯弹出，手柄脱开，轴后端的扭转弹簧释放，阀门关闭。温度熔断器的构造如图 5-42 所示。

当需要重新开启阀门时，装好易熔片和温度熔断器，摇起叶片或阀板并固定在温度熔断器内芯上，防火阀便恢复正常工作状态。

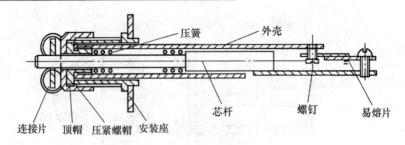

图 5-42 温度熔断器构造示意图

（3）弹簧式防火调节阀。弹簧式防火调节阀有矩形和圆形两种。其构造如图 5-43 和图 5-44 所示。平时常开作为风量调节用的防火调节阀，当发生火灾且空气温度高于 70 ℃时，易熔片熔断，致使熔断器销钉打下离合器垫板，离合器脱开，轴两端的扭转弹簧释放，阀门的叶片关闭。

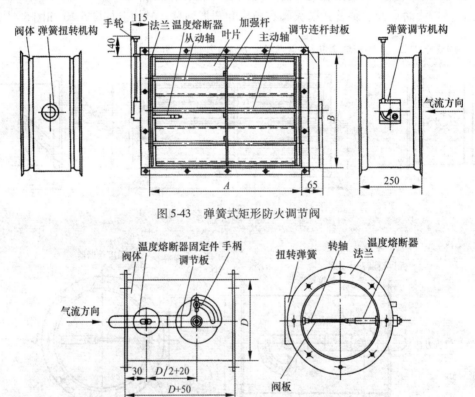

图 5-43 弹簧式矩形防火调节阀

图 5-44 弹簧式圆形防火调节阀

当需要重新开启防火调节阀时，应旋转调节手柄，如发出"咯咯"声音时，调节机构和离合器已合拢。此时调节指示与复位指示同步转动，再装好温度熔断器，防火调节阀可恢复正常工作状态。

（4）防烟防火调节阀。防烟防火调节阀有矩形和圆形两种。可应用于有防烟防火要求的空调、通风系统，其构造与防火调节阀基本相同，复位方式和风量调整方法与防火调节阀相同。区别在于除温度熔断器可使阀门瞬时严密关闭外，烟感电信号控制的电磁机构也可使阀门瞬时严密关闭，并同时输出连锁电信号。防烟防火调节阀的构造如图 5-45 所示。

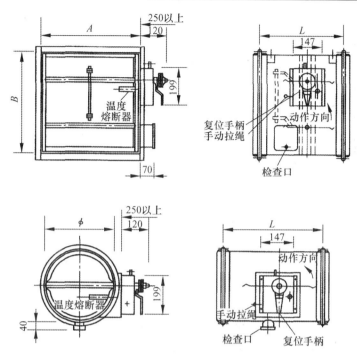

图 5-45　防烟防火调节阀

（5）防火风口。防火风口应用于有防火要求的通风、空调系统的送风口、回风口及排风口处。防火风口由铝合金的风口与防火阀组合而成，风口可调节气流方向，防火阀可在 0°～90° 范围内调节通过风口的风量。发生火灾时阀门上的易熔片或易熔环受热而熔化，使阀门动作而关闭。其构造如图 5-46 所示。

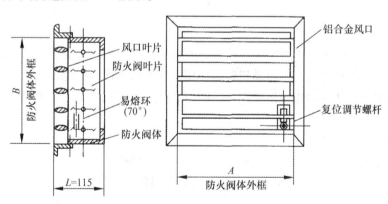

图 5-46　防火风口

（6）气动式防火阀。气动式防火阀用于与卤代烷 1211 和 1301 自动灭火系统连动的通风、空调风管。气动防火阀手动复位时必须将系统先卸压，再复位、开启。如图 5-47 所示。

（7）电动防火阀。电动防火阀安装在有防火要求的通风、空调风管上，它的控制机构是电动弹簧复位机构。发生火灾时电源切断，复位弹簧立即关闭阀门。阀门通电后即可开启复位。

（8）电子自控防烟防火阀。电子自控防烟防火阀采用电子技术及逻辑电路技术。构造如图 5-48 所示。火灾时自动开启或关闭，并自动报警。采用控制器对一台或多台防烟防火阀进行控制。

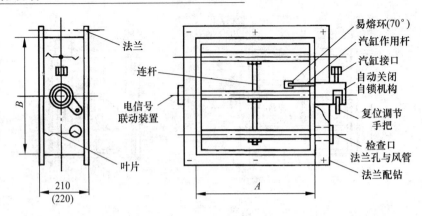

图 5-47 气动式防火阀

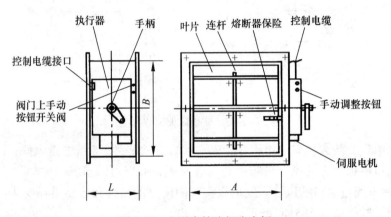

图 5-48 电子自控防烟防火阀

2. 排烟阀

它安装在排烟系统中,平时呈关闭状态,发生火灾时,通过控制中心信号来控制执行机构的工作,实现阀门在弹簧力或电动机转矩作用下的开启。设有温感器装置的排烟阀,阀门开启后,在火灾温度达到动作温度时动作,阀门在弹簧力作用下关闭,阻止火灾沿排风管道蔓延。

1)排烟阀的分类

排烟阀按控制方式可分为电磁式和电动式两种;按结构形式可分为装饰型排烟阀、翻板型排烟阀和排烟防火阀;按外形可分为矩形和圆形两种。

2)常用的排烟阀

(1)排烟阀。它安装在排烟系统的风管上,平时阀的叶片关闭,火灾时烟感探头发出火警信号,使控制中心将排烟阀电磁铁的电源接通,叶片迅速打开,或人工手动迅速将叶片打开进行排烟。排烟阀构造与排烟防火阀相同,其区别是排烟阀无温度传感器。

(2)排烟防火阀。它安装的部位及叶片状态与排烟阀相同,其区别是它具有防火功能,当烟气温度达到 280 ℃时,可通过温度传感器或手动将叶片关闭。

(3)远控排烟阀。它安装在排烟系统的风管上或排烟口处,平时关闭。火灾时烟感器发出火警信号,控制中心向远程控制器的电磁铁通电,使排烟阀开启,或手动将阀门开启和复位。

（4）远控排烟防火阀。它的动作原理与远控排烟阀相同，区别在于它带温度传感器，具有防火功能，可手动将阀门开启或复位。

（5）板式排烟口。它安装在走道的顶板上或墙上和防烟室前，也可直接安装在排烟风管的末端，其动作方式与一般排烟阀相同。

（6）多叶排烟口。它是排烟阀和排风口的组合体，一般安装在走道或防烟室前、无窗房间的排烟系统上，排风口安装在防烟前室内的侧墙上，其动作方式与一般排烟阀相同。

（7）远控多叶排烟口和远控多叶防火排烟口。远控多叶排烟口和远控多叶防火排烟口的外形相同，区别为远控多叶排烟口无280℃温度传感器，其动作方式与远控排烟阀和远控排烟防火阀相同，安装的位置与多叶排烟口相同。

（8）电动排烟防火阀。它在阀门开启后可输出信号，当排烟管道空气温度达到280℃时，阀门自动关闭，同时发出关闭信号。阀门可手动复位，也可通电复位。

表5-2对比了常见防火阀与排烟阀的差异。

表5-2　常见防火阀、排烟阀的区别

分类	名称	基本功能	启闭状态	适用范围
防火类	防火阀	空气温度70℃或150℃（厨房用）时，温度熔断器或记忆合金自动关闭阀，可输出电信号，手动复位	常开	用于通风空调系统风管内，防止火势沿风道蔓延
	防火调节阀	空气温度70℃或150℃（厨房用）时，自动关闭阀，手动复位，风量调节，可输出关闭信号和联动信号	常开	用于通风空调系统需要调节风量的风管内，防止火势沿风管蔓延
	防火排烟阀	烟气温度280℃时自动关闭，手动复位，输出关闭信号和联动信号	常开	用于排烟系统风管上，防止火势沿排烟系统蔓延
排烟类	防烟防火阀	靠烟感器控制动作，用电信号控制关闭（防烟），也可在70℃时自动关闭	常开	用于通风空调系统风管内，防止火势沿风管蔓延或阻断烟气通过
	防烟防火调节阀	靠烟感器控制动作，用电信号控制关闭（防烟），也可在70℃时自动关闭，风量调节	常开	用于通风空调系统风量需要调节的风管内，防止火势沿风管蔓延或阻断烟气通过
	排烟阀	电信号开启或手动开启，输出电信号开启排烟风机	常闭	用于排烟系统的风管上
	排烟防火阀	电信号开启或手动开启，输出电信号开启排烟风机，烟气温度达到280℃开启，输出电信号开启排烟风机	常闭	用于排烟系统的风管上，排烟风机的吸入口上

3. 防排烟通风机

防排烟通风机可采用通用风机，也可采用防火排烟专用风机。常用的防火排烟专用风机有HTF系列、ZWF系列、W-X型等类型。烟温较低时可长时间运转，烟温较高时可连续运转一定时间，通常有两挡以上的转速。

第四节　空气调节系统的组成与分类

空气调节就是利用技术手段，对特定空间内的温度、湿度、清洁度、气流速度等影响室内环境的因素控制在一定的状态，以满足生产工艺或人体舒适的要求。空调技术在促进国民经济和科学技术的发展、提高人们的物质文化生活水平等方面都具有重要的作用。

一、空调系统的组成

空气调节系统一般主要由空气处理设备、输送设备、冷热源及控制、调节系统四部分组成，根据需要，它能组成许多不同形式的系统。如图 5-49 所示。

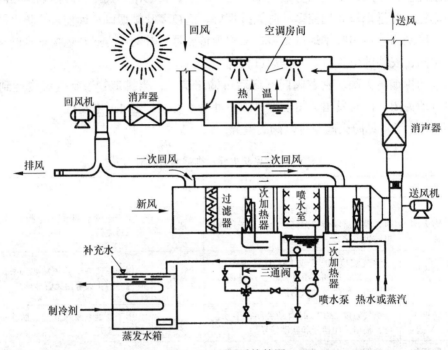

图 5-49   空调系统简图

1. 空气处理设备

通过热湿交换和净化，使室内空气或室内空气与室外新鲜空气的混合物达到要求的温湿度与洁净度的设备，称为空气处理设备。其作用主要是对空气进行加热、冷却、加湿、减湿、净化等处理。室内空气与室外新鲜空气被送到这里进行处理，达到要求的温度、湿度等空气状态参数。

2. 输送设备

就是把冷热源和待处理空气送入空气处理设备，并将处理后的空气送到空调房间。输送设备主要包括风道、风机、风口及其他配管等装置。

3. 冷热源设备

冷热源指为空气处理设备输送冷量和热量的设备，如锅炉房、冷冻站、制冷设备、热交换装置等。

4. 控制、调节系统

为保持温度、湿度、压力和风速等参数在所要求的预定范围并防止这些参数超出设定值。同时，还能够按照需要提供经济运行模式，即在预定的程序内，停止或启动设备，并按负荷的变化和需要，提供相应的系统输出量。在空调房间，控制调节系统可用于：

（1）改善或保持居住者的舒适，改善或保持各种生产过程的适宜条件和效率，以及产品储存的寿命和质量。

（2）防止过热和过冷，减低燃料和能源的消耗量，可节约大量运行费用。

（3）允许室内居住者，在预定的范围内，调节它们自身所需的室内环境参数。

二、空调系统的分类

随着空调技术的发展和新的空调设备的不断推出，空调系统的种类也在日益增多，设计人员可根据空调对象的性质、用途、室内设计参数要求、运行能耗以及冷热源和建筑设计等方面的条件合理选用。

空调系统的分类方法很多，根据服务对象的不同可分为工艺性空调、舒适型空调和洁净性空调等。应用于工业及科学实验的空调称为"工艺性空调"。对于现代化生产来说，工艺性空调更是必不可少的。工艺性空调根据不同的生产工艺各有侧重，一般来说对温湿度、洁净度的要求比舒适性空调高。比如：精密机械加工业与精密仪器制造业要求空气温度的变化范围不超过 $\pm 0.1\ \text{℃} \sim 0.5\ \text{℃}$，相对湿度变化范围不超过 5%；在电子工业中，不仅要保证一定的温湿度，还要保证空气的洁净度；纺织工业对空气湿度环境的要求较高；药品工业、食品工业以及医院的病房、手术室则不仅要求一定的空气温湿度，还需要控制空气清洁度与含菌数。因此，对于工艺性空调，应根据具体工艺的需要，并综合考虑必要的卫生条件来确定。

舒适性空调主要是从满足人体的舒适感出发，创造和保持适宜的室内环境，以利于人们的工作、学习和休息，保证工作和学习效率的提高，增进人们的健康。舒适性空调对室内环境也有温度、湿度、清洁度、风速等方面的要求，但对这些参数允许的波动范围不像工艺性空调那么严格。从室外空气参数、冷热源情况、经济条件和节能要求等方面综合考虑，不同形式的空调，对室内控制参数的要求也各不相同。

对于舒适性空调，根据我国《采暖通风与空气调节设计规范》中的规定，室内计算参数一般按下列数据选取。

夏季：温度在 24 ℃ ~28 ℃；相对湿度为 40% ~65%；风速不大于 0.3 m/s。

冬季：温度在 18 ℃ ~22 ℃；相对湿度为 40% ~60%；风速不大于 0.2 m/s。

1. 按空气处理设备的布置情况分

1）集中式空气调节系统

空气处理设备集中设置，处理后的空气经风道送至各空调房间。这种系统处理风量大，运行可靠，需要集中的冷、热源，便于管理和维修，但占用机房和空间比较大。如图 5-50 所示。

2）半集中式空调系统

在空调机房集中处理的部分或全部空气，送往空调房间，再由分散在各空调房间内的二次设备（也称末端装置）进行处理，以达到送风状态，这种空调形式被称为半集中式空调系统。如风机盘管系统，诱导器系统均属于这种形式。如图 5-51 所示。目前风机盘管系统得到了广泛应用。

3）分散式空调系统

分散式空调系统又称局部空调系统，这种系统的空气处理设备全部分散在空调房间或空调房间附近。空调房间使用的空调机组就属于此类。空调机组把空气处理设备、风机以及冷热源都集中在一个箱体内，形成一个非常紧凑的空调系统，如图 5-52 所示。根据用途不同有多种空调机组，常见的恒温恒湿机组，适用于全年要求恒温恒湿的房间；有用于解决夏季

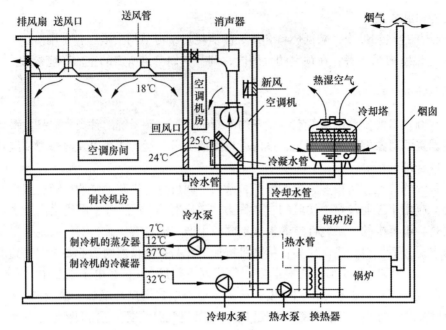

图 5-50　集中式空调系统示意图

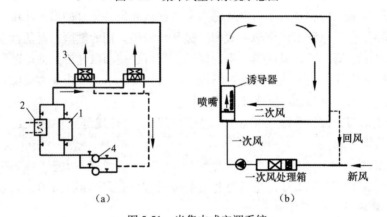

（a）　　　　　　　　　　　（b）

图 5-51　半集中式空调系统

（a）风机盘管空调系统；（b）诱导器系统

1—冷水机组；2—锅炉或热水机组；3—风机盘管；4—水泵

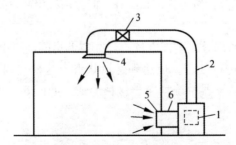

图 5-52　分散式空调系统

1—空调机组；2—送风管道；3—电加热器；4—送风口；5—回风口；6—回风管道

降温的冷风机组；有热泵式空调机组，可做降温、采暖和通风之用；此外还有屋顶式空调机组和用于高温环境的特种空调机组。如图 5-53 和图 5-54 所示。

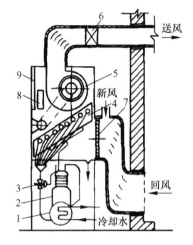

图 5-53　恒温恒湿空调机组

1—水冷式冷凝器；2—氟利昂制冷压缩机；3—膨
胀阀；4—蒸发器；5—风机；6—电加热器；7—空
气过滤器；8—电加湿器；9—控制屏

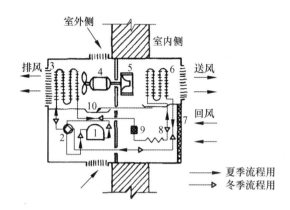

图 5-54　热泵型窗式空调器

1—压缩机；2—四通阀；3—室外侧盘管；4—电动机；
5—风机；6—室内侧盘管；7—空气过滤器；8—节流
毛细管；9—过滤器；10—凝结水盘

2. 按处理空气的来源分

1）全新风式（或称直流式）空气调节系统

全新风式空气调节系统的送风全部来自室外，经处理后送入室内，然后全部排至室外。

2）新、回风混合式（或称混合式）空气调节系统

这种系统的特点是空调房间送风，一部分来自室外新风，另一部分利用室内回风。这种既用新风，又用回风的系统，不但能保证房间卫生环境，而且也可减少能耗。

3）全回风式（或称封闭式）空气调节系统

这种系统所处理的空气全部来自空调房间，而不补充室外空气。全回风系统卫生条件差，耗能量低。

图 5-55 所示为按处理空气来源的空调系统示意图。

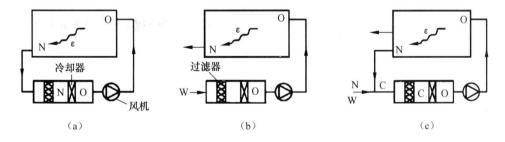

图 5-55　按处理空气的来源不同分类

（a）全回风式；（b）全新风式；（c）混合式；

N—室内空气；W—室外空气；C—混合空气；O—经冷却器后空气状态

3. 按负担热湿负荷所用的介质分

1）全空气式空气调节系统

在这种系统中，负担空气调节负荷所用的介质全部是空气。由于作为冷、热介质的空气的比热较小，故要求风道断面较大。全空气系统按送风量是否恒定又可分为定风量式系统和变风量式系统。按送风参数的数量也可分为单风道空调系统和双风道空调系统。如图 5-56 和图 5-57 所示。

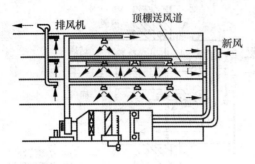

图 5-56　单风道空调系统

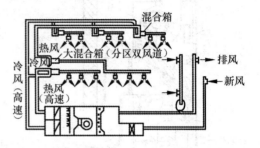

图 5-57　双风道空调系统

普通集中式空调系统的送风量是全年不变的，并且按最大热湿负荷确定送风量。但实际上房间热湿负荷不可能经常处于最大值。这样造成了能量的大量浪费和不能满足人体的舒适需要。如果采用减少送风量的方法来保持室温不变，则可大量减少风机能耗。这种系统的运行相当经济，对大型系统尤其显著。国外对变风量系统的研究和应用已相当广泛。我国因经济和技术原因，目前还没有得到推广。寻找一种经济、实用的适合中国国情的变风量空调系统正处于研究之中。

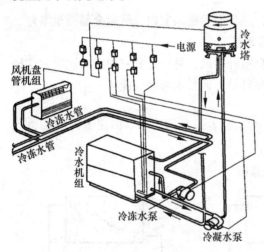

图 5-58　风机盘管空调系统

2）空气—水式空气调节系统

空气—水式空调系统负担空调负荷的介质既有空气也有水。由于使用水作为系统的一部分介质，从而减少了系统的风量。根据设在房间内的末端设备形式可分为以下三种系统。

（1）空气—水风机盘管系统：指在房间内设置风机盘管的空气—水系统。

风机盘管空调系统主要是由一个或多个风机盘管机组、冷热源、水泵、管路供应系统组成，其结构如图 5-58 所示。冷水机组用来供给风机盘管需要的低温水，室内空气通过空调器的注满低温水的换热器时，使室内空气降温冷却。锅炉可给风机盘管制备热水，热水的温度通常为 60 ℃左右。水泵的作用是使冷水（热水）在制冷（热）系统中不断循环。

管路系统有双管、三管和四管系统，目前我国较广泛使用的是双管系统。双管系统采用两根水管，一根回水管，一根供水管。夏季送冷水，冬季送热水。如图 5-59 所示。

新风加风机盘管系统式空调系统的组成能够实现居住者的独立调节要求，目前广泛应用于旅馆、公寓、医院、大型办公楼等建筑。

（2）空气—水诱导器系统：指在房间内设置诱导器（带有盘管）的空气—水系统。如图 5-60 所示。诱导式空调系统是由一次空气处理室、诱导器、风道、风机所组成。

（3）空气—水辐射板系统：指在房间内设置辐射板（供冷或采暖）的空气—水系统。辐射板空调系统主要是在吊顶内辐射辐射板，靠冷辐射面提供冷量，使室温下降，从而除去房

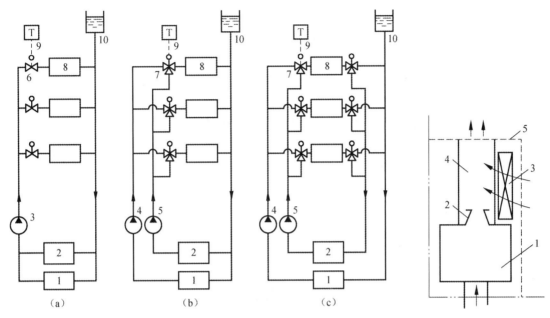

图 5-59　风机盘管式空调的供水系统

（a）双管系统；（b）三管系统；（c）四管系统

1—热源；2—冷源；3—冷、热水泵；4—热水泵；5—冷水泵；6—二通阀；

7—三通阀；8—风机盘管；9—温度控制器；10—膨胀水箱

图 5-60　诱导式空调系统

1—静压箱；2—喷嘴；

3—冷热盘管；4—混合室；

5—箱体或隔板

间的显热负荷。水辐射板系统除湿能力和供冷能力都比较弱，只能用于单位面积冷负荷和湿负荷均比较小的场所。

3）全水式空气调节系统

这种系统中负担空调负荷的介质全部是水。由于只使用水作介质而节省了风道。但是，由于这种系统是靠水来消除空调房间的余热、余湿，解决不了空调房间的通风换气问题，室内空气品质较差，用得较少。

4）制冷剂式空气调节系统

在制冷剂式系统中，负担空调负荷所用的介质是制冷剂。

图 5-61 为按承担空调负荷介质的空调系统示意图。

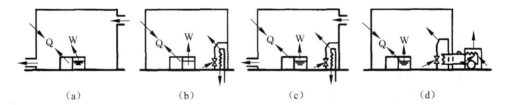

图 5-61　按承担空调负荷的介质分类示意图

（a）全空气系统；（b）全水系统；（c）空气—水系统；（d）制冷剂系统

4. 按风道中空气流速分

1）高速空气调节系统

高速空调系统风道中的流速可达 20～30 m/s。由于风速大，风道断面可以减小许多，故可用于居高受限、布置管道困难的建筑物中。

2）中速空气调节系统

中速空调系统风道中的流速一般为 8 ~ 12 m/s。

3）低速空气调节系统

低速空调系统风道中的流速一般为小于 8 m/s。风道断面较大，需占较大的建筑空间。

第五节　空调房间的气流组织

大多数空调与通风系统都需向房间或被控制区域送入和（或）排出空气，不同形状的房间、不同的送风口和回风口形式和布置、不同大小的送风量都影响着室内空气的流速分布、温湿度分布和污染物浓度分布。室内气流速度、温湿度都是人体热舒适的要素，而污染物的浓度是空气品质的一个重要指标。因此，要想使房间内人群的活动区域（称工作区）成为一个温湿度适宜、空气品质优良的环境，不仅要有合理的系统形式，而且还必须有合理的空气分布。空气分布又称为气流组织，也就是设计者要组织空气合理的流动。

在空调房间中，经过处理的空气由送风口进入房间，与室内空气进行热质交换后，经回风口排出。空气的进入和排出，必然引起室内空气的流动，而不同的空气流动状况有着不同的空调效果。合理地组织室内空气的流动，使室内空气的温度、湿度、流速等能更好地满足工艺要求和符合人们的舒适感觉，这就是气流组织的任务。

例如，在恒温精度要求高的计量室，应使工作区具有稳定和均匀的空气温度，区域温度应小于一定值；体育馆的乒乓球赛场，除有温度要求外，还希望空气流速不超过某一定值；在净化要求很高的集成电路生产车间，则应组织车间空气的平行流动，把产生的尘粒压至工件的下风侧并排除掉，以保证产品质量。还有，在某些民用建筑中，夏季送入的冷风如果直接进入空调区，由于送风温差大，人们较长时间停留就会感到不适。为避免此情况，可将冷风与室内空气充分混合后再吹入空调区。

由此可见，气流组织直接影响室内空调效果，是关系着房间工作区的温湿度基数、精度及区域温差、工作区的气流速度及清洁程度和人们舒适感觉的重要因素，是空气调节的一个重要环节。因此在工程设计中，除了考虑空气的处理、输送和调节外，还应根据空调要求，结合建筑结构特点及工艺设备布置等条件，合理地确定气流组织形式。按照送风口位置的相互关系和气流方向，空调房间的送风方式按其特点可归纳为侧送风、孔板送风、散流器送风、条缝送风、喷口送风等。

一、侧送风

侧送风是一种最常用的气流组织方式，它具有结构简单、布置方便和节省投资等特点。室温允许波动范围等于或大于 ±0.5 ℃的空调房间均可采用。一般以贴附射流形式出现，工作区通常是回流。其贴附射流的形式有如图 5-62 所示的四种：

（1）单侧上送上回、下回或走廊回风。

（2）双侧外送上回风。

（3）双侧内送下回或上回风。

（4）中部双侧内送上下回或下回、上排风。

对于侧送这种气流组织方式，送风口一般沿房间的进深方向布置，送风射程通常在 3 ~ 8 m；

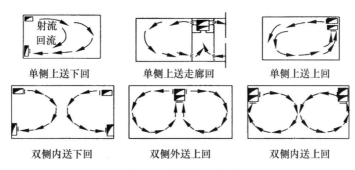

图 5-62　送风气流流型

房间高度在 3 m 以上；送风口尽量靠近顶棚设置，或设置向上倾斜10°～20°的导流叶片，以形成贴附射流。图 5-63 是几种常用的布置实例，其中图 5-63（a）是将回风管道设在室内或走廊内；图 5-63（b）则利用送风干管周围的空间作为回风干管（吊顶是封闭的）；图 5-63（c）是利用走廊回风。

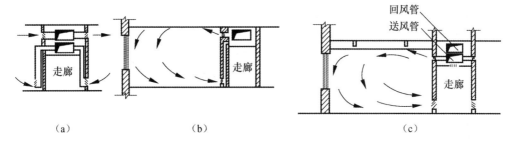

图 5-63　侧向送风的布置实例

　　一般层高的小面积空调房间宜采用单侧送风。若房间长度较长，单侧送风射程不能满足需要时，可采用双侧送风。中部双侧送回风适用于高大厂房。

　　侧送风的风口一般采用百叶式风口，如图 5-64 所示。风口可直接安装在风管或墙上。单层百叶风口可调节送风气流风向，双层百叶风口还能在一定范围内调节气流的速度。

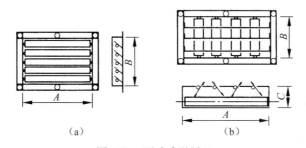

图 5-64　百叶式送风口

（a）单层百叶风口；（b）双层百叶风口

二、孔板送风

　　孔板送风是将空气送入顶棚上面的稳压层中，在稳压层的作用下，通过顶棚上的大量小孔均匀地送入房间。可以利用顶棚上面的整个空间作为稳压层。也可以专设稳压箱作为稳压层。稳压层的净高应不小于 200 mm。孔板可用铝板、塑料板、木丝板、五夹板、硬纤维板、石膏板等材料制作，孔径一般为 4～10 mm，孔距为 40～100 mm。整个顶棚全部是孔板的叫做全面孔板送风,只在顶棚的局部设置孔板的叫做局部孔板送风。如图 5-65 所示。

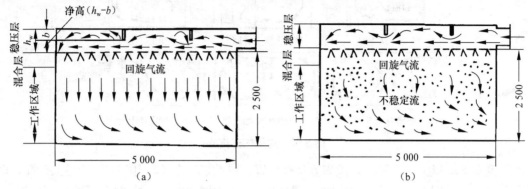

图 5-65 全面孔板流型

(a) 下送单向流;(b) 不稳定流

孔板送风的特点是射流的扩散和混合较好,工作区温度和速度分布较均匀。因此,对于区域温度差与工作区风速要求严格、单位面积风量比较大、室温允许波动范围较小的空调房间,宜采用孔板送风的方式。全面孔板在一定设计条件下可形成下送单平行流或不稳定流,前者适用于对洁净度要求高的房间,后者则适用于室温允许波动范围较小且气流速度较低的空调房间。

采用局部孔板送风时,在孔板下部同样可以形成平行流或不稳定流,但在孔板的周围则形成回旋气流。

三、散流器送风

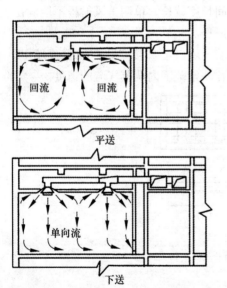

图 5-66 散流器送风(平送和下送)

散流器是装在顶棚上的一种送风口,它具有诱导室内空气使之与送风射流迅速混合的特性。用散流器送风有平送和下送两种方式。如图 5-66 所示。它的送风射程和回流的流程都比侧送短,通常沿着顶棚和墙形成贴附射流,而不是直接射入工作区,射流扩散比较好。

1. 平送方式

一般适用于对室温波动范围有要求,层高较低且有顶棚或技术夹层的空调房间,能保证工作区的温度和风速稳定、均匀。平送式散流器一般采用对称布置,间距为 3 ~ 6 m,散流器的中心离墙距离一般不小于 1 m。

2. 下送方式

一般要求有一定的布置密度,以便较好地覆盖工作区,管道布置复杂。这种方式主要适用于有高度净化要求的车间,房间高度以 3.5 ~ 4.0 m 为宜,散流器间距一般不超过 3 m。

散流器有盘式散流器、圆形直片散流器、方形片式散流器、直片形送吸式散流器以及流线型散流器等。常用的是结构简单、投资较省的盘式或方形片式散流器。图 5-67 是几种常见散流器结构示意图。

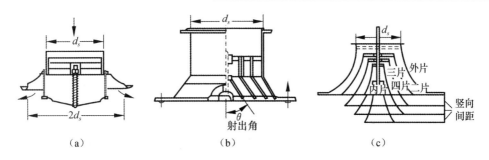

图 5-67 常见散流器的结构示意图

(a) 盘式；(b) 圆形直片式；(c) 流线型

四、喷口送风

喷口送风是大型体育馆、礼堂、剧院、通用大厅以及高大空间的工业厂房或公用建筑等常用的一种送风方式。由高速喷口送出的射流带动室内空气使其强烈混合，在室内形成大的回旋气流，工作区一般处于回流中，如图 5-68 所示。这种送风方式射程远、系统简单、节省投资，广泛应用于高大空间以及舒适性空调建筑中。

喷口有圆形和扁形两种。圆形喷口的结构如图 5-69 (a) 所示。为提高喷口的使用灵活性，也可做成图 5-69 (b) 的形式，这种喷口既能调节送风方向又能调节送风量。

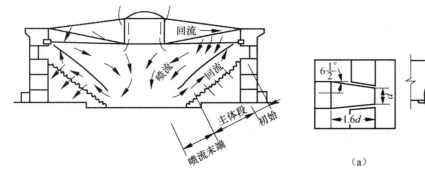

图 5-68 喷口送风流型

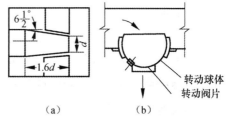

图 5-69 喷口结构示意图

(a) 圆形喷口；(b) 球形转动喷口

采用喷口送风时，喷口直径一般在 $0.2 \sim 0.8$ m，喷口的安装高度应通过计算来确定，一般为房间高度的 $0.5 \sim 0.7$ 倍。

五、条缝送风

条缝送风属于扁平射流，与喷口送风相比，射程较短，温差与速度衰减较快。因此适用于散热量大且只要求降温的房间或民用建筑的舒适性空调。目前，我国大部分的纺织厂空调均采用条缝送风方式。在一些高级民用和公共建筑中，可与灯具配合布置条缝送风口。如图 5-70 所示。

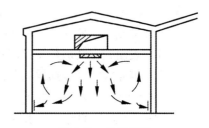

图 5-70 条缝送风

六、回风口

空调房间的气流流型主要取决于送风口，回风口位置对气流的流型和区域温差影响较小。因此，除高大空间或面积较大的空调房间外，一般可在一侧集中布置回风口。

侧送方式的回风口一般设在送风口同侧下方；孔板和散流器送风的回风口则设在房间的下部；高大厂房上部有一定余热时，宜在上部增设排风口或回风口；有走廊的空调房间，如对消声、洁净度要求不高，室内又不排出有害气体时，可在走廊端头布置回风口集中回风，而各空调房间与走廊邻接的门或内墙下侧应设置百叶栅口，以便回风进入走廊。走廊回风是为防外界空气侵入，走廊两端应设密闭性较好的门。

回风口的构造比较简单，类型也不多。常用的回风口形式有单层百叶风口、固定格栅风口、网板风口、箅孔或孔板风口等。回风口的形状和位置根据气流组织要求而定。若设在房间下部时，为避免灰尘和杂物吸入，风口下缘离地面至少0.15 m。

综上所述，空调房间的气流组织方式有很多种，在实际使用中，尚需根据工程对象的需要，灵活运用。同时，房间内气流组织还与室内热源分布、玻璃窗的冷热对流气流、工艺设备及人员流动等因素有关。因此，组织好室内气流是一项复杂的任务。

第六节　空气处理设备

空气调节的含义就是对空调房间内的空气参数进行调节，因此对空气进行处理是空调必不可少的过程，对空气处理的主要过程包括加热、冷却、加湿、减湿、净化等一种或几种处理手段来完成。

空气处理的设备有很多，主要有以下几种：空气加热设备、空气冷却设备、空气加湿和减湿设备、空气净化设备、消声和减振设备等。

根据各种热湿交换设备的特点不同，可将它们分成两大类：接触式热湿交换设备和表面式热湿交换设备。在所有的热湿设备中，表面式换热器和喷水室应用最广。

一、表面式换热器

表面式换热器是让媒质通过金属管道对空气进行加热或冷却的。采用这种方式时，空气和媒质之间并无直接接触，换热在金属管道表面进行，故称为表面式换热器。

表面式换热器具有构造简单、占地少、水质要求不高，水系统阻力小等优点，所以在机房面积较小的场合，特别是高层建筑的舒适型空调中得到了广泛的应用。

表面式换热器多用肋片管，如图5-71所示。管内流通冷、热水、蒸汽或制冷剂，空气掠过管外与管内介质换热。制作材料有铜、钢和铝。表面式换热器根据空气流动方向可以并联或串联安装。通常是通过的空气量大时采用并联；需要空气温升大时（或降温大时）采用串联。

表面式换热器包括空气加热器和表面式冷却器两大类。

（1）表面式空气加热器：用热水或蒸汽做热媒，可以实现对空气的等湿加热过程。

（2）表面式空气冷却器：用冷水或制冷剂做冷媒，可以实现对空气的等湿和减湿冷却过程，过程的实现取决于表面式冷却器的表面温度是高于还是低于空气的露点温度。

表面式换热器的冷、热水管路上一般装有阀门，用来根据负荷的变化调节水的流量，以保证出口空气参数控制要求。

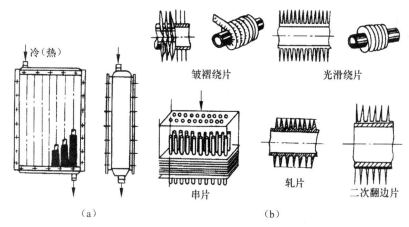

图 5-71 肋管式空气换热器外形与构造

（a）外形；（b）构造

二、喷水室

喷水室由于具有能够实现多种处理过程，有一定的净化空气能力、金属耗量少等优点，曾被广泛地应用于空调工程中。但是，它也有水质要求高、占地面积大、水泵耗能多等缺点。所以，目前在一般建筑中已不常使用，当空调房间的生产工艺要求严格控制相对湿度（如化纤厂）或要求具有较高的相对湿度（如纺织厂）时，用喷水室处理空气的优点尤为突出。

喷水室类型有四种，即普通低速喷水室（立式、卧式）、高速喷水室、带填料层的喷水室和双级喷水室。

1. 普通低速喷水室

普通低速喷水室分为立式和卧式两种形式。

1）立式低速喷水室

它的特点是立式喷水室与卧式相比，占地面积较小，空气自下而上与水接触，热湿交换效果好。一般在处理风量小或空调机房层高允许的地方采用。如图5-72 所示。

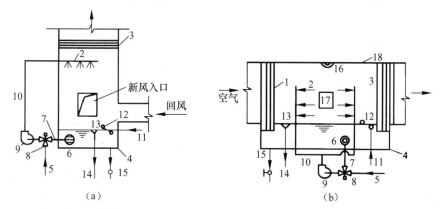

图 5-72 喷水室的结构图

（a）立式；（b）卧式

1—前挡水板；2—喷嘴与排管；3—后挡水板；4—底池；5—冷水管；6—滤水器；7—循环水管；8—三通阀；9—水泵；10—供水管；11—补水管；12—浮球阀；13—溢水器；14—溢水管；15—泄水管；16—防水灯；17—检查门；18—外壳

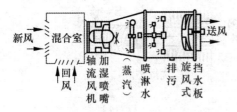

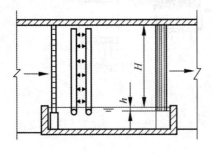

图 5-73　高速喷水室

2）卧式低速喷水室

它的特点是具有一般喷水室的典型特点。可以实现加热、冷却、加湿和减湿等多种空气处理过程，具有一定的空气净化能力。但与表面式换热器相比，体积庞大，占地面积大，水系统复杂，水质卫生要求高，对设备腐蚀性大，运行维修费用高，效率较低。如图 5-72 所示。

2. 高速喷水室

高速喷水室断面积由于风速高而明显减小，前挡水板采用机翼形，后挡水板采用双波纹形以减小空气阻力。末端喷嘴至后挡水板的间距增大，以增加空气和水的接触时间。使用喷射角大，喷水量小，雾化效果好的离心喷嘴。喷水室的喷水系数小，喷嘴密度大，喷水压力较低，从而可以用较少的喷水量处理较多的空气量，节约水泵的能耗。如图 5-73 所示。

3. 带填料层的喷水室

喷水系数小，耗水量极少。对空气的净化作用好。适用于空气加湿或者蒸发式冷却，如图 5-74 所示。

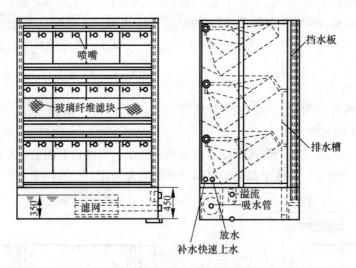

图 5-74　带填料层的喷水室

4. 双级喷水室

被处理空气的温降、焓降较大，且空气的终状态一般可达饱和：Ⅰ级喷水室空气温降大于Ⅱ级，Ⅱ级喷水室的空气减湿量大于Ⅰ级，如图 5-75 所示。

三、空气的加湿

在空调工程中，有些生产工艺需要对空气进行加湿和减湿处理，以增加空气的含湿量和相对湿度，满足生

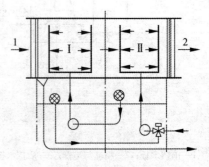

图 5-75　双级喷水室

产工艺的要求。

对空气的加湿方法很多，有喷水室，还有喷雾加湿和喷蒸汽加湿等。喷雾加湿设备有压缩空气喷雾加湿机、电动喷雾机等。喷蒸汽加湿设备有电热式加湿器和电极式加湿器等。

1. 蒸汽加湿器

把蒸汽喷入空气中直接对空气进行加湿的方法称为喷蒸汽加湿。蒸汽喷灌是最简单的加湿装置，它有直径略大于供汽管的管段组成，管段上开有多个小孔。蒸汽在管网压力作用下由小孔喷出混入空气。其构造如图 5-76 所示。它的特点是节省电能，加湿快、均匀、稳定，不带水滴，不带细菌，设备简单，运行费用低。因此在空调工程中得到广泛的使用。但是，因在加湿过程中会产生异味或凝结水滴，对风道有锈蚀作用，不适于一般舒适性空调系统。

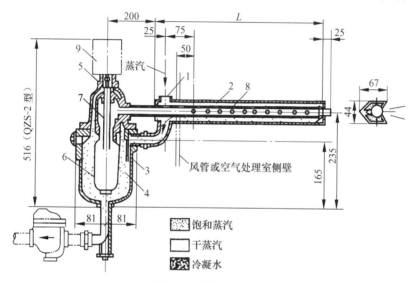

图 5-76 干蒸汽加湿器

1—接管；2—外套；3—挡板；4—分离室；5—阀孔；6—干燥室；
7—消声腔；8—喷管；9—电动或气动执行机构

2. 电加湿器

电加湿器包括电热式加湿器和电极式加湿器两种。

1）电热式加湿器

电热式加湿是将放置在水槽中的管状电加热元件通电后，把水加热至沸腾，产生蒸汽的加湿设备。如图 5-77 所示。它由管状电加热器，防尘罩和浮球开关等组成。管状电加热元件是由电阻丝在绝缘密封管内组成的。加湿器上还应装有给水管并于自来水相连，箱内水位由浮球阀控制。供电线路上应装有电流控制设备，当需要蒸汽多时，增大供电电流。反之，减小供电电流。送汽管应装有电动调节阀，电动调节阀由装在空气中的湿度敏感元件控制，从而确保加湿空气的相对湿度。这种方式主要用于空调机组中。

2）电极式加湿器

电极式加湿器是在水中放入电极，电流从水中通过，加热水产生蒸汽的设备。其构造如图 5-78 所示。它由外壳、保温层、三根铜棒电极、进水管、溢水管和接线柱等组成。

电极式加湿器结构紧凑，加湿量易于控制，但耗电量较大，电极上容易产生水垢和腐蚀，因此适用于小型空调系统。

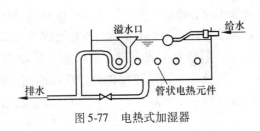

图 5-77　电热式加湿器

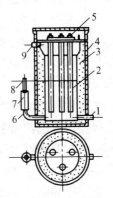

图 5-78　电极式加湿器

1—进水管；2—电极；3—保温层；4—外壳；5—接线柱；6—溢水管；7—橡皮短管；8—溢水嘴；9—蒸汽出口

四、空气的减湿

空气的减湿处理对于某些要求相对湿度较小的生产工艺和产品储存具有十分重要的作用，在我国南方比较潮湿的地区或地下建筑里、仪表加工、档案室及各种仓库等场合，均需要对空气进行除湿，这也是空调工程的一项主要任务。

不同的除湿方法各有优缺点，应根据除湿的要求，除湿房间的面积、热源、冷源和当地气象条件等具体情况，选用经济合理的除湿方法。目前空调系统常用的除湿方式除前面所说的利用表面式冷却器和喷水室除湿外，还有加热通风法除湿、冷冻除湿、液体吸湿剂除湿和固体吸湿剂除湿。

1. 加热通风法除湿

向空调房间送入热风或直接在空调房间进行加热来降低室内空气相对湿度的方法，称加热通风法除湿。实践证明，当室内的含湿量一定时，空气的温度每升高1℃，相对湿度降低5%。但空气的等湿升温过程并不能减少含湿量，只能降低相对湿度，也就是不能真正的除湿。加热除湿必须有新的干空气和室内湿空气交换，才能将室内的水分带出室外，从而降低室内含湿量。优点是方法简单，投资少，运行费用低，但受自然条件的限制，不能确保室内的除湿效果。

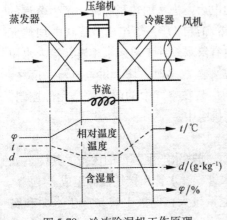

图 5-79　冷冻除湿机工作原理

2. 冷冻除湿机

冷冻除湿法就是利用制冷设备，将被处理的空气降低到它的露点温度以下，除掉空气中析出的水分，再将空气温度升高，达到除湿的目的。

图 5-79 就是冷冻除湿机的工作原理图。制冷剂经压缩——冷凝——节流——蒸发——压缩反复循环而连续制冷，制冷系统的蒸发器表面温度低于空气的露点温度，空气中的水蒸气在此被凝结出来，含湿量降低，温度降低，达到除湿目的。被除湿降温的空气，经过冷凝器时，待空气获得热量，温度升高，由风机送入室内使用。

冷冻除湿机的主要优点是除湿性能稳定可靠，管理方便，能连续除湿。只要有电源的地方就可以使用。它的缺点是初投资和运行费用高，噪声大。在低温下运行性能很差，适宜于空气露点温度高于 4 ℃的场所，特别适用于需要除湿升温的地下建筑。

3. 固体吸湿剂减湿

固体减湿是利用固体吸湿剂（或称干燥剂）的作用，使空气中的水分被吸湿剂吸收或吸附。常见的固体吸湿材料有硅胶、铝胶和活性炭等。固体除湿剂除湿的原理是因为其内部有很多孔隙，孔隙中原有少量的水，由于毛细管作用使水面呈凹形，凹形水面的水蒸气分压力比空气中水蒸气分压力低，空气中水蒸气被固体吸湿剂吸收，达到除湿的目的。

用固体吸附来减湿，其特点之一是固体在吸附过程中，往往要放出热量。因此，在使用固体吸湿后，常设置空气冷却器冷却空气，使空气温度接近常温后再进行其他处理。

由于固体吸湿剂在吸湿达到饱和后，将失去吸湿效能，因此采用固体吸湿的方法必须设置一套完整的吸湿、再生系统，并要求其吸湿、再生能按时自动转换，以便操作、管理和使用。

如图 5-80 为一套具有吸湿、再生功能，可以手动或自动转换的固体干燥减湿系统原理图。为保证减湿的连续进行，在系统中设置了两只干燥筒，在一只吸湿饱和之后，转换用另一只，而对已吸湿饱和的干燥筒则引进加热的空气，使吸湿剂脱水再生。

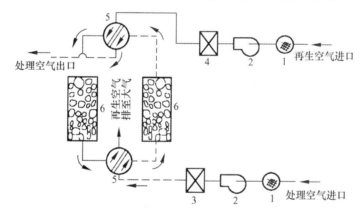

图 5-80　固体干燥剂减湿系统

1—空气滤网；2—风机；3—空气冷却器；4—空气加热器；5—转换阀门；6—固体干燥剂筒

如图 5-81 为带有冷却盘管的转筒式固体减湿系统原理图。它的特点是：依靠固体干燥器转筒定时转动来实现处理空气减湿和固体吸湿（如分子筛）的再生。

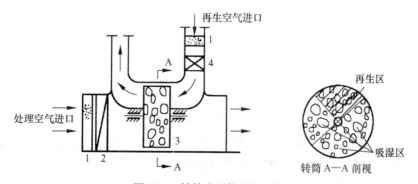

图 5-81　转筒式固体除湿系统

1—空气滤网；2—空气冷却器；3—吸湿转筒；4—空气加热器

4. 液体吸湿剂减湿

液体减湿系统的构造与喷水室类似，但多了一套液体吸湿剂的再生系统。其工作原理是一些盐水溶液表面的饱和水蒸气分压力低于同温度下的水表面饱和水蒸气分压力，因此当空气中的水蒸气分压力高于盐水表面的水蒸气分压力时，空气中的水蒸气将会析出被盐水吸收。这类盐水溶液称为液体吸湿剂。盐水溶液喷淋空气吸收了空气中的水分后浓度下降，吸湿能力减弱，因此需要再生。再生方式一般是加热浓缩。

液体吸湿剂是蒸汽分压力低，不易结晶，加热后性能稳定、黏性小且无毒性的溶液。常用的有氯化锂、三甘醇和氯化钙等水溶液。

如图 5-82 为蒸发冷凝再生式液体减湿系统。在喷液室中，因吸收空气中水分而稀释的溶液流入溶液箱，与来自热交换器的浓溶液混合。混合溶液由溶液泵抽出，一部分经溶液冷却器冷却，再次送入喷液室；另一部分经热交换器加热后，排至蒸发器。在蒸发器内，溶液被加热、浓缩，然后由再生溶液泵抽出经热交换器冷却后送入溶液箱。而从蒸发器出来的水蒸气进入冷却器冷凝，最后与冷却水混合排入下水道。

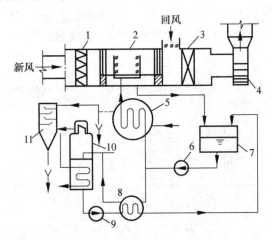

图 5-82 再生式液体减湿系统

1—过滤器；2—喷液室；3—空气冷却器；4—风机；5—溶液冷却器；6—溶液泵；7—溶液箱；
8—热交换器；9—再生溶液泵；10—蒸发器；11—冷凝器

这种减湿方法的优点是空气减湿幅度大，可用单一的处理过程得到需要的送风参数，避免了空气处理过程中的冷热抵消现象。缺点是系统比较复杂，设备受盐类腐蚀比较严重，维护麻烦。

五、空气的净化

空气中的尘埃不仅对人体的健康不利，而且还会影响室内环境的清洁以及生产工艺的正常运行。因此，在某些空调房间中，除对空气的温湿度有一定的要求外，还对空气的洁净度有一定的要求。制药车间、医学实验室和医院手术室等要求室内无菌、无尘；电子、精密仪器等工业对空气环境洁净程度的要求，远远高于人体从卫生角度的要求。所有这些要求空调房间内空气达到一定洁净程度的空调工程均称为净化空调工程。

空气净化常用的方法有除尘、消毒、除臭以及离子化等，最常用的方法就是利用过滤器对空气进行净化处理。过滤器的滤尘机理主要是利用纤维对尘粒的惯性碰撞、拦截、扩散、静电等作用，达到净化空气的目的。

空气过滤器如图 5-83 所示，按其效率可分为粗效过滤器、中效过滤器、高效过滤器等。表 5-3 是各种过滤器的技术指标。

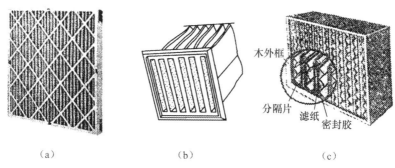

图 5-83 空气过滤器

(a) 粗效过滤器；(b) 中效过滤器；(c) 高效过滤器

表 5-3 各种过滤器的分类

类 别	有效捕集的尘粒 直径/μm	适应的含尘 浓度/(mg·m⁻²)	过滤效率/% （测定方法）
粗效	>5	<10	<60（大气尘计重数）
中效	>1	<1	60~90（大气尘计重数）
亚高效	<1	<0.3	≤90（对立径为 0.3 的尘粒计数法）
高效	<1	<0.3	≥99.97（对立径为 0.3 的尘粒计数法）

空气过滤器按作用原理可分为金属网格浸油过滤器、干式纤维过滤器和静电过滤器等三类。

1. 金属网格浸油过滤器

这种过滤器由多层波形金属网格叠置而成，按层次不同，沿空气流动方向网格孔径逐渐缩小。在网格上涂有黏性物质（油类）。当空气经过过滤器时，因多次曲折运动，灰尘在惯性作用下偏离气流方向触及网格而被黏住。这类过滤器网格愈密、层数愈多，其滤尘效果愈好，但气流阻力也愈大。

2. 干式纤维过滤器

这是利用各种纤维作为滤料组装而成的空气过滤器，常用的滤料有合成纤维、玻璃纤维纸等，不同滤料的过滤器，其滤尘效果不同，这主要取决于尘粒直径、滤料纤维的粗细和密实、过滤风速和附尘的影响等几种因素。

3. 静电过滤器

静电过滤器是利用高压电极对空气电离，使尘粒带电，然后在电场作用下产生定向运动实现对空气的过滤。

过滤器使用一段时间后，由于积尘过多，将会影响其效能。因此，每过一定的时间，需将滤料取出更换或清洗后再用。为了维护方便，在干式过滤器中，可采用自动卷绕式过滤器，如图 5-84 所示。根据过滤器前后的压差变化，通过机械控制将滤料自动卷绕，每卷滤料可使用半年以上，用过的滤料进行一次性清洗。

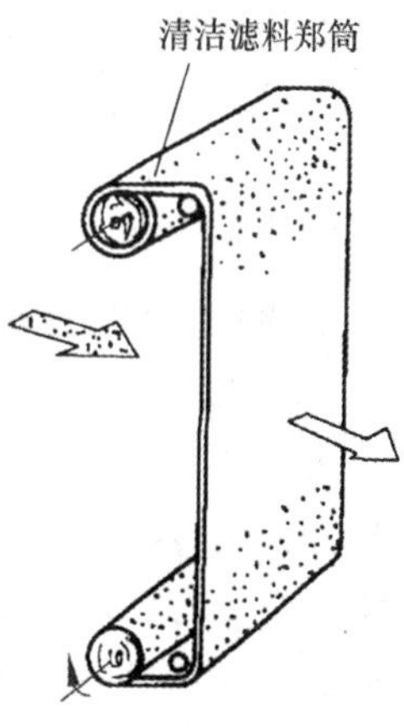

图 5-84 自动卷绕式过滤器

六、组合式空调箱

在空调工程实践中，为满足各种空气处理的需要和便于设计、施工安装，常将各种空气处理设备根据空气处理的不同需要，以不同的方式组合，构成空气综合处理设备——空调箱。

组合式空调箱就是将各种空气处理设备，如加热、冷却、加湿、净化、消声等设备和风机、阀门等组成的单元体（带箱体）。单元体可根据需要进行组合，成为实现不同空气处理要求的设备。单元体一般有过滤段（包括粗效和中效过滤段）、消声段、风机段（包括送风机和回风机段）、加热段（包括一次和二次加热段）、冷却段、加湿段及混合段、中间段等，有的还设有能量回收装置。图 5-85 为典型的组合式空调箱，它具有较完整的功能段。实际工程中，应根据工程的需要增减各种功能段。在选择组合式空调机时，应注意其声功率级噪声值不应大于规范的规定。

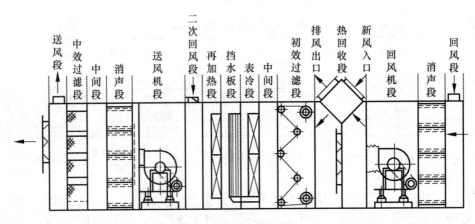

图 5-85　组合式空调箱

第七节　空调冷源

"制冷"就是使自然界的物体或空间达到低于周围环境的温度，并使之维持这个温度。随着工业、农业、国防和科学技术现代化的发展，制冷技术在各个领域都得到了广泛的应用，特别是空气调节和冷藏，直接关系到很多部门的生产和人们生活的需要。

一、空调系统的冷源

空调系统的冷源分为天然冷源和人工冷源。

1. 天然冷源

天然冷源包括一切可能提供低于环境温度的天然事物，如天然冰、深湖水、地下水等都可作为天然冷源。其中地下水是最为常用的一种天然冷源。在我国大部分地区，用地下水喷淋空气都具有一定的降温效果，特别是在北方地区，由于地下水的温度较低，可以采用地下水或深井水满足空调系统冷却空气的需要。采用深井水做冷源时，为了防止地面下沉，需要采用深井回灌技术。

地道风（包括地下隧道、人防地道以及天然隧洞）也是一种天然冷源。由于夏季地道壁面的温度比外界空气的温度低得多，因此在有条件利用时，使空气通过一定长度的地道，也能实现冷却或减湿冷却的处理过程。有的国家的海滨建筑采用深海水作为天然冷源用于空调系统是一项很好的建筑节能措施。

但由于天然冷源受时间、地区条件的限制，不可能经常满足空调工程的需要，因此，目前世界上用于空调工程的主要冷源仍然是人工冷源，即人工制冷。

2. 人工冷源

由于天然冷源往往难以获得，在实际工程中，主要是采用人工冷源。世界上的第一台制冷装置诞生于19世纪中叶，从此，人类开始使用人工冷源。人工冷源是指使用制冷设备制取的冷量。空调系统采用人工冷源制取的冷冻水或冷风来处理空气时，制冷机是空调系统中耗能量最大的设备。

实现人工冷源的方法有很多种，它是以消耗一定的能量（机械能或热能）为代价，实现使低温物体的热量向高温物体转移的一种技术。制冷技术分为普通制冷（高于 – 120 ℃）、深度制冷（ – 120 ℃ ~ – 253 ℃）、低温和超低温制冷（ – 253 ℃）三类。空气调节用制冷属于普通制冷范围（高于 – 120 ℃）。

二、制冷系统的工作原理

制冷过程的实现需要借助一定的介质——制冷剂来实现。利用"液体气化要吸收热量"这一物理现象把热量从要排出热量的物体中吸收到制冷剂中来，又利用"气体液化要放出热量"的物理现象把制冷剂中的热量排放到环境或其他物体中去。由于需要排热的物体温度必然低于或等于环境或其他物体的温度，因此要实现制冷剂相变时吸热或放热过程，需要改变制冷剂相变时的热力工况，使液态制冷剂气化时处于低温、低压状态，而气态制冷剂液化时处于高温、高压状态。实现这种不同压力变化的过程，必定要消耗功。根据实现这种压力变化过程的途径不同，制冷形式主要可分压缩式、吸收式和蒸汽喷射式三种。目前采用得最多的是压缩式制冷和吸收式制冷。

1. 压缩式制冷

蒸汽压缩式制冷是利用液态制冷剂在一定压力和低温下吸收周围空气或物体的热量汽化而达到制冷的目的。图5-86为蒸汽压缩式制冷机的工作原理图。机组是由压缩机、冷凝器、膨胀阀和蒸发器等四部分组成的封闭循环系统。当低温低压制冷剂气体经压缩机被压缩后，成为高压高温气体；接着进入冷凝器中被冷却水冷却，成为高压液体；再经膨胀阀减压后，成为低温低压的液体；最终在蒸发器中吸收被冷却介质（冷冻水）的热量而汽化。如此不断地经过压缩、冷凝、膨胀、蒸发四个过程，液态制冷剂不断从蒸发器中吸热而获得冷冻水，作为空调系统的冷源。

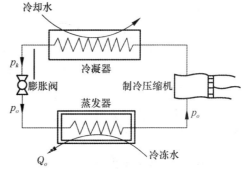

图5-86 压缩式制冷系统原理图

制冷剂是在制冷机中进行制冷循环的工作物质。目前常用的制冷剂有氨和氟利昂。氨（R717）的单位容积制冷能力强，蒸发压力和冷凝适中，吸水性好，不溶于油，且价格低廉，来源广泛；但氨的毒性较大，且有强烈的刺激性气味和发生爆炸的危险，所以其使用受到限制。氨作为制冷剂仅用于工业生产中，不宜在空调系统中应用。与氨相比，氟利昂无毒无味，不燃烧，使用安全，对金属无腐蚀作用，所以一直被广泛应用于空调制冷系统中。但是，由于某些氟利昂类制冷剂对大气臭氧层破坏严重，因而联合国环境规划署于 1987 年制定了《蒙特利尔议定书》，要求多种氟利昂制冷剂逐步禁止使用，所以研制新的制冷剂是空调制冷行业面临的重要课题。

2. 吸收式制冷

吸收式制冷和压缩式制冷的原理相同，都是利用液态制冷剂在一定压力下和低温状态下吸热汽化而制冷，但是在吸收式制冷机组中促使制冷剂循环的方法与压缩式制冷有所不同。

压缩式制冷是以消耗机械能（即电能）作为补偿；吸收式制冷是以消耗热能作为补偿，它是利用二元溶液在不同压力和温度下能够释放和吸收制冷剂的原理来进行循环的。图 5-87 为吸收式制冷系统工作原理示意图。在该系统中需要有两种工作介质：制冷剂和吸收剂。这对工作介质之间应具备两个基本条件：

（1）在相同压力下，制冷剂的沸点应低于吸收剂。

（2）在相同温度条件下，吸收剂应能强烈吸收制冷剂。

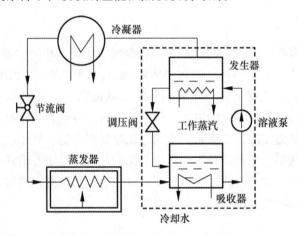

图 5-87 吸收式制冷系统原理图

目前，实际应用的工作介质对主要有两种，一种是氨—水溶液，其中氨是制冷剂，水是吸收剂，制冷温度可为 0 ℃以下；另一种是溴化锂—水溶液，其中水是制冷剂，溴化锂为吸收剂，制冷温度为 0 ℃以上。氨—水溶液由于构造复杂、热力系数较低和自身难以克服的物理、化学性质的因素，在空调制冷系统中很少使用，仅适用于合成橡胶、化纤、塑料等有机化学工业中。溴化锂—水溶液由于系统简单，热力系数高，且溴化锂无毒无味、性质稳定，在大气中不会变质、分解和挥发，近年来较广泛地应用于酒店、办公楼等建筑的空调制冷系统中。

三、冷水机组特性与用途

冷水机组是把压缩机、冷凝器、蒸发器、节流阀以及电气控制设备组装在一起，为空调系统提供冷冻水的设备。其特点是：结构紧凑，占地面积小，机组产品系列化，冷量可组合配套，便于设计选型，施工安装和维修操作方便；配备有完善的控制保护装置、运行安全；

以水为载冷剂，可进行远距离输送分配和满足多个用户的需要；机组电气控制自动化，具有能量自动调节功能，便于运行节能。设备用户只需要做基础连接冷冻水管、冷却水管及电机电源，即可进行设备调试。

1. 压缩式冷水机组

压缩式冷水机组特点是以电能为动力，设备体积小，运行可靠；制冷剂为氟利昂替代品。压缩式冷水机组可分为活塞式、离心式、螺杆式等类型，

1）活塞式冷水机组

活塞式冷水机组价格低廉、制造简单、使用灵活方便，但能效比低，适用于冷冻系统和中、小容量的空调制冷及热泵系统。

2）螺杆式冷水机组

螺杆式冷水机组结构简单、体积小、重量轻，可在15% ~ 100%的范围对制冷量进行无级调节，且它在低负荷时的能效比较高，对民用建筑的空调负荷有较好的适应性。能效比较高，适用于大、中型空调制冷系统和空气热源热泵系统。

3）离心式冷水机组

离心式冷水机组制冷量大、重量轻、结构紧凑，尺寸小，能效比高，比较适合于需要大制冷量而机房面积又有限的场合，此点正好与高层民用建筑物的特点相符合，适用于大、中型工程，尤其是大型工程。

2. 热力式冷水机组

热力式冷水机组特点是用燃油、燃气、蒸汽、热水作动力，用电很少，噪声低，振动小。其中，直燃式（燃油、燃气）溴化锂吸收式冷水机有可靠的燃油、燃气源，可在经济上合理时选用。蒸汽（热水）式溴化锂吸收式冷水机组以蒸汽作动力；有可靠的蒸汽或热水（高于80 ℃）源时采用。在有废热和低位热源的场所应用较经济，适用于大、中型容量且冷水温度较高的空调系统。

3. 蒸汽喷射式制冷机组

目前蒸汽喷射式制冷机组主要以热能作动力、水作为制冷介质，只能制取0 ℃以上的低温水。制冷剂与载冷剂合为一体，不存在载冷剂与制冷剂的分离问题，所以设备简单，操作简单，管理工作量少。由于电能消耗少，故对于缺电的地区尤其适用，特别是当工厂企业有廉价的蒸汽可以利用时，就显得更为经济。它的缺点是制冷效率低，工作蒸汽消耗量很大，以及运行中噪声大等，因而在空调制冷中使用较少。

四、空调系统的热源

空调系统的热源有集中供热，自备燃油、燃气、燃煤锅炉，直燃式（燃油、燃气）溴化锂吸收式冷热水机组（夏季制冷水、冬季生产空调热水），各种热泵机组（利用各种废热如工厂余热、垃圾焚烧热或空气、水、太阳能、地热等可再生能源热）。

由于空调系统要求的热媒温度低于采暖系统的热媒温度，所以集中供热热源和自备锅炉房热源的热水或蒸汽要经过换热站制备空调专用热水，才可送入空气处理机。下面就热泵系统的冷热联供进行简要介绍。

热泵是能实现蒸发器与冷凝器功能转换的制冷机，利用同一台热泵可以实现既供热又供冷。所有制冷机都可以用做热泵。以吸收低温的热量（输出冷量）为目的的装置叫制冷机；

以输出较高温度的热量或同时（或交替）输出冷热量为目的的装置叫热泵。它像水泵一样将水从低处提升到高处，热泵将热量从低温物体转移到高温物体。

1. 热泵的种类

（1）按热泵的工作原理分：机械压缩式、吸收式、蒸汽喷射式。

（2）按应用场合及大小分：小型（家用）、中型（商业或农业用）、大型（工业或区域用）。

（3）按低温热源分：空气、地表水、地下水、土壤、太阳能和各种废热。

（4）按热输出类型分：热空气、热水。

2. 热泵的应用

对于同时既需要制冷又需要制热的生产工艺过程是最适于应用热泵的。热泵冷却的过程吸取热量，将其温度升高后应用于需要加热的过程。热泵的吸热量和放热量同时都是收益，加之生产工艺过程大多是常年进行的，因而极为经济。有些场所，例如冬季利用电厂循环冷却水的排热或回收现代化大楼内区的发热量作低温热源的热泵也属于这一类。热泵可以在不同季节交替制冷或制热，如在空气调节应用中，夏季制冷，冬季制热。

3. 热泵的节能

（1）热泵作为暖通空调热源的能源利用系数要比传统的热源方式高。表5-4为不同暖通空调热源的能源利用系数。显然，从能源利用观点看，热泵作为暖通空调的热源优于目前传统的热源方式。

表5-4　不同暖通空调热源的热能利用系数

热源类型	小型锅炉房	中型锅炉房	热电联合供热	电动热泵	燃气驱动热泵
能源利用系数	0.5	0.65 ~ 0.7	0.88	1.41	1.41

（2）热泵系统合理地利用了高位能。热泵供热系统利用高位能 W 推动一台动力机（如电动机），再由动力机来驱动工作机（如制冷压缩机）运转，工作机像泵的作用一样从低温热源（如水）吸取热量 Q，并把 Q 的温度升高，向暖通空调系统供出热量 $Q_k = Q_0 + W$，这样热泵使用高位能是合理的。

（3）热泵热源是解决传统热源中矿物燃料燃烧对生态环境污染的有效途径。与燃煤锅炉相比，使用热泵平均可减少30%的 CO_2 排放量；与燃油锅炉相比，CO_2 排放量减少68%。所以，热泵在暖通空调中的应用将会带来环境效益，对降低温室效应也有积极作用。

（4）暖通空调是热泵应用中的理想用户。热泵的制热性能系数随着供热温度的降低或低温热源温度的升高而增加，而暖通空调用热一般都是低温热量，如风机盘管只需要50 ℃~60 ℃热水；同时，建筑物排放的废热总量很大，可利用价值也较高，如空调的排风均为室温，这为使用热泵创造了一定的条件。也就是说，在暖通空调工程中采用热泵，有利于提高它的制热性能系数。因此，暖通空调是热泵应用中的理想用户之一。

第八节　通风空调系统常见的故障及排除

大型建筑空调系统复杂、设备部件众多，设计施工都有一定的难度，调整测试一次成功的机会很小，总会有大大小小的问题出现。所以施工人员应对空调系统调整测试过程中出现的问题应做认真的分析，找出问题存在的根源，提出切实可行的解决问题的方案。

一、空气处理设备的常见故障及排除方法

空气处理设备的故障，主要是指空气进行热、湿和净化处理的设备所发生的故障。表5-5为空气处理设备的常见故障及其处理方法，可作为空调系统维护操作时的参考资料。

表5-5 空气处理设备的常见故障及排除方法

设备名称	故障现象	排除方法
喷水室	（1）喷嘴喷水雾化不够 （2）热、湿交换性能不佳	（1）加强加水过滤、防止喷孔堵塞 （2）提供足够的喷水压力 （3）检查喷嘴布置密度形式、级数等，对不合理的进行改造 （4）检查挡水板的安装，测量挡水板对水滴的捕集效率
表面换热器	（1）热交换效率下降 （2）凝水外溢 （3）有水击声	（1）清除管内水垢，保持管面洁净 （2）修理表面冷却器凝水盛水盘，疏通盛水盘泄水管 （3）以蒸汽为热源时，要有0.01的坡度以利排水
电加热器	裸线式电加热器电热丝表面温度太高，黏附其上的杂质分解，产生异味	更换管式电加热器
加湿器	（1）加湿量不够 （2）干式蒸汽加湿器的噪声太大，并对水蒸气特有气味有要求	（1）检查湿度控制器 （2）改用电加湿器
净化处理设备	（1）净化不够标准 （2）过滤阻力增大，过滤分量减少 （3）高效过滤器使用周期短	（1）重新估价净化标准，合理选择空气过滤器 （2）定时清洁过滤器 （3）在高效过滤器前增设粗、中效过滤器，增长高效过滤器的使用寿命
风道	（1）噪声过大 （2）长期使用或施工质量不合格，风管法兰连接不严密，检查孔空气处理室入孔结构不良造成漏风引起风量不足 （3）隔热板脱落，保温性能下降	（1）避免风道急剧转弯，尽量少装阀门，必要时在弯头、三通支管处装导流片 （2）消声器损坏时，更换新的消声器 （3）应经常检查所有接缝处的密封性能，更换不合格的垫圈，进行堵漏 （4）补上隔热板，完善隔热层和防潮层

二、空调系统常见故障及排除方法

空调系统是否出现故障，主要是看其运行参数是否合乎要求。如出现运行参数与设计参数出现明显的偏差时，就要弄清产生的原因，找出解决方法，保证系统安全、高效、节能地运行。表5-6为集中式空调系统常见故障分析与解决方法，供维修时参考。

表5-6 集中式空调系统的常见故障分析与排除方法

序号	故障现象	产生原因	排除方法
1	送风参数与设计值不符	(1) 空气处理设备选择容量偏大或偏小 (2) 空气处理设备产品热工性能达不到额定值 (3) 空气处理设备安置不当，造成部分空气短路 (4) 空调箱或风管的负压段漏风，未经处理的空气漏入，冷热媒参数和流量与计值不符 (5) 挡水板挡水效果不好，凝结水再蒸发 (6) 风机和送风管道温升超过设计值（管道保温不好）	(1) 调节冷热参数与流量，使空气处理设备达到额定能力；如仍达不到要求，可考虑更换或增加设备 (2) 检查设备、风管、消除短路与漏风、加强风、水管保温 (3) 检查并改善喷水室、表冷器挡水板，消除漏风
2	室内温度、相对湿度均偏高	(1) 制冷系统产冷量不足 (2) 喷水室喷嘴堵塞 (3) 通过空气处理设备的风量过大、热湿交换不良 (4) 回风量大于送风量，室外空气渗入 (5) 送风量不足（可能过滤器堵塞）	(1) 表冷器结霜，造成堵塞 (2) 检修制冷系统 (3) 清洗喷水系统和喷嘴 (4) 调节通过处理设备的风量，使风速正常 (5) 调节回风量，使室内正压 (6) 清理过滤器，使送风量正常 (7) 调节蒸发温度，防止结霜
3	系统实测风量小于设计风量	(1) 系统的实际阻力大于设计阻力，风机风量减少 (2) 系统中有阻塞现象 (3) 系统漏风 (4) 风机出力不足（风机达不到设计能力或叶轮旋转方向不对，皮带打滑等）	(1) 条件许可时，改进风管构件，减小系统阻力 (2) 检查清理系统中可能的阻塞物 (3) 堵漏 (4) 检查、排除影响风机出力的因素
4	室内温度合适或偏低，相对湿度偏高	(1) 送风温度低（可能是一次回风的二次加热未开或不足） (2) 喷水室过水量大，送风含湿量喷水室过水量大，送风含湿量大（可能是挡水板不均匀或漏风） (3) 机器露点温度和含湿量偏高 (4) 室内产湿量大（如增加产湿设备，用水冲洗地板，漏气、漏水等）	(1) 正确使用二次加热 (2) 检修或更换挡水板，堵漏风 (3) 调节三通阀，降低混合水温 (4) 减少湿源
5	室内温度正常，相对湿度偏低（这种现象常发生在冬季）	室外空气含湿量本来较低，未经加湿处理，仅加热后送入室内	有喷水室时，应连续喷循环水加湿，若是表冷器系统应开启加湿器进行加湿
6	系统实测风量大于设计风量	系统的实际阻力小于设计阻力，风机的风量因而增大。设计时选用风机容量偏大	有条件时可改变风机的转速，关小风量调节阀，降低风量
7	系统总送风量与总进风量不符，差值较大	风量测量方法与计算不正确，系统漏风或气流短路	(1) 复查测量与计算数据 (2) 检查堵漏，消除短路
8	机器露点温度正常或偏低，室内降温慢	(1) 送风量小于设计值，换气次数少 (2) 有二次回风的系统，二次回风量过大 (3) 空调系统房间多、风量分配不均	(1) 检查风机型号是否符合设计要求，叶轮转向是否正确，皮带是否松弛，开大送风阀门，消除风量不足的因素 (2) 调节，降低二次回风量 (3) 调节，使各房间风量分配均匀
9	室内气流速度超过允许流速	(1) 送风口速度过大 (2) 总送风量过大 (3) 送风口的形式不合适	(1) 增大风口面积或增加风口数，开大风口调节阀 (2) 降低总风量 (3) 改变送风口形式，增加紊流系数

续表

序号	故障现象	产生原因	排除方法
10	室内气流速度分布不均，有死角区	(1) 气流组织设计考虑不周 (2) 送风口风量未调节均匀，不符合设计值	(1) 根据实测气流分布图，调整送风口位置或增加送风口数量 (2) 调节各送风口风量使其与设计值相符
11	室内空气清洁度不符合设计要求（空气不新鲜）	(1) 新风量不足（新风阀门未开足，新风道截面积小，过滤器堵塞等） (2) 室内人员超过设计人数 (3) 室内有吸烟或燃烧等耗氧因素	(1) 对症采取措施增大新风量 (2) 减少不必要的人员 (3) 禁止在空调房间内吸烟和进行不符合要求的耗氧活动
12	室内洁净度达不到设计要求	(1) 过滤器效率达不到要求 (2) 施工安装时未按要求擦清设备及风管内的灰尘 (3) 运行管理未按规定打扫清洁 (4) 生产工艺流程与设计要求不符 (5) 室内正压不符合要求，室外有灰尘渗入	(1) 更换不合格的过滤器器材 (2) 设法清理设备、管道内的灰尘 (3) 加强运行管理 (4) 改进工艺流程 (5) 增加换气次数和正压
14	室内噪声大于设计要求	(1) 风机噪声高于额定值 (2) 风管及阀门、风口风速过大产生气流噪声 (3) 风管系统消声设备不完善	(1) 测定风机噪声，检查风机叶轮是否碰壳轴承是否损坏，减振是否良好，对症处理 (2) 调节各种阀门、风口，降低过高风速 (3) 增加消声弯头等设备

三、空调器常见故障与排除方法

随着经济不断发展，人们生活水平的日益提高，各种通风与空调系统被不断地应用在建筑设计上。然而空调器在使用过程中常出现一些故障，起源应多数为操作调整不当和安装不合理，亦有少数是产品质量问题。表 5-7 为空调器常见故障与排除方法，供维修时参考。

表 5-7　空调器常见故障与排除方法

序号	故障现象	产生原因	排除方法
1	窗式空调器不能启动	(1) 电源没接通、接触不良、插座的空气断路器或保险丝断开 (2) 电源停电，电压不正常	(1) 将空气断路器重新合闸或更换保险丝 (2) 打开电灯开关，看电灯是否能亮以确认是否停电
2	窗式空调器冷气效果不好	(1) 空气过滤网、冷凝器和蒸发器上的灰尘污物过多 (2) 门或窗户没有关上 (3) 温度控制拨钮未拨在适当的位置上 (4) 阳光直射入室内	(1) 将空气过滤网、冷凝器和蒸发器上的污物排除干净 (2) 关闭门窗 (3) 重新调整温度控制拨钮的位置 (4) 采用窗帘等遮阳措施
3	分体空调器不能启动	(1) 继电器触点故障；电容器击穿；绝缘层间短路；电线短路 (2) 源电压太低，当电压低于单相正常电压（220 V）的 10%，即 190 V 或以下时，空调就难以启动 (3) 被调房间内的温度不在空调器允许使用的温度范围内，因此，压缩机热负压增大，启动困难	(1) 根据检查结果，进行修理或更换 (2) 如果当地电源电压经常处于较低的状态，则要使用稳压器 (3) 根据空调房间内的温度要求，重新选用空调器

续表

序号	故障现象	产生原因	排除方法
4	空调器制冷或制热效果不好	（1）室内负荷过重 （2）空气过滤网、冷凝器和蒸发器上的灰尘污物过多，影响热交换和制冷效果 （3）室内机前有障碍物存在，影响室内空气循环流动，室外机通风条件不好 （4）制冷系统中有氟利昂泄漏	（1）围护结构进行必要的保温 （2）将污物清除干净，平时保持清洁 （3）将障碍物移走，保证空气流通无阻 （4）检出漏点后，先放出系统中的制冷剂，方可修补。修补后再经抽空、干燥后，方可往系统中灌入一定量的制冷剂
5	空调机有异常杂音和振动	（1）压缩机进、排气阀损坏，产生敲击声 （2）压缩机底脚螺栓松动 （3）风机叶轮松动，有摩擦声 （4）继电器接触面有灰尘	（1）更换进、排气阀片 （2）拧紧底脚螺栓 （3）调整叶轮并紧固 （4）清除继电器表面灰尘或更换

本 章 小 结

本章主要介绍了通风与空气调节的意义和任务；通风系统的分类和组成，通风系统的各种设备和构件；防火分区和防烟分区，高层建筑防火排烟的各种形式，防火排烟设备及部件；空气调节系统的组成与分类；空调房间的各种气流组织方式；各种空气处理设备的基本原理；空调系统的各种冷热源，制冷系统的基本原理；通风空调系统中常见的故障及排除方法。

课 后 习 题

1. 简述通风系统的分类、各种类型通风系统的特点和组成。
2. 空调系统由哪几部分组成？根据不同的分类方法分为哪几类？各种空调系统的特点和适用场合是什么？
3. 什么是空调房间的气流组织？空调系统常见的气流组织形式有哪几种？
4. 简述制冷系统的工作原理。
5. 热泵技术在空调工程中的应用主要有哪几方面？
6. 简述空气处理设备的常见故障及排除方法？
7. 简述送、回风口的气流组织规律。

第六章　建筑供配电系统

本章要点：

通过本章的学习，要求了解电力系统和电力网的基本概念、低压配电方式、高层建筑供电系统的主结线和施工现场的电力供应；掌握配电线路导线如何选择及敷设；熟悉建筑供配电系统使用中常见的故障及排除方法。

第一节　建筑供配电系统的概述

一、电力系统的组成

电能的产生、输送、分配和使用的全过程是同时进行，整个过程中各个环节紧密联系。如图 6-1 所示。

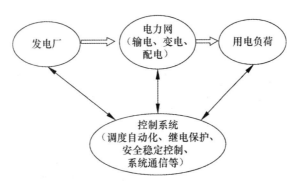

图 6-1　电力系统组成示意图

1. 发电厂

发电厂是将各种形式的能量转换为电能的工厂。根据所利用的一次能源的不同，发电厂主要有火力发电厂、水力发电厂、风力发电厂、原子核能发电厂等。其中火力发电厂是利用燃料（煤、石油、天然气）的化学能来生产电能；水力发电厂是利用水的位能来生产电能；原子能发电厂是利用核能来生产电能。

2. 电力网

为了充分利用动力资源，减少燃料运输，降低发电成本，发电厂一般建造在水力资源丰富、燃料资源丰富的地方。但作为电能用户却往往在远离发电厂的地方，所以必须经过远距离输电线路将电能输送至用户。当发电厂输送电能一定时，采用的送电电压越高，线路损耗越低。因此远距离输电必须采用高压输电线路。但是发电机由于制造原因限制，不可能产生高电压，所以发电机产生的电能要经过升压变压器将电压升高后再送至高压输电线路。对于用户，为了使用方便和安全，就需要低压电，所以要使用降压变压器将电压降低后才能送至用户。

3. 用户

在电力系统中，凡是把电能转换为其他形式能量的设备均称为电能用户。如，电动机将电能转换为机械能；电炉将电能转换为热能；电灯将电能转换为光能。

二、电力系统的电压和频率

1. 电压等级

我国电网电压等级比较多，不同电压等级作用也不相同。根据要输送的功率容量和输送距离，选择合适、经济的输送电压。但考虑到安全和降低用电设备的制造成本，选择低一些的电压比较合适。我国规定交流电网的额定电压等级有：220 V、380 V、3 kV、6 kV、10 kV、35 kV、110 kV、220 kV 等。

通常把 1 kV 及以上的电压称为高压，1 kV 以下的称为低压。低压是相对高压而言，不表明它对人身没有危险。

2. 各种电压等级的适用范围

我国电力系统中 220 kV 及以上的电压等级都用于输送距离在几百千米的主干线；110 kV 电压用于中、小电力系统的主干线，输送距离在 100 km 左右；35 kV 电压则用于电力系统的二次网络或大型工厂内部供电，输电距离在 30 km 左右；6～10 kV 电压用于送电距离 10 km 左右的城镇和工业与民用建筑施工供电。电动机等用电设备一般采用线电压 380 V 和单相电压 220 V 供电；照明一般采用 380/220 V 三相四线制供电如图 6-2 所示。

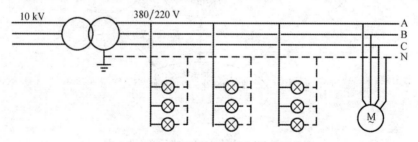

图 6-2　380/220 V 三相四线制供电示意图

3. 额定电压和频率

电力系统所有设备都要求在一定的电压和频率下工作，系统的电压和频率直接影响着电气设备的运行。我国规定使用的工频交流电频率为 50 Hz，线相电压为 380/220 V。

电气设备都是按照在额定电压下工作能获得最佳的经济效果来设计的，因此电气设备的额定电压必须与所接电力线路的额定电压等级相同，否则就会影响其性能和使用寿命，总的经济效果下降。如当电压下降时，感应电动机的输出转矩将下降，使得转速下降；而端电压升高会使设备使用寿命缩短，甚至烧毁。所以用电设备的端电压是波动的，一般允许电压偏移为 ±（5%～10%）。

三、民用建筑供电系统

小范围民用建筑设施的供电，需要设一个简单的降压变电室（所），把电源进线 6～10 kV 经过降压变压器直接变为低压 380/220 V 三相四线制。大型民用建筑设施的供电，一般电压选为 6～10 kV，经过高压配电所，再用几路高压配电线将电能分别送到各建筑物交电所，降为 380/220 V 电压供给用电设备工作使用。

四、电力负荷的分级

根据供电中断造成人身伤亡和设备安全的影响、政治影响和经济损失程度，电能用户可以分为三个等级：一级负荷、二级负荷和三级负荷。

1. **一级负荷**

中断供电后将造成大量人身伤亡，或造成重大设备损坏、或破坏复杂性的工艺过程使生产长期不能恢复，破坏重要交通枢纽、重要通信设施、重要宾馆以及用于国际活动的公共场所的正常工作秩序，造成政治和经济上的重大损失的电能用户为一级负荷。对于一级负荷要求采用至少两个独立的电源同时供电，设置自动投入装置控制两个电源的转换。所谓"独立"是指其中一个电源发生事故或因检修需要停电时，不致影响另一个电源继续供电。

2. **二级负荷**

中断供电后将造成比较大的经济损失，损坏生产设备，产品大量减产、生产较长时间才能恢复，以及影响交通枢纽、通信设施等正常工作。造成大小城市、重要公共场所（如大型体育馆、大型影剧院等）的秩序混乱的电能用户为二级负荷。二级负荷要用两个独立电源供电，只有一个电源供电时必须采用两个回路。

3. **三级负荷**

凡不属于一级和二级负荷的一般电力负荷均为三级负荷，三级负荷对供电没特殊要求，一般都为单回线路供电，但在可能情况下也应尽力提高供电的可靠性。

民用建筑中，一般把重要的医院、大型的商场、体育场、影剧院、重要的宾馆和电信电视中心列为一级负荷，其他的大多数建筑属三级负荷。

第二节　常用低压电器

一、低压控制设备及其选择

1. **刀开关**

常用的刀开关有开启式负荷开关（胶盖闸刀）和封闭式负荷开关（铁壳闸）。其功能是不频繁地接通电路，作为通断一般照明和动力线路的电源，并利用开关中的熔断器作短路保护。

1）开启式负荷开关

开启式负荷开关又称胶盖闸刀开关，其结构如图 6-3 所示，由瓷底座和上下胶木盖构成，内设刀座、刀片熔断器。常见型号有 HK1 型和 HK2 型，其额定电流有 5 A、10 A、15 A、30 A、60 A，按极数分为二极开关和三极开关。胶盖内设有灭弧装置，拉闸时产生的电弧容易损伤刀开关，所以不能频繁操作。

胶盖闸刀的额定电流和电压应不小于电路中的工作电流、电压。

2）封闭式负荷开关

封闭式负荷开关又称铁壳闸，其结构如图 6-4 所示，其外壳为钢质铁壳，内设刀片和刀座、灭弧罩、熔断器、操作连锁机构。

铁壳闸可作为电动机的电源开关，但不宜频繁操作。其铁壳盖与操作手柄有机械连锁，只有操作手柄处于停电状态时，才能打开铁壳盖。

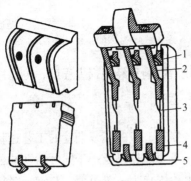

图 6-3 开启式负荷开关

1—刀座；2—刀片；3—熔丝；

4—出线端；5—胶盖挂钩

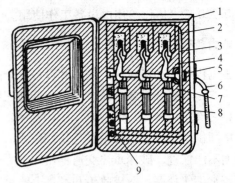

图 6-4 封闭式负荷开关

1—铁壳；2—灭弧罩；3—触点座；4—刀片；

5—操作连锁机构；6—手柄；7—熔断器座；

8—熔断器；9—中线接线座

铁壳盖的型号有 HH3 型、HH4 型、HH10 型、HH11 型等系列，HH10 型的额定电流有 10 A、15 A、20 A、30 A、60 A、100 A，HH11 型的额定电流有 100 A、200 A、300 A、400 A，铁壳闸极数一般为三极。

铁壳闸的额定电流 I_N 一般可按电动机额定电流的三倍选择，其额定电压 U_N 大于线路的工作电压。

2. 低压断路器

低压断路器又称为自动空气开关，是一种使用最广泛的低压控制设备。它不但可以接通和分断电路的正常工作电流，还具有过载保护和短路保护功能。当线路发生过载和短路故障时，能自动跳闸切断故障电流，所以又称为自动断路器。

低压断路器有 DZ 系列、DW 系列等，还有由国外引进的 C 系列小型空气断路器、ME 系列框架式空气断路器等多种系列产品。

低压断路器的工作原理如图 6-5 所示。其结构包括主触头和辅助触头，还有脱扣机构。低压断路器的主触头接通和分断线路的工作电流有灭弧装置，辅助触头主要用于控制电路。

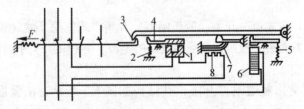

图 6-5 低压断路器工作原理

1—电磁线圈；2，5—拉力弹簧；3—锁扣；4—顶杆；6—失压电磁线圈；7—双金属片；8—发热电阻

低压断路器中的脱扣机构主要用于线路的各种保护，按其保护功能可分为热脱扣器、电磁脱扣器、失压脱扣器等几种。低压断路器工作原理：将自动空气断路器合闸，锁扣 3 将主触头锁住，使其处于接通状态，当通过断路器主触头的电流过载时，发热电阻 8 过热，使双金属片 7 受热弯曲向上，通过顶杆 4 使锁扣脱扣，拉力弹簧 2 起作用，使断路器主触头跳闸，切断过载电流，实现过载保护；当线路出现短路时，短路电流通过电磁线圈 1 使其动作，通过顶杆 4 使脱扣器脱扣，同样可使断路器主触头跳闸，切断短路故障电流，实现短路保护。当线路正常电压供电时，失压电磁线圈 6、顶杆 4 及锁扣 3 不动作，使断路器处于合

闸状态。当线路停电时，失压电磁线圈释放，顶杆4在拉力弹簧5的拉力作用下，使锁扣3脱扣，断路器主触头自动跳闸，实现失压保护。

低压断路器一般作为照明线路和动力线路的电源开关，不宜频繁操作，并作为线路过载、短路、失压等多种保护电器使用。

低压断路器（自动空气开关）的选择：

（1）额定电压 U_N 的选择：低压断路器的额定电压 U_N 应大于线路的工作电压。

（2）额定电流 I_N 的选择：低压断路器的额定电流 I_N 应大于或等于线路中的计算电流 I_{js}。

（3）开关的断流能力 I_{oc}：低压断路器的断流能力是切断的短路电流的能力，其断流能力应大于或等于线路中的短路电流。

（4）脱扣器的动作整定电流 I_{op}：对于采用热脱扣器和复式脱扣器的自动空气开关，其脱扣器的动作整定电流可按以下情况选择：

① 热脱扣器的动作整定电流，$I_{op} \geq 1.1 I_{js}$；

② 电磁脱扣器的动作整定电流，$I_{op} \geq 1.35 I_{PK}$。

I_{PK} 是线路中出现的尖峰电流，对于电动机来说，尖峰电流是电动机的启动电流。

二、低压保护设备

低压保护设备主要有低压熔断器、低压断路器中的保护元件、热继电器等。本节主要介绍低压熔断器。

低压熔断器可实现对线路的短路保护和严重过载保护。当线路出现短路故障或严重过载故障时，其熔体熔断切断电源。熔断器的种类主要有瓷插式、螺旋式、封闭式、有填料封闭式等类型。

1）瓷插式熔断器

瓷插式熔断器结构如图6-6所示，其结构简单，瓷座的动触头两端接熔丝，其熔体的额定电流规格有0.5 A、1 A、2 A、3 A、5 A、7 A、10 A、15 A、20 A、25 A、30 A、35 A、40 A、45 A、50 A、60 A、70 A、75 A、80 A、100 A，熔断器的额定电流的规格有 5 A、10 A、15 A、20 A、30 A、60 A、100 A 等。

2）螺旋式熔断器

螺旋式熔断器结构如图6-7所示。其熔丝装在熔管内，熔丝熔断时其电弧不与外部空气接触。熔断器的额定电流规格有15 A、60 A、100 A 三种。

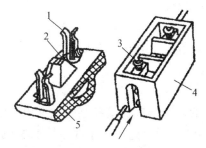
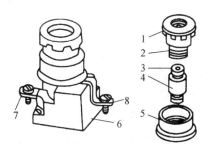

图6-6　瓷插式熔断器　　　　　　　图6-7　螺旋式熔断器

1—动触头；2—熔丝；3—静触头；　　1—瓷帽；2—金属管；3—色片；4—熔丝管；

4—瓷盒；5—瓷座　　　　　　　　5—瓷套；6—底座；7—下接线端；8—上接线端

3）封闭式熔断器

封闭式熔断器结构如图 6-8 所示，它有密封保护管（纤维管）内装熔片。当熔片熔化时，密封管内气压很高，能起灭弧作用，还能避免相间短路，常作为大容量负载的短路保护。

4）有填料封闭式熔断器

有填料式熔断器结构如图 6-9 所示，它有限流作用及较大的极限分断能力；瓷管内填充硅砂，起灭弧作用。其熔体用两个冲压成栅状铜片和低熔点锡桥连成，具有限流作用，并采用分段灭弧方式，具有较大的断流能力。该熔断器以色片作为熔丝熔断的指示器，当色片不见时，表示熔体已熔断，需及时更换。

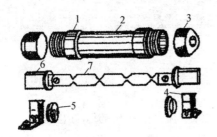

图 6-8　封闭式熔断器

1—黄铜圈；2—纤维管；3—黄铜帽；4—刀座；

5—特种热圈；6—刀形接触片；7—熔片

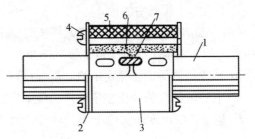

图 6-9　有填料式熔断器

1—闸刀；2—瓷管；3—盖板；4—指示器；

5—熔丝指示器；6—硅砂；7—熔体

第三节　供配电系统的基本形式

一、低压配电方式

低压配电方式可分为放射式和树干式两大类。

1. 放射式配电

放射式配电是一独立负荷或一集中负荷均由一单独的配电线路供电，它一般用在下列场所：

（1）供电可靠性高的场所。

（2）单台设备容量较大的场所。

（3）容量比较集中的地方。

例如，电梯容量不大，宜采用一回路供一台电梯的接线方式。

对于大型消防泵、生活水泵和中央空调的冷冻机组，由于其供电可靠性要求高，而且单台机组容量较大，因此也应考虑以放射式专线供电。对于楼层用电量较大的大厦，有的也采用一回路供一层楼的放射式供电方案。如图 6-10 所示。

2. 树干式配电

树干式配电是一独立负荷或一集中负荷按它所处的位置依次连接到某一条配电干线上。树干式配电所需配电设备及有色金属消耗量较小，系统灵活性好，但干线故障时影响范围大，一般适用于用电设备比较均匀、容量不大、又无特殊要求的场合。如图 6-11 所示。

高层建筑中，低压配电方案基本上都采用放射式，楼层配电则为混合式，即放射—树干的组合方式（有时也称混合式为分区树干式），如图 6-12 所示。

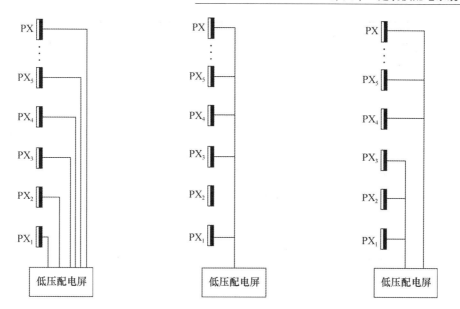

图 6-10　放射式配电系统　　图 6-11　树干式配电系统　　图 6-12　混合式配电系统

在高层住宅中，住户配电箱多采用单极塑料小型开关（一种自动开关组装的组合配电箱）。对一般照明及小容量插座采用树干式接线，即住户配电箱中每一分路开关带几盏灯或几个小容量插座；而对电热水器、空调器等大宗用电量的家电设备，则采用放射式供电。住户配电箱典型接线如图 6-13 所示。

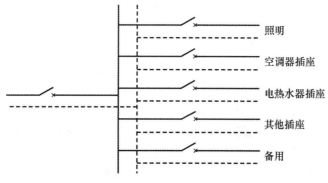

图 6-13　住户配电箱典型接线图

二、用电负荷分组配电

高层建筑中的用电量大，用电负荷种类繁多，由于用电用户的多少有一定的不确定性，故把用电负荷分成保证负荷和非保证负荷。保证负荷包括一级负荷和在非消防停电时仍要求保证或可能投入保证负荷母线的负荷，其余则为非保证负荷或一般负荷。

按照《高层民用建筑设计防火规范》（GB 50045—1995）中的规定，属于一类建筑的消防控制室、消防水泵、消防电梯、防排烟设施、火灾自动报警、自动灭火装置、火灾事故照明、疏散指示标志和电动的防火门窗、卷帘、阀门等消防用电，为一级负荷。对于这些消防负荷应由两个回路供电，并在末级配电箱内实现自动切换。

用电负荷分组配电的常见方案是：在市电停供时，供一般负荷的各分路开关均因失压而脱扣，这时备用柴油发电机组应启动（一般在 10～15 s 内），但一般负荷应甩掉（或部分甩掉），以供保证负荷。为了避免火灾发生时切除一般负荷出现误操作，一级负荷可集中一段母线供电，这样做可提高供电可靠性。

用电负荷分组配电方案常见有以下几种。

1. 负荷不分组方案

这种方案是负荷不按种类分组，备用电源接至同一母线上，非保证负荷采用失压脱扣方式甩掉。

2. 一级负荷单独分组方案

这种方案是将消防用电等一级负荷单级负荷单独分出，并集中一段母线供电，备用柴油发电，其余非一级负荷不采取失压脱扣方式。

3. 负荷按三类分组方案

这种方案是将负荷分组，按一级负荷、保证负荷及一般负荷三类来组织母线，备用电源采用末端切换。

三、高层建筑供电

高层建筑供电电压一般采用 10 kV，有条件时也可采用 35 kV。为了保证供电可靠性，应至少有两个独立电源，具体数量应视负荷大小及当地电网条件而定。两路独立电源运行方式，原则上是两路同时供电，互为备用。此外，还必须装设应急备用柴油发电机组。

1. 负荷分布及变压器的配置

高层建筑的用电负荷一般可分为空调、动力、电热、照明等几类。对于使用空调的各种商业性楼宇，空调负荷属于大宗用电，约占 40%～50%，空调设备一般放在大楼的地下室、首层等地方。动力负荷主要指电梯、水泵、风机、洗衣机等设备，普通高层建筑的动力负荷相对较小，随着建筑高度的增加，超高层建筑中的动力负荷的比重将会明显的增加，动力负荷中的水泵等设备大部分都放在下部，因此就负荷的竖向分布来说，高层建筑的用电负荷大部分集中在下部，故此变压器应设置在建筑物的底部。

但是，在 40 层以上的高层建筑中，电梯设备较多，此类负荷大部分集中于大楼的顶部。竖向中段层数较多，通常设有分区电梯和中间泵站，在这种情况下应将变压器上、下层配置或者上、中、下层分别配置，供电变压器的供电范围大约为 15～20 层。

为了减少变压器台数，单台变压器的容量一般都大于 1 000 kVA。由于变压器深入负荷中心而安装在楼内，从防火要求考虑，一般采用干式变压器和空气开关，而不采用油浸式变压器和油断路器，主要因为这些设备在事故情况下能引起火灾。

2. 供电系统的主结线

电力的输送与分配，必须由母线、开关、配电线路、变压器等组成一定的供电电路，这个电路就是供电系统的一次结线，即主结线。供电电路常画成单线系统图，在建筑电气设计中的所有电路大都采用单线画法，图 6-14 是用单线来代表三相系统的主结线图。

高层建筑由于功能上的需要，一般都采用双电源进线，即要求有两个独立电源，常用的供电方案如图 6-14 所示。

图 6-14 中方案（a）为两路高压电源，正常时一用一备，即当正常工作电源事故停电时，另一路备用电源自动投入，此方案可以减少中间母线联络柜和一个电压互感柜，可减小基建投资和

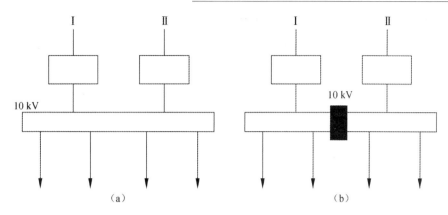

图 6-14　常用高压供电系统方案

配电室面积。这种结线要求两路都能保证100%的负荷用电。当清扫母线或母线故障时，将会造成全部停电，因此，这种接线方式常用在大楼负荷较少，供电可靠性相对较低的高层建筑中。

图 6-14 中方案（b）为两路电源同时工作，当其中一路故障时，由母线联络开关对故障回路供电。该方案由于增加了母线联络柜和电压互感器柜，变电所的面积也就要增大，这种接线方式常用于高级宾馆、大型办公楼宇。尤其是当大楼的安装容量大，变压器台数多时，应采用这种方案，因为它能保证较高的供电可靠性。如果变压器台数较少，采用这种方案经济上就显得较差，因为进线柜、分段柜（即母线联络柜）、互感器柜及备用柜等设备至少要 6 台，另外加上直流设备及控制信号系统，则所用设备相对较多。因此，当变压器台数较少时，宜从邻近大厦高压配电室以放射式向该大厦变压器供电。

我国目前最常用的主结线方案如图 6-15 所示。它采用两路 10 kV 独立电源，变压器低压侧采取单母线分段的方案。

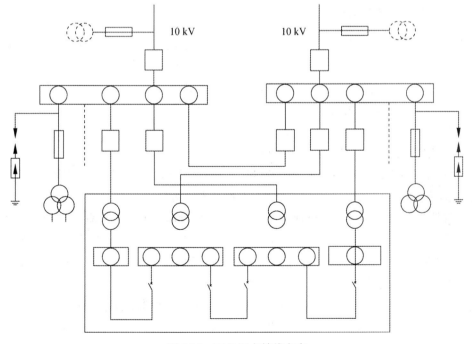

图 6-15　双电源主结线方案

对于规模较小的高层建筑，由于用电量不大，当地获得两个电源又较困难，附近又有400 V 的备用电源时，可采用一路 10 kV 电源作为主电源，400 V 电源作为备用电源的高供低备主结线方案，如图 6-16 所示，这种结线方案适用于一般高层住宅。

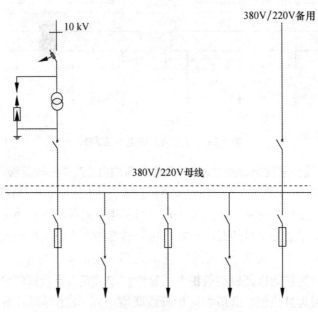

图 6-16　电源高供低备主结线方案

第四节　导线的选择与敷设

一、配电线路导线截面的选择

配电线路导线截面选择就是根据设备工作时产生的电流大小，导线敷设的环境和方式等因素选择合适大小的配电导线。导线选择是否恰当将直接影响设备能否正常工作和经济效益的合理性，因此，导线选择在电气计算中具有十分重要的意义。

1. 配电线路常用的导线型号

1）绝缘导线的型号

配电线路常用绝缘导线的型号有：BX 型、BLX 型、BLV 型、BV（BVV）型。BX 型表示橡胶绝缘铜芯导线，BLX 型表示橡胶绝缘铝芯导线。BV（BVV）型表示聚氯乙烯塑料（双塑）绝缘铜芯导线，BLV 型表示聚氯乙烯塑料绝缘铝芯导线。

常用导线截面积规格有：1.0 mm^2、1.5 mm^2、2.5 mm^2、4 mm^2、6 mm^2、10 mm^2、16 mm^2、25 mm^2、35 mm^2、50 mm^2、70 mm^2、95 mm^2、120 mm^2、150 mm^2、185 mm^2、240 mm^2 等。

例如：BVV-25 表示导线的标称截面积为 25 mm^2 的聚氯乙烯双塑绝缘铜芯导线。

2）电力电缆的型号

电力电缆的绒芯分为三芯、四芯、五芯等多种，标称截面主要有：4 mm^2、6 mm^2、10 mm^2、16 mm^2、25 mm^2、35 mm^2、50 mm^2、70 mm^2、95 mm^2、120 mm^2、150 mm^2、185 mm^2、240 mm^2 等。

2. 配电线路导线截面选择

1）最小截面满足机械强度要求

导线本身的重量以及风雨冰雪等外加压力都要求导线具有一定的机械强度，以保证在安装和运行中不致折断。在不同的敷设方式下，导线按机械强度要求允许截面不得低于表6-1中规定的最小截面。

表6-1　低压导线按机械强度选择最小截面积

序　号	导线敷设条件、方式及用途			导线最小截面积/mm²		
				铜线	软铜线	铝线
1	架空线			10	—	16
2	接户线	自电杆上引下	挡距 < 10 m	2.5	—	4.0
			挡距 10 ~ 25 m	4.0	—	6.0
		沿墙敷设挡距 ≤6 m		2.5	—	4.0
3	敷设在绝缘支持架上的导线	1 ~ 2 m	室内	1.0	—	2.5
			室外	1.5	—	2.5
		支持点间距	2 ~ 6 m	2.5	—	4.0
			6 ~ 12 m	2.5	—	6.0
			12 ~ 25 m	4.0	—	10.0
4	穿管敷设或槽板敷设的绝缘线或塑料护套线的明敷设			1.0	—	2.5
5	照明灯头线	民用建筑室内		0.5	0.4	1.5
		工业建筑室内		0.75	0.5	2.5
		室外		1.0	1.0	2.5
6	移动或用电设备导线			—	1.0	—

2）按导线允许载流量选择

导线必须承受负载电流长时间通过所引起的温升。配电导线在通过一定的电流时，由于本身电阻的作用及电流的热效应而使导线发热，如果导线温升超过一定限度，导线的绝缘和机械强度都会遭到损坏。所以一定截面积的导线只能允许一定的电流通过，该电流值大小称为安全载流量（允许载流量）。导线允许载流量大小是根据导线的用途、材料、绝缘种类、允许温升和表面散热条件决定的。

根据导线的安全载流量选择导线截面积的原则是：导线的安全载流量满足导线计算电流的要求。导线计算电流上 I_{js} 可按下式计算（K_x 为需要系数）

$$I_{js} = K_x \frac{P_e}{\sqrt{3} U_N \cos\varphi}（三相电路）$$

$$I_{js} = K_x \frac{P_e}{U_N \cos\varphi}（单相电路）$$

3）按允许电压损失

为了保证供电质量，配电导线上的电压损失应低于其最大允许值。

$$\Delta U = U_1 - U_2$$

式中　ΔU——线路首末端绝对的电压降；

U_1——线路首端（变压器的出线端）电压；

U_2——线路末端（负载端）电压。

对不同等级的电压，绝对值 ΔU 不能确切地表达电压损失的程度，所以工程上常用它与额定电压 U_N 的百分比来表示相对电压损失的程度。

当给定线路输送电功率 $P(\mathrm{kW})$、送电距离（单程线路长度）$L(\mathrm{m})$、允许相对电压损失 ε 就可根据下面工程计算中的简化公式计算出相应导线截面 $S(\mathrm{mm}^2)$。

$$\varepsilon = \frac{\Delta U}{U_\mathrm{N}} \times 100\% = \frac{U_1 - U_2}{U_\mathrm{N}} \times 100\%$$

式中　C——与导线材料、送电电压及配电方式有关的系数，见表 6-2。

$$S = K_\mathrm{x} \times \frac{PL}{C \times \varepsilon}$$

表 6-2　按允许电压计算导线截面 C 值

线路额定电压/V	线路方式	系数 C 值	
		铜线	铝线
380/220	三相四线	77	46.3
220		12.8	7.75
110		3.2	1.9
36	单相或直流	0.34	0.21
24		0.153	0.092
12		0.038	0.023

根据机械强度、允许载流量、允许电压损失三个方面选择导线截面积时，应取其中最大的截面积作为依据，再根据电线的产品目录选用等于或稍大于所求的截面积等级的导线。

选择导线截面积时，虽然三个因素要同时加以考虑，但实际上往往并不需要全部去计算，而根据主要因素去考虑选择。一般来讲，长距离的低压输电线路中，电压损失是主要因素，导线截面积应根据电压损失来考虑；短距离线路可根据允许通过电流来决定；小负荷、短距离则只考虑机械强度就可以了。

二、配电线路的敷设

线管敷设俗称配管。电气工程中常使用的线管有焊接钢管、电线管、普利卡金属套管、硬塑料管、半硬塑料管、塑料波纹管和软金属管（俗称蛇皮管）等。

1. 配管的一般规定

（1）敷设在多尘或潮湿场所的电线保护管，管口及其各连接处均应密封。

（2）当线路暗配时，电线保护管宜沿最近的线路敷设，并应减少弯曲。埋入建筑物内的电线保护管，与建筑物表面的距离不应小于 15 mm。

（3）进入落地式配电箱的电线保护管，应排列整齐，管口宜高出配电箱基础面 50～80 mm。

（4）电线保护管不宜穿过设备或建筑物的基础，当必须穿过时，应采取保护措施。

（5）电线保护管的弯曲处不应有折皱、凹陷和裂缝，弯曲程度不应大于管外径的 10%。其弯曲半径应符合下列规定：

① 当线路明配时，弯曲半径不应小于管外径的 6 倍；当两个接线盒间只有一个弯曲时，其弯曲半径不小于管外径的 4 倍。

② 当线路暗配时，弯曲半径不应小于管外径的 6 倍；当埋设于地下或混凝土内时，其弯曲半径不应小于管外径的 10 倍。

（6）当电线保护管遇下列情况之一时，中间应增设接线盒或拉线盒，且接线盒或拉线盒的位置应便于穿线。

① 管长度每超过 30 m，无弯曲。

② 管长度每超过 20 m，有 1 个弯曲。

③ 管长度每超过 15 m，有 2 个弯曲。

④ 管长度每超过 8 m，有 3 个弯曲。

（7）垂直敷设电线保护管遇下列情况之一时，应增设固定导线用的拉线盒。

① 管内导线截面 50 mm² 及以下，长度每超过 30 m。

② 管内导线截面 70 ~ 95 mm²，长度每超过 20 m。

③ 管内导线截面 120 ~ 240 mm²，长度每超过 18 m。

（8）水平或垂直敷设的明配电线保护管，其水平或垂直安装的允许偏差 1.5‰，全长偏差应大于管内径的 1/2。

2. 线管敷设

配管工作一般从配电箱开始，逐段配至用电设备处，有时也可从用电设备端开始，逐段配至配电箱处。

1）暗配管

在现浇混凝土构件内配管时，浇筑混凝土前，可用铁丝将管子绑扎在钢筋上；还可用钉子钉在木模板上，将管子用铁丝绑牢在钉子上，此时应将管子用垫块垫起，其中垫块可用碎石，垫起厚度需在 15 mm 以上。

在砖墙内配管时，一般是随土建砌砖时预埋，否则应先在砖墙上留槽或剔槽。线管在砖墙上的固定方法是：先在砖缝里打入木楔，再在木楔上钉钉子，用铁丝将管子绑扎在钉子上，再将钉子打入，使管子充分嵌入槽内。管子离墙表面的净距不小于 15 mm。

在地坪内配管时，必须在土建浇筑混凝土前埋设，固定方法可用木桩或圆钢等打入地中，再用铁丝绑牢在木桩或圆钢上。为使管子全部埋设在地坪混凝土层内，应将管子垫抬高，离土层 15 ~ 20 mm。

埋入地下的电线管路在穿过建筑物基础时，应加保护管保护。当有许多管子并排敷设时，必须使其相互离开一定距离，以保证其间也灌上混凝土。为避免管口堵塞影响穿线，管子配好后要将管口用木塞或塑料塞堵好。管子连接处以及钢管与接线盒连接处要按规定做好接地处理。

当电线管路遇到建筑物伸缩缝或沉降缝时，应在伸缩缝或沉降缝的两侧分别装设补偿盒。补偿盒在靠近伸缩缝或沉降缝的侧面开一长孔，将通过伸缩缝或沉降缝管子插入长孔中，无须固定。

塑料管直埋于现浇混凝土内，在浇捣混凝土时，应采取防止塑料管发生机械损伤的措施。在露出地面易受机械损伤的一段也应采取保护措施。当塑料管在砖砌墙体上剔槽敷设时，应采用强度等级不小于 M10 的水泥砂浆抹面保护，保护层厚度不应小于 15 mm。

2）明配管

明配管应排列整齐，固定点间距均匀。当管子沿墙、柱或屋架等处敷设时，可用管卡固定；当管子沿建筑物的金属构件敷设时，若金属构件允许电焊，可把厚壁管用电焊直接点焊在钢构件上。管卡与终端、转弯中点、电气设备、用电器具或箱（盒）边缘的距离宜为 150 ~ 500 mm；中间管卡间最大距离应符合表 6-3 的规定。管子贴墙敷设进入盒（箱）内时，应将管子煨成鸭脖弯，不能将管子斜插到盒（箱）内。同时要使管子平整地紧贴建筑物表面，在距接线盒 150 ~ 500 mm 处用管卡将管子固定。

表 6-3   明敷设金属管卡间最大距离

敷设方式	导管种类	导管直径/mm				
		15~20	25~32	32~40	50~65	65以上
		管卡间最大距离/m				
支架或沿墙明敷设	壁厚>2 mm的钢导管	1.5	2.0	2.5	2.5	3.5
	壁厚≤2 mm的钢导管	1.0	1.5	2.0	——	——

明配管经过建筑物伸缩缝时，可采用软管进行补偿。

硬塑料管沿建筑物表面敷设时，应按设计规定装设温度补偿装置；在支架上架空敷设的硬塑料管，因可以改变其挠度来适应长度变化，可不设补偿装置。明配硬塑料管管卡间最大距离应符合表6-4的规定。管卡与终端、转弯中点、电气器具或盒（箱）边缘的距离宜为150~500 mm。

表 6-4   硬塑料管管卡间最大距离

敷设方式	管内径/mm		
	20及以下	25~40	50及以上
吊架、支架或沿墙敷设/m	1.0	1.5	2.0

明配硬塑料管在穿过楼板等易受机械损伤的地方时，应用钢管保护，其保护高度距楼板面的距离不应小于500 mm。

3. 线管穿线

管内穿线工作一般应在管子全部敷设完毕及建筑物抹灰、粉刷及地面工程结束后进行。在穿线前应将管中的积水及杂物清除干净。

导线穿管时，应先穿一根钢丝作为引线，当管路较长或弯曲较多时，也可在配管时就将引线穿好。一般在现场施工中对于管路较长、弯曲较多，从一段穿入钢引线较困难时，多采用从两端同时穿入钢引线，且将引线弯成小钩，当估计一根引导线端头超过另一根引导线端头时，用手旋转较短的一根，使两根引导线绞在一起，在所穿导线根数较多时，可以将电线分段结扎。

拉线时应由两人操作，较熟练的一人担任送线，另一人担任拉线，两人送拉动作要配合协调，不可硬拉硬送。当导线拉不动时，两人应反复来回拉1~2次再往前拉，不可过分勉强而为之。

导线穿入钢管时，管口处应装设保护；在不进入接线盒（箱）的垂直管口，穿入导线后应将管口密封。

在较长的垂直管路中，为防止由于导线的本身自重拉断导线或拉脱接线盒中的接头，导线应在管路中间增设的拉线盒中加以固定。

穿线时应严格按照规范规定进行，不同回路、不同电压等级、交流与直流的导线不得穿入同一根管内。但下列情况或设计有特殊规定者除外：

（1）电压在50 V及以下的回路。

（2）同一台设备的电机圈路和无抗干扰要求的控制回路。

（3）照明灯的所有回路。

（4）同类照明的几个回路可穿入同一根管内，但管内导线总数不超过8根。

同一交流回路的导线应穿于同一根钢管内。导线在管内不得有接头和扭结，其接头应放在接线盒（箱）内。管内导线包括绝缘层在内的总截面积不应大于管子内空截面积的40%。

第五节　建筑供配电系统使用常见故障及排除

一、低压开关的故障排除

开关电器种类很多，有断路器、负荷开关、隔离开关、熔断器等，其故障形式多样。本书只介绍最常见故障的分析和查找方法。

1. 触头过热

触头过热主要是因电流流过触头，在触头间有功率损耗（如接触电阻损耗、电弧能量损耗）所致。触头一般发热是正常的，严重发热（过热）则是一种故障。

触头过热故障的主要原因应从以下几个方面查找。

1）触头接触压力降低

在使用过程中，触头的弹簧因受到机械损伤而变形；或者在电弧作用下，高温使弹簧退火，动触头压力降低；或者触头本身变形。例如，刀开关中静触头的两瓣向外张开，使触头接触压力降低。

2）触头表面氧化或有杂质

许多金属氧化物是不良导体，会使触头接触电阻增大，造成触头过热。运行时触头温度越高，氧化越严重；接触电阻越大，温度升高越快。对于氧化严重的触头，可用金刚石砂纸轻轻打磨。不少触头在其接触面上镶有银块，而银的氧化物是良导体，可以不作处理。触头表面的尘埃、油垢一旦形成绝缘薄膜，就会使接触电阻大大增加，应定期清除。

3）触头磨损量过多

长期使用的开关，触头磨损超过一定量后，压力减小，也会使触头过热，这时应对触头行程做适当调整。

2. 灭弧系统故障

灭弧装置是开关的重要组成部分，尤其是对断路器、熔断器等显得更加重要。

如果开关不能正常灭弧，将导致开关损坏，进而使电气装置发生更大的故障。灭弧系统故障的主要原因如下所述。

1）灭弧罩受潮

灭弧罩通常由石棉水泥板或纤维板制成，容易受潮。受潮以后，绝缘能力降低，电弧不能被拉长，同时，电弧燃烧时，在电弧高温作用下使灭弧罩内水分汽化，造成灭弧罩上部空间压力增大，阻止了电弧进入灭弧罩，延长灭弧时间。这种故障比较容易判断。正常时，电弧喷出灭弧罩的范围很小，还会听到清脆的声音。如果电弧喷射范围很大，并且听到软弱无力的"卜卜"声，以及触头烧毛严重、有灭弧罩烧焦等现象，就说明灭弧罩已经受潮。这时，只要将灭弧罩烘干即可。

2）灭弧罩炭化

灭弧罩在高温作用下，其表面被烧焦，形成一种炭质的导电桥，对灭弧很不利，应及时处理。处理的方法可用细锉轻轻锉掉，但不能增加粗糙度，因为毛糙的表面会增大电弧的阻力。

3）磁吹线圈短路

为了将电弧引入灭弧罩中，一些开关采用磁吹线圈。这种线圈一般采用空气绝缘，不另外增加绝缘材料。如果线圈受到碰撞变形，导电灰尘积聚太多，就会出现线圈线路或匝间短路，使线圈不能工作，降低了开关的灭弧性能。

4）灭弧栅片损坏

金属灭弧栅片脱落、锈蚀，使电弧不能顺利拉入栅片中，影响灭弧效果，因此应及时修补。灭弧栅片外表看似铜质，其实绝大部分是钢质的，仅在表面镀了一层铜。损坏的栅片可用普通白铁片代替。

5）灭弧触头的故障

灭弧触头起招引电弧的作用，是保护主触头的。它的基本工作程序是：先于工作触头闭合，后于工作触头打开。如果磨损严重或装配不合理，将失去其作用，因此，应定期检查调整。

6）绝缘油质量下降

开关中的绝缘油往往兼有灭弧、冷却及绝缘的作用。绝缘油质量下降（主要是水分、杂质增加），绝缘性能下降，对于灭弧极不利，甚至可能引发爆炸、往外喷油等严重事故。因此，应定期检查，进行过滤或更换。

3. 吸引电磁铁故障

吸引电磁铁是许多自动开关（如接触器、断路器）操动装置的主要组成部分之一，它起到使开关自动接通或断开的作用。在交流电路里，铁芯中的磁通是交变的，吸力也是交变的，这将使衔铁产生振动，开关工作不可靠。为了克服这一缺点，在铁芯端面装有一短路环，由于短路环中感应电流产生的感应磁通与铁芯中的主磁通相位有差别，这样，合成磁通任何时候都不等于0，衔铁就不振动了。

电磁铁常见故障及原因如下。

1）噪声很大

正常运行的电磁铁只发出均匀、调和、轻微的工作声音，如果噪声很大，说明有故障，其原因如下。

（1）铁芯与衔铁端面接触不良。由于端面磨损、锈蚀，或存在灰尘、油垢等杂质，端面间空气隙加大，电磁铁的励磁电流增加，振动剧烈，使噪声加大。铁芯与衔铁的端面是经过精加工的，一般不能使用锉刀、砂布等工具磨平，只要用汽油、煤油清洗即可。如需使用锉刀、砂布修理，可按下列方法进行：首先在端面上衬一层复写纸，衔铁吸合后，端面凸出部分在复写纸上印有斑点，然后轻轻将斑点锉去，重复几次后，即可将端面整平。

（2）短路环损坏。短路环是专为防止振动而设置的，短路环断裂或脱落，将使铁芯因振动而发出噪声。一经查出，只要用铜质材料加工一个换上即可。

（3）电压太低。加在线圈上的电压太低，一般低于额定电压85%，就使得吸力不足，励磁电流增加，噪声亦增大。

（4）运动部分卡阻。衔铁带动开关的运动部分存在卡阻时，反作用力加大，衔铁不能正常吸合，产生振动与噪声。因此，应经常在运动摩擦部位加注几滴轻油，如机油、变压器油等。

2）线圈过热甚至烧毁

线圈过热的原因是由于线圈中流过的电流，较长时间超过额定值，而线圈中电流的大小与加在线圈两端的电压有关，与衔铁带动的负载有关，而主要的是与磁路有关。衔铁打开时，空气距离大，磁路磁阻大，产生相同磁通所需线圈励磁电流大；衔铁闭合后，磁路磁阻小，励磁电流小得多。据计算，衔铁启动时的励磁电流比闭合时要大几十倍。线圈长时间过热是线圈烧毁的主要原因，大致有以下几个方面。

（1）开关频繁操作，衔铁频繁启动，线圈中频繁地受到大电流的冲击。

（2）衔铁与铁芯端面接触不紧密，大的空气间隙使线圈中的电流较额定值大得多。

（3）衔铁安装不好，铁芯端面与衔铁端面没对齐，使磁路磁阻增大，线圈中的电流增加。

（4）传动部分出现卡阻电磁铁过负荷，不能很好地吸合。

（5）线圈端电压过低，带动同样负载，线圈中的电流必然增加。

（6）线圈端电压过高，铁芯磁通饱和，同样引起铁芯过热。

（7）线圈绝缘受潮，存在匝间短路，也会使线圈中的电流增加。

4. 熔断器的故障

熔断器是电路中的保护电器。当电路中的电流，即流过熔断器熔丝的电流达到一定值时，熔丝将熔断。熔断器的故障主要表现于熔丝经常非正常烧断、熔断器的连接螺钉烧毁、熔断器使用寿命降低。查找熔断器的故障应考虑以下情况。

1）熔丝选择是否合理

熔断器的熔丝应根据负载大小和负载性质选择。

（1）电热照明类负载，接负载的额定电流选择，即

$$I_N \geq I$$

式中 I_N——熔丝的额定电流；

I——负载的额定电流。

（2）为异步电动机类负载选用熔丝时，应考虑其额定电流。它要比电动机的额定电流大一些，即

$$I_N \geq KI_M$$

式中 I_N——熔丝的额定电流；

I_M——电动机的额定电流；

K——系数，按表6-5选用。

表6-5 电动机熔丝系数 K 的选择

电动机	减压启动	全压启动	频繁启动
K	1.5~2.5	2~3	3.5

（3）多台电动机总熔丝的额定电流应考虑容量最大的一台电动机的额定电流及其他各台的额定电流，即

$$I_N \geq (2 \sim 3)I_{max} + \sum_1^{n-1} I_M$$

式中 I_{max}——最大容量电动机的额定电流；

$\sum_1^{n-1} I_M$——其余各台电动机额定电流之和。

（4）变压器高压侧跌落熔丝额定电流的选择应考虑变压器合闸时的励磁涌流，一般为额定电流的2~3倍，可参考表6-6选择。

表6-6 10 kV 配电变压器高压跌落熔丝选择表

变压器容量/kVA	10	20	30	50	60 80	100 125	160 180	200	250	315
熔丝额定电流/A	1	3	5	7.5	10	15	20	20	30	40

熔丝规格偏小，势必使熔丝非正常熔断。例如，容量均为 3 kW 的三相电热器和三相电动机，如果熔丝规格一致，对电热器可能是合适的，而电动机启动时，熔丝就会非正常熔断。熔断器的额定电流应大于或等于熔丝的额定电流。常常有这种情况，熔丝是合适的，但熔断器（熔盒）偏小。这样，熔断器的散热条件差，固定电接触不好，也容易使熔丝非正常熔断。

2）熔丝安装不合理

（1）熔丝端头绕向应正确，如果重叠或绕反，将使熔丝与熔断器端子接触不良或接头发热，使熔丝非正常熔断。熔丝端头绕向如图 6-17 所示。

（2）安装时，熔丝拉得太紧使熔丝截面积减小，或者熔丝过于弯曲使熔丝的发热量增加，均会使熔丝非正常熔断。熔线拉紧情况如图 6-18 所示。

（3）一根熔丝容量不够，需用多根熔丝时，一般不能将其绞扭成一股使用，因为这样会降低熔丝的总容量，也可能造成非正常熔断。多根熔丝安装如图 6-19 所示。

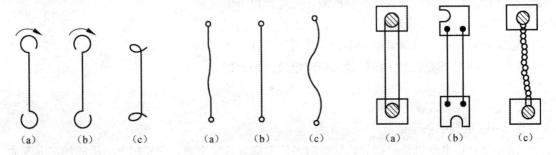

图 6-17　熔丝端头绕向　　　　图 6-18　熔丝拉紧示意图　　　　图 6-19　多根熔丝安装图
(a) 正确；(b)、(c) 错误　　(a) 正确；(b)、(c) 错误　　(a)、(b) 正确；(c) 错误

（4）固定熔丝的螺钉必须加平垫片，有的还需要加弹簧垫片，否则也容易造成熔丝非正常熔断。

（5）装有石英砂的熔断器，更换熔丝时，需更换全部石英砂。新的石英砂必须干燥，纯度不应低于 95%。否则也将因熔断器灭弧能力降低而使熔丝非正常熔断。

二、电力线路故障排除

1. **断路故障排除方法**

供配电系统在长期运行中，由于受机械力、电磁力的作用和热效应、严重氧化等原因，可能造成相线、中性线和设备内部的断路故障，使设备不能正常运行。因此，对这些常见的断路故障进行分析，做到准确地判断，迅速地排除故障、指导安装过程、消除先天隐患都有着重要的意义。

1）断路故障的原因

查找断路故障，首先要确定断路故障的大致范围，即在哪些线段，在哪些情况下容易发生断路故障。在线路中，除了开关触头等电接触点由于接触不良容易造成断路故障外，线路中的其他电连接点也容易发生断路故障。

（1）导线相互连接点。无论是采用铰接、压接、焊接、螺栓连接等任何一种连接方式的导线连接点，都是断路故障的多发点。电接触不良造成的断路故障占全部断路故障的 80% 以上，因而，查找断路故障首先应检查这些电接触点。

(2) 导线受力点。电气设备连接线中，有些线段的受力比其他线段大，如导线过墙、导线转弯、导线穿管、导线变截面、导线支撑点等，在外力或反复作用力下，也容易发生断路故障。

(3) 铜—铝过渡点。铜导线与铝导线相连接、铜母线和铝母线相搭接、铝导线与设备铜接线端子相连接等铜—铝过渡连接点，在电化学腐蚀下，最容易造成接触不良，产生断路故障。

2）断路故障的查找方法

查找断路故障，首先应根据故障现象判断出属于断路故障，再根据可能发生断路故障的部位确定断路故障的范围，然后利用检测工具，找出断路点。

(1) 回路分割法。一个复杂的线路总是由若干单个的回路构成的，电气设备故障也总是发生在某个回路中，因而将回路分割，实际上简化了线路，缩小了故障查找范围。

(2) 阻抗分析法。任何线路在正常状态和故障状态下呈现出不同的阻抗，即不同的阻抗状态，如低阻抗（负载阻抗）状态、高阻抗（开路）状态，0 阻抗状态。阻抗状态从另一个侧面反映了线路的故障情况。例如，一般负载（如照明、电动机）线路，正常情况下均处于低阻抗状态，如果为 0 状态，则是短路故障。但有些线路，如电流互感器线路，正常时应为 0 阻抗状态，低阻抗和高阻抗状态均为故障状态。

查找电力线路断线故障时，通常采用交流电桥法。交流电桥主要由固定电阻、可调电阻、标准电容、音频振荡器（频率为 1 000 Hz）和耳机等组成。

2. 线路短路故障查找方法

1）短路故障的类型

不同电位的导电部分之间被导电体短接，或者其间的绝缘被击穿，称为短路故障。

按照不同的情况，短路故障又划分为金属性短路、非金属性短路、单相短路、多相短路等。

(1) 金属性短路和非金属性短路。不同电位的两个金属导体直接相接或被金属导电线短接，称为金属性短路。金属性短路时，短路点电阻为零，因而短路电流很大。

若不同电位的两点不是直接相接，而是经过一定的电阻相接，则称为非金属性短路。非金属性短路时，短路点电阻不为零，因而短路电流不及金属性短路大，但持续时间可能很长，在某些情况下，其故障危害性更大。

(2) 单相短路和多相短路。在三相交流电路中，短路故障分为单相短路、三相短路、两相短路。只有其中一相对中性线或地线发生短接故障，称为单相短路故障。当发生单相短路时，故障相的设备将不能工作，与故障相接通的三相设备和两相设备也不能工作。三根相线相互短接，称为三相短路故障。三相短路是最严重的短路故障。两根相线相互短接，称为两相短路故障。

2）短路故障原因

产生短路故障的基本原因是不同电位的导体之间的绝缘击穿或者相互短接而形成的。

(1) 绝缘击穿。电路中不同电位的导体间是相互绝缘的。如果这种绝缘损坏了，就会发生短路故障。

(2) 导线相接。两条不等电位的导线短接，也是造成电路短路故障的重要原因。这种短接可能是由于外力作用，也可能是人为的误操作。

(3) 动物作祟。鸟类、老鼠等动物作祟，也是造成电路短路故障的重要原因。

（4）架空电力线路下方违章作业。在架空电力线路下方进行吊装和其他作业，不按规定操作，也容易造成电力线路短路。

3）短路故障的查找方法

（1）故障回路的查找。

① 万用表法。万用表法是在电路断电以后，用万用表欧姆挡（电阻挡）测定短路回路电阻的方法。

② 灯泡法。灯泡法是根据短路点电阻为零，接入灯泡加上电压后，灯泡必然发亮的原理查找故障的一种简易方法，特别适宜于 220 V 照明电路。

（2）短路故障点查找。查找到了短路故障支路，还要继续确定故障点的具体部位。短路故障点必然是回路中降压元件（如灯泡、电压型线圈、电机绕组、电阻等负载）的两端或内部。

以图 6-20 所示的电路为例，查找该回路短路故障的方法是：

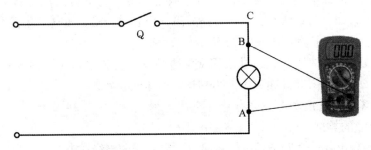

图 6-20 短路故障点的查找方法

① 断开降压元件（灯泡）的一端，用万用表电阻挡测量 A 与 B 之间（即降压元件两端之间）的电阻。若电阻为零，说明短路点在此负载内部；若电阻为某一值，说明负载内部完好，短路点在负载设备外部。

② 若短路点在外部，再测量 A 与 C 点之间的电阻。若阻值为零，则短路故障在 C 号导线至 A 号导线之间。断开这些线段的某些点依次测量，可找到确定的短路故障点。

3. 线路接地故障查找方法

从安全和运行的需要出发，电路和设备设置的接地属于正常接地，除此以外的接地属于故障接地。

1）线路接地故障的查找方法

线路接地故障就是线路对地的绝缘损坏，使电路对地的绝缘电阻大大降低，甚至为零。因此，查找线路接地故障，只要测量线路对地的绝缘电阻即可。当此绝缘电阻很低时，则只要测量其间的电阻即可。因而查找线路接地故障可以用绝缘电阻表（兆欧表）进行测量，也可以用万用表电阻挡测量。如图 6-21 所示。

当三相线路的 L_2 相接地时，首先应拆除与三相线路相连的设备，使三相导线不能通过设备的绕组相互连在一起，然后用绝缘电阻表依次测量各相对地的绝缘电阻。显然 L_1、L_3 相对地应有一定的绝缘电阻值（$M\Omega$），而 L_2 相对地绝缘电阻为零或很低。当绝缘电阻为零时，用万用表电阻挡测量效果一样；但当还有一定的绝缘电阻时，用万用表电阻挡测量可能会得不到正确的结论。

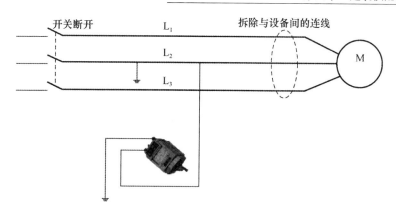

图 6-21　用绝缘电阻表测量电路接地故障

2）接地相的判别方法

当配电网产生金属性的完全接地时，一相对地电压降为零，另外两相对地电压升高为线电压，在这种情况下，接地故障和接地相是容易判别的。但是，当通过电阻产生不完全接地时，情况就比较复杂，容易产生误判断。

3）配电线路接地故障点的查找方法

配电线分支多，接地故障最难查找。好在配电线一般装有分段和分支跌落开关，故可按跌落开关的分布将线路分成几个区段。根据变电所提供的接地线路、相别及程度分段查找。

本 章 小 结

本章主要讲述了电能的产生、输送及分配；电力系统的电压等级及其适用范围；电力负荷的分类；常用低压电器的分类、选择及各种低压保护设备；供配电系统的基本形式；配电线路导线的选择及敷设；建筑供配电系统使用常见故障及排除。

课 后 习 题

1. 什么叫电力系统和电力网、主要由哪些部分组成？
2. 用电负荷等级划分的标准是什么？
3. 放射式和树干式低压配电方式各有什么特点？
4. 电气工程中常使用的线管有哪几种？
5. 暗配管及明配管如何敷设？
6. 供配电系统使用中常见的故障有哪几种？如何排除？

第七章 电气照明

本章要点：

通过本章学习，要求学生了解照明基本物理量，掌握常用电光源与灯具的选用，了解电气照明供电线路的布置，熟悉室内照明线路的敷设方式。

第一节 照明的基本知识

照明是以光学为基础的，同时要从光学的角度来考虑电气照明的基本要求，使得照明满足生产和生活的需要，为此要对有关光学的几个物理量有所了解。

一、基本物理量

1. 光通量

一个光源不断地向周围辐射能量，在辐射的能量中，有一部分能量使人的视觉产生光的感觉。光源在单位时间内，向周围空间辐射的使视觉产生光感觉的能量的总和，称为光通量，用 φ 表示，单位是流明（lm）。

光源消耗 1 W 电功率所发出的光通量 φ，称为电光源的发光效率，单位是流明/瓦（lm/W）。通常，白炽灯的发光效率为 10 ~ 20 lm/W；荧光灯为 50 ~ 60 lm/W；高压水银灯为 40 ~ 60 lm/W；高压钠灯为 80 ~ 140 lm/W；发光效率是研究光源和选择光源的重要指标之一。

2. 照度

照度是表示物体被照亮的程度的物理量。当光通量投射到物体表面时，可以把表面照亮，照度 E 就是照射到物体表面的光通量 φ 与物体表面面积 S 的比值，即

$$E = \varphi/S$$

照度的单位是勒克斯（lx），面积的单位是平方米（m^2）。若被照面积是 1 m^2，照射的光通量是 1 lm，则被照面上的照度就是 1 lx。

二、照明质量的基本要求

衡量照明质量的好坏，主要有以下几个方面。

1. 照度均匀

如果在被照面上照度不均匀，当人的眼睛从一个表面转移到另一个表面时，就需要一个适应过程，从而导致视觉疲劳。因此，为了使工作面上的照度均匀，在进行照明计算时，必须合理地布置灯具。

2. 照度合理

为了保证必要的视觉条件，提高工作效率，应根据建筑规模、空间尺度、服务对象、设计标准等条件，选择适当的照度值。在各类建筑中，工作面上的照度值可以按表 7-1 推荐照度值选取。

表 7-1 各类建筑中不同房间推荐照度值

建筑性质	房间名称	推荐照度/lx
居住建筑	厕所、盥洗室	5 ~ 15
	餐厅、厨房、起居室	15 ~ 30
	卧室	20 ~ 50
	单宿、活动室	30 ~ 50
科教办公建筑	厕所、盥洗室、楼梯间、走道	5 ~ 15
	食堂、传达室	30 ~ 75
	厨房	50 ~ 100
	医务室、报告厅、办公室、会议室、接待室、实验室、阅览室、书库、教室	75 ~ 150
	设计师、绘图室、打字室	100 ~ 200
	计算机房	150 ~ 300
医疗建筑	厕所、盥洗室、楼梯间、走道	5 ~ 15
	病房、健身房	15 ~ 30
	X 线诊断室、化疗室、同位素扫描室	30 ~ 75
	理疗室、麻醉室、候诊室	30 ~ 75
	解剖室、化验室、药房、诊室、护士站、医生值班室、门诊挂号处、病案室	75 ~ 150
	手术室、加速器治疗室、电子计算机 X 线扫描室	100 ~ 200
商业建筑	厕所、更衣室、热水间	5 ~ 15
	楼梯间、冷库、库房	10 ~ 20
	一般旅馆客房、浴池	20 ~ 50
	大门厅、售票室、小吃店	30 ~ 75
	餐厅、照相馆营业厅、菜市场、粮店、钟表眼镜店、银行出纳厅、邮电营业厅	50 ~ 100
	理发室、书店、服装商店	70 ~ 150
	字画商店、百货商场	100 ~ 200

3. 眩光

视野中由于不适宜亮度分布,或在空间或时间上存在极端的亮度对比,以致引起视觉不舒适和降低物体可见度的视觉条件,称为眩光。眩光使人厌恶、不舒服,也有可能产生视觉疲劳。因此,必须采取相应的措施来限制眩光。一般可以采用限制光源的亮度,降低灯具表面的亮度,也可以通过正确选择灯具,合理布置灯具的位置,并选择适当的悬挂高度来限制眩光。当照明灯具悬挂高度增加,眩光作用就可以减小。照明灯具距地面的最低悬挂高度规定见表 7-2。

表 7-2 照明灯具距地面的最低悬挂高度规定

光源种类	灯具形式	光源功率/W	最低悬挂高度/m
白炽灯	有反射罩	≤60	2.0
		100 ~ 150	2.5
		100 ~ 300	3.5
		≥500	4.0
	有乳白玻璃漫反射罩	≤100	2.0
		150 ~ 200	2.5
		300 ~ 500	3.0

光源种类	灯具形式	光源功率/W	最低悬挂高度/m
卤钨灯	有反射罩	≤500	6.0
		1 000 ~ 2 000	7.0
荧光灯	无反射罩	<40	2.0
		>40	3.0
	有反射罩	≥40	2.0
荧光高压汞灯	有反射罩	≤125	3.5
		250	5.0
		≥400	6.0
高压汞灯	有反射罩	≤125	4.0
		250	5.5
		≥400	6.5

4. 光源的显色性

在采用电气照明时，如果一切物体表面的颜色基本保持原来的颜色，这种光源的显色性就好。反之，在光源照射下，物体的颜色发生了很大的变化，这种光源的显色性就差。在需要正确辨别色彩的场所，应采用显色性好的光源，如白炽灯、日光灯是显色性较好的光源，而高压水银灯的显色性差。

照明质量的好坏，除上述诸因素外，还需考虑照度的稳定性，消除频闪效应等。

三、照明方式

房屋的照明可分为正常照明和事故照明两大类。

1. 正常照明

正常照明是满足一般生产、生活需要的照明。正常照明有三种照明方式。

1）一般照明

一般照明又称为总体照明，可以使整个房屋内都具有一定的照度。如教室、阅览室等都宜采用一般照明。

2）局部照明

局部照明是为满足局部区域高照度的要求，单独为该区域设置照明灯具的一种照明方式。局部照明又有固定式和移动式两种。固定式局部照明的灯具是固定安装的；移动式局部照明灯具可以移动。为了人身安全，移动式局部照明灯具的工作电压不得超过 36 V。如检修设备时供临时照明用的手提灯。

3）混合照明

由一般照明和局部照明组成的照明方式，称为混合照明。在整个工作场所采用一般照明，对于局部工作区域采用局部照明，以满足各种工作面的照度要求。这种照明方式，在工业厂房中应用较多。

2. 事故照明

在正常照明突然停电的情况下，供继续工作和使人员安全通行的照明，称为事故照明。

如医院的手术室、急救室、大型影剧院等都需要设置事故照明。

事故照明应采用白炽灯或碘钨灯等能瞬时点燃的光源。当事故照明作为工作照明的一部分而经常点燃，且不需切换电源时，可采用其他光源。用于继续工作的事故照明，在工作面上的照度不得低于一般照明推荐照度的10%；用于人员疏散的事故照明，其照度不应低于0.5 lx。

第二节　照明光源与灯具

一、电光源

目前，电气照明采用的电光源可分为两大类：一类是热辐射光源，如白炽灯、碘钨灯；另一类是气体放电光源，如荧光灯、高压水银灯、氙灯等。下面介绍几种在生产和生活中常用的电光源。

1. 白炽灯

白炽灯主要是由灯头、灯丝、玻璃泡组成，如图7-1所示。灯丝用高熔点的钨丝材料绕制而成，并封入玻璃泡内，玻璃泡内抽成真空后，再充入惰性气体氩或氮，以提高灯泡的使用寿命。当电流通过灯丝时，由于电流的热效应，使之达到白炽而发光。由于白炽灯的结构简单、成本低、使用方便、便于调光、启动迅速等优点，因此它是当前广泛使用的一种电光源。

白炽灯的主要缺点是发光效率低、寿命短。其主要原因是白炽灯泡在工作时，钨丝不断蒸发，使灯丝截面越来越细，久而久之便使钨丝熔断，同时，蒸发的钨还会使玻璃泡内壁变黑，使灯泡的发光效率降低。

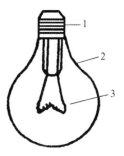

图7-1　白炽灯结构

1—灯头；2—玻璃泡；

3—灯丝

2. 碘钨灯

在玻璃管内充入适量的氩气和碘，形成碘钨灯。碘钨灯的结构如图7-2所示，灯管用耐高温的石英玻璃制成，螺旋状灯丝由支架支撑装设在灯管的轴线上，灯管两端用钼箔与石英玻璃管密封，由两端引出电极。灯丝点燃后，灯丝在高温下工作，蒸发出来的钨在管壁附近较低温处与碘化合成碘化钨，当碘化钨向管心扩散时，移到灯丝附近，受高温而分解为钨和碘，于是，钨回到灯丝上，碘原子重新向管壁扩散。由此可见，碘的作用是把蒸发出来的钨不断送回灯丝，这样便延长了灯丝的寿命，避免了管壁发黑。由于管内的工作温度高，辐射的可见光成分大，而且管壁不易变黑，提高了管壁的透光率。从以上分析可知，碘钨灯与白炽灯相比，发光效率大大提高。

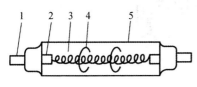

图7-2　碘钨灯结构

1—电极；2—钼箔；3—灯丝；

4—支架；5—石英玻璃管

碘钨灯具有体积小、寿命长、发光效率高等优点，因而得到广泛的应用。碘钨灯使用时，应使灯管保持水平，最大倾斜角不大于4°，否则将使灯管寿命缩短。

3. 荧光灯

荧光灯又称为日光灯,是目前广泛使用的一种电光源。荧光灯电路由灯管、镇流器、起辉器三个主要部件组成,如图7-3所示。图7-3(a)为镇流器只有一个主线圈的荧光灯电路。图7-3(b)为镇流器具有一个主线圈和一个副线圈的荧光灯电路。副线圈的作用是荧光灯起辉时,副线圈中瞬间产生一部分感应电压,与主线圈中的感应电压、电源电压共同作用后,帮助荧光灯尽快点燃。荧光灯正常工作时,副线圈中不通过电流。

在使用时,主、副线圈的接头不能接错,否则将烧坏灯管或镇流器。

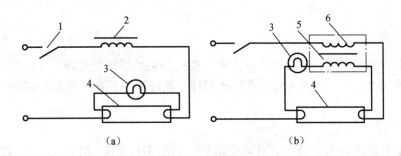

图 7-3　荧光灯工作电路

(a) 具有一个主线圈的荧光灯电路;(b) 具有一个主线圈和一个副线圈的荧光等电路

1—开关;2—镇流器;3—起辉器;4—灯管;5—副线圈;6—主线圈

灯管的结构是在玻璃灯管的两端各装有钨丝电极,电极与两根引入线焊接,并固定在玻璃柱上,引入线与灯帽的两个灯脚连接。灯管内壁均匀地涂一层荧光粉,管内抽成真空并充入少量汞和惰性气体氩,如图7-4(a)所示。镇流器是一个具有铁芯的线圈,自感系数较大。起辉器的结构是在一个充有氖气的玻璃泡中装有固定的静触片和双金属片制成的 U 形动触片,如图7-4(b)所示。

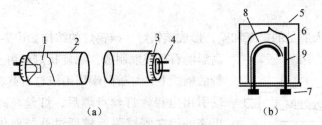

图 7-4　荧光灯和起辉器的结构

(a) 荧光灯;(b) 起辉器

1—灯丝;2—玻璃管;3—灯帽;4—灯脚;5—外壳;6—玻璃壳;

7—电极;8—双金属片(动触片);9—静触片

荧光灯电路的工作原理是:当接通电源后,电源电压加在起辉器的动触片和静触片之间,由于电极间的间隙小,使泡内的氖气产生辉光放电,其热量使双金属片伸张,并与静触片接通,使灯管灯丝通过电流而被加热,发射出大量电子。这时由于起辉器的动、静触片接通,辉光放电消失,双金属片冷却后恢复原状,使动、静触片断开,电路的电流被突然切断,镇流器的线圈中瞬间产生一个自感电动势与电源电压叠加,形成一个高电压加在灯管的两端，因管内存在大量电子，在高电压作用下，使气体击穿，随后在较低电压作用下维持放电状态而形成电流通路，这时，镇流器由于本身的阻抗，产生较大的电压降，使灯管两端维持较低的工作电压。

当灯管两极放电时，管内汞原子受到电子的碰撞，激发产生紫外线，照射到灯管内壁的荧光粉上，发出近乎白色的可见光。

荧光灯的主要优点是发光效率高（一般可达 50～60 lm/W）、寿命长、光色柔和等，因此得到广泛应用。荧光灯在使用过程中应注意以下几点：

（1）荧光灯工作时环境温度过高或过低都会造成起辉困难和发光效率降低，其适宜的工作温度为 18 ℃～250 ℃。

（2）荧光灯不宜频繁启动。

（3）荧光灯的发光是随交流电的变化周期性地闪烁，这种现象称为频闪效应。如果在用荧光灯照明的场所有转动物体，转动的频率又正好是灯光周期变化的整数倍时，则转动的物体看上去好像是静止的，这种错误判断容易造成人身事故，所以，在机加工车间一般不宜采用荧光灯照明。

（4）灯管必须与相应规格的镇流器、起辉器配套使用。

4. 荧光高压水银灯

高压水银灯的主要构成部分是涂有荧光粉的玻璃管壳和放电管。放电管内装有主电极 E_1、E_2 和辅助电极 E_3，并在放电管内充入适量的水银和氩气。在玻璃管壳内装有与辅助电极相串联的附加电阻和电极引线。玻璃管壳与放电管之间抽成真空并充入少量惰性气体。高压水银灯的结构和工作原理如图7-5所示。

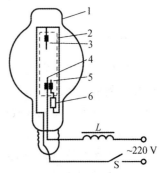

图7-5 荧光高压水银灯
1—玻璃管壳；2—放电管；3—主电极 E_2；4—主电极 E_1；5—辅助电极 E_3；6—附加电阻

高压水银灯工作原理是：当电路接通电源时，主电极 E_1 和辅助电极 E_3 首先被击穿，发生辉光放电，产生大量的电子和离子，在两主电极电场的作用下，很快发展到两主电极之间的弧光放电。辅助电极上因串有一个较大的附加电阻，所以，两主电极开始放电后，E_1 和 E_3 之间停止放电。由于主电极之间放电，使放电管内的水银逐渐气化，并产生大气压，直到压力达 1～3 个大气压。高压水银放电产生的紫外线照射玻璃壳内表面的荧光粉而发出荧光，所以，称为荧光高压水银灯。

荧光高压水银灯的主要特点是：

（1）发光效率高，使用寿命长，但显色性差。一般主要用于道路、广场等大面积场合的照明。

（2）荧光高压水银灯不宜用于频繁开关的场所，其主要原因是灯熄灭后，由于放电管仍保持较高的蒸气压力，不能立即重新点燃，必须经过 5～10 min 的冷却，管内的水银蒸气凝结后才能再次点燃。

随着科学技术的不断发展，新型电光源不断出现。如高压钠灯、氙灯、钠铊铟灯等，它们的发光原理都很有特色，其结构和工作原理各异，见表7-3。

表 7-3　常用电光源的主要特性比较

参　数	光源名称					
	白炽灯	荧光灯	高压水银灯	囟钨灯	高压钠灯	管形氙灯
额定功率范围/W	10~1 000	6~125	50~1 000	500~2 000	250~400	1 500~105
发光效率/(lm·W⁻¹)	6.5~19	25~67	30~50	19.5~33	90~100	20~37
平时寿命/h	1 000	2 000—3 000	2 500~5 000	1 500	3 000	500~1 000
启动稳定时间	瞬时	1~3 min	4~8 min	瞬时	4~8 min	1~2 s
再启动时间	瞬时	瞬时	5~15 min	瞬时	10~20 min	瞬时
功率因数/cosφ	1	0.33~0.7	0.44~0.67	1	0.44	0.4~0.9
频闪效应	不明显	明显	明显	不明显	明显	明显
表面亮度	大	小	较大	大	较大	大
电压变化对光通量的影响	大	较大	较大	大	大	较大
环境温度对光通量的影响	小	大	较小	小	较小	小
耐振性能	较差	较好	好	差	较好	好
所需附件	无	镇流器 起辉器	镇流器	无	镇流器	镇流器 触发器
一般显色指数/Ra	95~99	70~80	30~40	95~99	20~25	90—94

二、灯具

灯具是对光源发出的光线进行再分配的装置。由于光源发出的光线向四周辐射，得不到很好的利用，经济上是一种损失，同时，光线太强，还会产生耀眼的眩光，所以，常常在光源上加装灯罩，使光线按需要进行分布。灯具还具有固定光源，保护光源，同时起到装饰、美化建筑物的作用。

按照光通量重新分配的情况不同，灯具可分为下列几种形式。

1. 灯具的分类

1）直射照明

能使90%以上的光通量向下投射，使大部分光线集中到工作面上的灯具。例如，用于工厂的深照型灯具。

2）半直射照明

使60%以上的光通量向下投射，这种灯具虽不如直射照明的光通量向下集中，但是由于增加了天棚、墙壁的扩散光，全室较明亮，阴影变淡。例如，家庭用的塑料碗形灯。

3）漫射式照明

投射到周围空间各个方向的光通量大致相同，例如，乳白玻璃圆球灯。

4）间接照明

使90%以上的光线向上投射到天棚、墙壁或特种反射器上面，然后反射到被照面上，采用这种照明时对天棚和墙面要求较高。间接照明时光的利用率低，但是，照明光线柔和，阴影基本被消除。例如，金属制反射型吊灯、金属制反射型壁灯等。

几种常用的照明灯具形式，如图7-6所示。

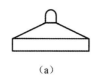
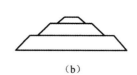

（a） （b） （c） （d）

图 7-6 照明灯具形式

（a）配照型；（b）广照型；（c）深照型；（d）球型

2. 灯具的安装

在选用灯具时，除了选用灯具的形式外，还应正确选用安装方式，建筑物灯具的安装方式通常有下列几种。

1）吸顶式

将照明灯具直接安装在天棚上，称为吸顶式，如图 7-7（a）所示。为了防止眩光，常采用乳白玻璃吸顶灯或乳白塑料吸顶灯。

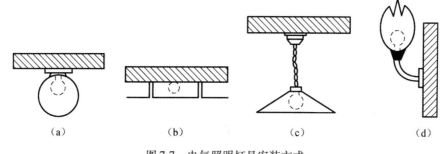

（a） （b） （c） （d）

图 7-7 电气照明灯具安装方式

（a）吸顶式；（b）嵌入式；（c）悬挂式；（d）壁装式

2）嵌入式

将照明灯具嵌入天棚内的安装方式，称为嵌入式，如图 7-7（b）所示。具有吊顶的房间常采用嵌入式。

3）悬挂式

用软导线、链子等将灯具从天棚处吊下来的方式，称为悬挂式，如图 7-7（c）所示。悬挂式在一般照明中是应用较多的一种安装方式。

4）壁装式

用托架将灯具直接安装在墙壁上的方式，称为壁装式，如图 7-7（d）所示。壁装式照明灯具主要作为装饰之用，兼作局部照明，是一种辅助性照明。

除上述常用照明形式和安装方式外，为适应特殊环境的需要，还有一些特殊的照明灯具，如防水灯具、防爆灯具等。

第三节 电气照明使用中常见故障及排除

照明装置不正常运行是非常多见的现象，如开灯不亮，灯突然熄灭。再比如日光灯镇流器声音增大；拉线开关的拉绳易磨损；闸刀开关因过负荷高热至发红等现象。下面本书将重点分析电气照明中一些常见故障。

一、照明电路短路

1. 故障现象

短路时，电流很大，保险丝迅速熔断，电路被切断。如果保险丝太粗不能熔断，则会烧毁导线，甚至会引起火灾。

2. 故障原因

（1）接线错误，火线与零线相碰接。

（2）绝缘导线的绝缘层损坏，在破损处碰线或接地。

（3）用电器具接线不好，接线相碰，或不用接头，直接将导线插入插座内，造成混线短路。

（4）用电器其内部损坏，导线碰到金属外壳上。

（5）灯头内部损坏，金属片相碰短路。

（6）房屋失修或漏水，造成线头脱后相碰或接地。

（7）灯头进水等。

3. 检修方法

如果保险丝连续熔断，切不可用金属丝或粗保险丝代替，必须找到短路点，排除短路故障之后才可送电。

（1）如果同一线路中，只要某一灯一开便发生短路故障，则应检查故障段电路。

（2）检查重点为灯头、电源插头及用电器具的接线端头。

（3）禁止直接用导线插入插座，导线接头处应包扎好，金属不得裸露出来。

（4）换掉损坏了的灯头、开关和接线。

（5）灯头及开关必须保持干燥，不得进入雨水。

如果采用观察法不能找到短路点，则可用万用表的欧姆挡在断电情况下进行电路分割检查，测量电阻，找到短路原因，再予修理。

二、照明电路断路

1. 故障现象

线路发生断路故障，电路无电压，电灯不亮，用电器具不能工作。

2. 故障原因

（1）保险丝熔断。

（2）线头松脱，导线断裂。

（3）开关损坏，不能将电路接通。

（4）铝线端头腐蚀严重等。

3. 检修方法

如果同一线路中的其他灯泡都明亮，只一个灯泡不亮，则为此一段电路故障，应注意检查灯丝、灯头及开关，多为灯丝烧断。对于日光灯应检查镇流器和起辉器。如果同一线路中的所有灯泡均不亮，就检查保险丝是否熔断及有无电源电压。保险丝熔断，要注意线路中有无短路故障，如果保险丝没断而火线上无电压，则应检查前一级保险丝是否烧断。

三、照明电路漏电

1. 故障现象

（1）用电度数比平时增加。

（2）建筑物带电。

（3）电线发热。

当出现以上几种现象时，必须把电路里的灯泡和其他用电器全部卸下，合上总开关，观察电度表的铅盘是不是在转动，如果铅盘仍在转动（要观察一圈），这时可拉下总开关，观察铅盘是否继续转动。如果铅盘在转动，说明电度表有问题，应检修；铅盘不转动，则说明电路里漏电，铅盘转得越快，漏电越严重。

2. 故障原因

电路漏电的原因很多，检查时应先从灯头、挂线盒、开关、插座等处着手。如果这几处都不漏电，再检查电线，并应着重检查以下几处：

（1）电线连接处。

（2）电线穿墙处。

（3）电线转弯处。

（4）电线脱落处。

（5）双根电线绞合处。

检查结果中如果只发现一处或两处漏电，只要把漏电的电线、用电器或电气装置修好或换上新的就可以了；如果发现多处漏电，并且电线绝缘全部变硬发脆，木台、木槽板多半绝缘不好，那就要全部换新的。

3. 检修方法

漏电不但浪费电力，还会危害人身安全，所以对线路应定期检查，排除漏电故障。通常检查方法是测量绝缘电阻，检查绝缘情况。检查应先从灯头、开关、插座等处查起，然后进一步检查电线。对于穿墙、转弯、交叉、绞合及容易腐蚀和潮湿地方，要特别注意检查。更换漏电的设备和寻线，除掉线路上的灰尘污物。

四、照明电路燃烧事故

1. 事故原因

电路燃烧是比较严重的用电事故，必须严格防止。引起电路燃烧的原因主要有：

（1）电线和电气装置因受潮而绝缘不好，引起严重的漏电事故。

（2）电线和电气装置发生短路，而保险丝太粗，不能起保险作用。

（3）一条电路里用电太多，而保险丝又失去了保险作用。

电路燃烧前，通常要发出橡胶或胶木的焦臭味，这时就应停电检修，不可继续使用。

2. 事故对策

一旦电路发生燃烧，首先应采取断电措施，绝不可见了火就用水浇或用灭火器去灭火。断电的方法可根据电路燃烧的情况而定：如果是个别用电器燃烧，可关掉开关或拔下插头，停止使用这个用电器，然后进行检查；如果是整个电路发生燃烧，应立即拉下总开关，断开电源（如果总开关离得很远，可在离开燃烧处较远的地方用有绝缘柄的钢丝钳或木柄干燥的斧头把两根电线一先一后地切断。操作时，须用干燥的木板或木凳垫在脚下，使人体与大地绝缘）。当电源切断后，火势仍不熄灭，才可用水或灭火器灭火，但未切断电源的电路仍应避免受潮。

五、灯头和开关常见故障

1. 灯头

螺旋口式灯头里有一块有弹性的铜片，这块铜片往往会因弹性不足而不能弹起。发现这种现象，要拉下总开关，切断电源，再用套有绝缘管的小旋凿把铜片拨起。如果弹性的铜片表面有氧化层或污垢，应将其表面刮干净，否则，也会使灯泡不亮。

2. 开关

扳动式开关里有两块有弹性的铜片，作为静触点，这两块铜片往往因使用日久而各弯向外侧。发现这种现象，可先拉下总开关，切断电源，再用小旋凿把铜片弯向内侧。

拉线式开关的拉线往往会在拉线口处断裂。换线时，可先拉下总开关，切断电源，把残留在开关里的线拆除，接着用小旋凿把穿线孔拨到拉线口处，把剪成斜形的拉线尖端从拉线口穿入，穿过穿线孔后打一个结即成。

本 章 小 结

本章主要讲述了光学的基本物理量的概念、照明质量的基本要求、照明的不同方式及作用；各种照明光源与不同灯具的作用；电气照明使用中常见的故障及排除方式。

课 后 习 题

1. 照明质量的好坏从哪几个方面考虑？
2. 常用的电光源有哪几种？各有什么优缺点、各适合于什么场所使用？
3. 按照光通量重新分配的情况不同，灯具可分为哪几种形式？
4. 电气照明使用中常见的故障及排除方法是什么？

第八章　安全用电与防雷

本章要点:

通过本章的学习,要求学生掌握安全用电的基本常识及触电急救的步骤;掌握保护接地与保护接零的基本概念;了解建筑防雷的基本措施。

第一节　安全用电技术

安全用电是指在用电和电气操作中保证人身安全及设备安全不受损害或损失。安全用电工作的重点是防止发生人身触电事故。

一、常见的触电方式

触电是人体意外接触电气设备或接触线路的带电部分而造成的人身伤害事故。按人触及带电体的方式和电流通过人体的途径,触电可分为以下 3 种情况。

1. 单相触电

单相触电是指人站在地面上,人体触及一相带电体的触电事故。大部分触电事故是单相触电事故,其危险程度与中性点是否接地有关,中性点接地系统里的单相触电比中性点不接地系统的危险性大。如图 8-1 所示。

2. 两相触电

两相触电是指人体的两处同时触及两相带电体的触电事故,如图 8-2 所示,这时人体承受的是 380 V 的线电压,其危险性一般比单相触电大。

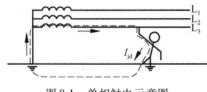

图 8-1　单相触电示意图

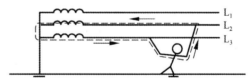

图 8-2　两相触电示意图

3. 跨步电压触电

当带电设备接地时,电流在接地点周围土壤中产生电压降。人体靠近接地点周围引起的触电事故叫跨步电压触电,如图 8-3 所示。在高压接地点附近地面电位很高,距接地点越远则电位越低。

跨步电压能使电流通过人体而造成伤害。因此,当设备外壳带电或通电导线断落在地面时,应立即将故障地点隔离,不能随便触及,也不能在故障地点附近移动。已受到跨步电压威胁者应采取单脚或双脚并拢方式迅速离开危险区域。

图 8-3　跨步电压触电

二、电流对人体的伤害

电流对人体的伤害程度与下述因素有关。

1. 通过人体的电流值

电流是危害人体的直接因素，当通过人体的电流在 30 mA 以上时，就会产生呼吸困难，肌肉痉挛，甚至发生死亡事故。所以一般认为 30 mA 以下是安全电流。在高压触电或雷击的情况下，大电流通过人体会产生严重灼伤，炭化等永久性伤害，称为电伤，也可致人死亡。

2. 人体电阻值

触电通过人体的电流值取决于作用到人体的电压和人体的电阻值。人体的电阻与触电部分的皮肤表面状态、接触面积及身体的状况等有关，通常从几百欧到几万欧不等。一般在干燥环境中，人体电阻大约在 2 kΩ 左右；皮肤出汗时，约为 1 kΩ 左右；皮肤有伤口时，约为 800 Ω 左右。

人体触电时，皮肤与带电体的接触面积越大，人体电阻越小。人体电阻的大小是影响触电伤害程度的重要因素。当接触电压一定时，人体电阻越小，流经人体的电流越大，触电者就越危险。

3. 电流通过人体时间的长短

电流在人体内持续时间越长，电流的热效应和化学电解效应越高，人体发热和电解越严重，并使人体的电阻减小，进而流过人体的电流逐渐增大，伤害越来越大。

4. 电流流过人体的途径

电流通过头部，会使人立即昏迷；通过脊髓，会使人肢体瘫痪；通过心脏和中枢神经，会引起神经失常、心脏停跳、呼吸停止、全身血液循环中断，从而造成死亡。因此，电流从头部到身体任何部位及从左手经前胸到脚的途径是最危险的；其次是一侧手到另一侧脚的电流途径；再次是同侧的手到脚的电流途径，然后是手到手的电流途径；最后是脚到脚的电流途径。触电者由于痉挛而摔倒，导致电流通过全身或二次事故的事例也是很多的。

5. 电流的频率

直流电、高频和超高频电流对人体的伤害程度较小。例如：人体能耐受 50 mA 的直流电流，对几千以至上万 Hz 的交流电流，也有较大的耐受能力，特别是超高频电流不通过体内的重要器官（特别是心脏），一般只会造成皮肤上的灼伤。50 Hz 的工频交流电流对人体的伤害是最大的。

6. 触电电压

电压越高对人体的危险越大，这就涉及一个安全电压的问题。

按人体电阻是 2 kΩ 计算，若触及 36 V 电源，则通过人体的电流是 18 mA，对人体的安全不会构成威胁，所以通常规定 36 V 或 36 V 以下的电压为安全电压。在环境潮湿、容易漏电的场合工作，普通移动式照明灯具应采用 36 V 低压线路，在一些条件更差的工作环境则应采用更低的电压（如 12 V）供电，才能保证安全。隧道施工照明或建筑施工照明用的安全电压是 36 V，24 V，12 V。

三、常用的安全用电措施

1. 安全电压

一般情况下，36 V 电源对人体的安全不会构成威胁，所以通常称 36 V 以下的电压为安全电压。

2. 保护用具

保护用具是保证工作人员安全操作的工具。设备带电部分应有防护罩，或置于不易触电的高处，或采用连锁装置。此外，使用手电钻等移动电器时，应使用橡胶手套、橡胶垫等保护工具，不能赤脚或穿潮湿的鞋子站在潮湿的地面上使用电器。

3. 保护接地、保护接零和漏电保护

在正常情况下，电气设备的外壳是不带电的，但当绝缘损坏时，外壳就会带电，人体触及就会触电。为了保证操作人员的安全，必须对电气设备采用保护接地或保护接零措施，这样即使在电气设备因绝缘损坏而漏电，人体触及时也不会触电。

4. 注意事项

（1）判断电线或用电设备是否带电，必须用试电器，决不允许用手触摸。

（2）在检修电气设备或更换熔体时，应切断电源，并在开关处挂上"严禁合闸"的牌子。

（3）安装照明线路时，开关和插座离地一般不低于 1.3 m。有必要时，插座可以装低，但离地不应低于 15 cm。不要用湿手去摸开关、插座、灯头等带电设备，也不要用湿布去擦灯泡。

（4）屋内配线时严禁使用裸导线和绝缘破损的导线，若发现电线、插头插座有损坏，必须及时更换。塑料护套线连接处应加接线盒。严禁将塑料护套线或其他导线直接埋设在水泥或石灰粉刷层内。

（5）在电力线路附近，不要安装收音机、电视机的天线；不放风筝；不要在带电设备周围使用钢板尺；严禁用铜丝代替熔丝。

（6）发现电线或电气设备起火，应迅速切断电源，在带电状态下，决不能用水或泡沫灭火器灭火。

（7）雷电天尽量不外出；遇雨时不要往大树下躲雨或站在高处，而应就地蹲在低洼处，并尽量双脚并拢。

四、触电急救

1. 自救

当自己触电而又清醒时，首先保持冷静，设法脱离电源，向安全的地方转移，如遇跨步电压电击时要防止碰倒、跌伤等二次伤害事故。

2. 互救

对于他人触电，第一步是使触电者脱离电源，如拉闸、断电或将触电者拖离电源等。具体的办法是：

（1）迅速拉闸或拔掉电源插头，如一时找不到电源开关或距离较远，可用绝缘工具剪断、切断、砸断电源线。

（2）迅速用绝缘工具，如干燥的竹竿、木棍挑开触电者身上的导线或电气用具。

（3）站在干燥的木板、农作物等绝缘体上，戴绝缘手套或裹着干燥衣物拉开导线、电气用具或触电者。

3. 医务抢救

触电者脱离电源后，必须根据情况立即实施医务抢救。据统计，触电后不超过 1 min 开始救治，90% 有良好的效果；触电后 6 min 开始救治，仅 10% 有良好的效果；触电后 12 min 才开始救治者，救活率很小。所以及时抢救极为重要。

触电者往往呈现昏迷，甚至停止呼吸和心跳，这通常是假死，应立即针对具体情况采用相应的救治措施。抢救触电者往往需要很长的时间，甚至有连续不断 6 h 的救治而成功的实例，所以救治操作必须耐心、细致，不间断地进行，直至发现触电者全身冰凉且有尸斑或瞳孔放大，用强光刺激眼睛时，瞳孔也不收缩，才可断定死亡，并且最好由医生做出判断。

如果触电者脱离电源后，神志清醒，但是心慌无力，甚至四肢麻木，应将其抬到通风处静躺 1～2 h，派专人守护，并请医生施行血压、呼吸、心率等检查采取相应的医疗措施。

若触电者神志已不清，处于昏迷昏死状态，呼吸停止或心跳停止，甚至两者全停，就要立即进行人工呼吸或用胸外挤压法帮助心脏起搏，并立即请医生或送医院抢救。途中不得中断人工呼吸或胸外挤压。不宜用帆布担架、小人力车等工具或背驮的方法护送病人，也不能用摇晃身体、木板压、泼水等毫无科学根据的方法进行"抢救"。强心针的使用必须慎之又慎，稍不得当往往会加速触电者的死亡。

下面介绍两种抢救方法。

1）口对口人工呼吸法

当触电者无呼吸时使用，抢救时由一个人实施，采用二手捏住鼻孔，掰开口后，对其口吹气使之吸气，放松鼻孔使之呼气，频率 12 次/min，如掰不开口，对鼻吹气也可以如图 8-4 所示。对儿童采用此法时吹气不要过猛过量。

2）胸外心脏按压法

当触电者脉搏全无、心脏停跳时，还应该在胸外施行挤压，帮助其心脏起搏。方法是救护者双手相叠，掌根放在触电者两乳之间略下一点，用掌根向下压 3～4 cm，频率 60 次/min 左右，每次挤压后手掌迅速放松，如图 8-5 所示。

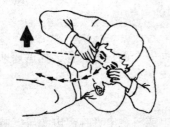

图 8-4　口对口人工呼吸法　　　　　　　图 8-5　胸外心脏按压法

第二节　接地与接零

一、故障接地的危害和保护措施

当电气设备发生碰壳短路或电网相线断线触及地面时，故障电流就从电器设备外壳经接地体或电网相线触地点向大地流散，使附近的地表面上和土壤中各点出现不同的电压。如人体接近触地点的区域或触及与触地点相连的可导电物体时，接地电流和流散电阻产生的流散电场会对人身造成危险。

为保证人身安全和电气系统、电气设备的正常工作需要，采取保护措施很有必要，一般将电气设备的外壳通过一定的装置（人工接地体或自然接地体）与大地直接连接。采取保护接地措施后，如相线发生碰壳故障时，该线路的保护装置则视为单相短路故障，并及时将线路切断，使短路点接地电压消失，确保人身安全。

二、接地的连接方式

1. 工作接地

在正常情况下，为保证电气设备的可靠运行并提供部分电气设备和装置所需要的相电压，将电力系统中的变压器低压侧中性点通过接地装置与大地直接相连，该方式称为工作接地。如图 8-6 所示。

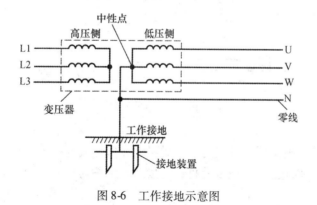

图 8-6　工作接地示意图

2. 保护接地

为了防止电气设备由于绝缘损坏而造成的触电事故，将电气设备的金属外壳通过接地线与接地装置连接起来，这种为保护人身安全的接地方式称为保护接地。其连接线称为保护线（PE），如图 8-7 所示。

3. 工作接零

当单相用电设备为获取单相电压而接的零线，称为工作接零。其连接线称中性线（N）与保护线共用的称为 PEN 线。如图 8-8 所示。

4. 保护接零

为防止电气设备因绝缘损坏而使人身遭受触电危险，将电气设备的金属外壳与电源的中性线用导线连接起来，称为保护接零。其连接线称为保护线（PE）或保护零线。如图 8-9 所示。

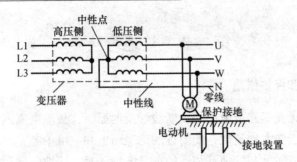

图 8-7　保护接地示意图

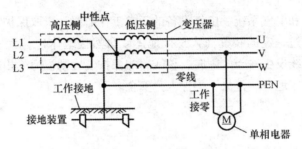

图 8-8　工作接零示意图

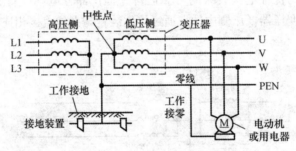

图 8-9　保护接零示意图

5. 重复接地

当线路较长或接地电阻要求较高时，为尽可能降低零线的接地电阻，除变压器低压侧中性点直接接地外，将零线上一处或多处再进行接地，则称为重复接地，如图 8-10 所示。

6. 防雷接地

防雷接地的作用是将雷电流迅速安全地引入大地，避免建筑物及其内部电器设备遭受雷电侵害。防雷接地如图 8-11 所示。

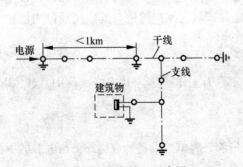

图 8-10　重复接地示意图

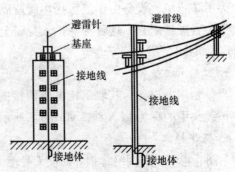

图 8-11　防雷接地示意图

7. 屏蔽接地

由于干扰电场的作用会在金属屏蔽层感应电荷，而将金属屏蔽层接地，使感应电荷导入大地，该方式称屏蔽接地，如专用电子测量设备的屏蔽接地等。

8. 专用电子设备的接地

如医疗设备、电子计算机等的接地，即为专用电气设备的接地。电子计算机的接地主要有：直流接地和安全接地。一般电子设备接地有：信号接地、安全接地、功率接地等。

9. 接地模块

接地模块是近年来推广应用的一种接地方式。接地模块顶面埋深不小于 0.6 m，接地模块间距不应小于模块长度的 3~5 倍。接地模块埋设基坑，一般为模块外形尺寸的 1.2~1.4 倍，且在开挖深度内详细记录地层情况。接地模块应垂直或水平就位，不应倾斜设置，保持与原土层接触良好。接地模块应集中引线，用干线把接地模块并联焊接成一个环路，干线的材质与接地模块焊接点的材质应相同，钢制的采用热浸镀锌扁钢，引出线不少于两处。

10. 建筑物等电位联结

建筑物等电位联结作为一种安全措施多用于高层建筑和综合建筑中。《建筑电气工程施工质量验收规范》（GB 50303—2002）中要求：建筑物等电位联结干线应从与接地装置有不少于 2 处直接连接的接地干线或总等电位箱引出，等电位联结干线或局部等电位箱间的连接线形成环行网路，环行网路应就近与等电位联结干线或局部等电位箱连接。

等电位联结的线路最小允许截面为：铜干线 16 mm^2，铜支线 6 mm^2；钢干线 50 mm^2，钢支线 16 mm^2。

三、接地装置的安装

接地体与接地线的总体称为接地装置，如图 8-12所示。

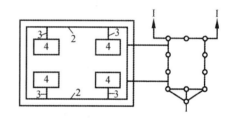

图 8-12　接地装置示意图
1—接地体；2—接地干线；
3—接地支线；4—电气设备

1. 接地体的安装

接地体的材料均应采用镀锌钢材，并应充分考虑材料的机械强度和耐腐蚀性能。垂直接地体的每根接地体的水平间距应大于或等于 5 m，其布置形式如图 8-13 所示。

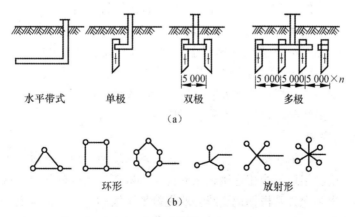

图 8-13　垂直接地体的布置形式
（a）剖面；（b）平面

垂直接地体的制作如图 8-14 所示。安装垂直接地体时一般要先挖地沟，再采用打桩法将接地体打入地沟以下，接地体的有效深度不应小于 2 m。

水平接地体常见的形式有带形、环形和放射形等几种，如图 8-15 所示。水平安装的人工接地体，其材料一般采用镀锌圆钢和扁钢制作。采用圆钢时其直径应大于 10 mm；采用扁钢时其截面尺寸应大于 100 mm²，厚度不应小于 4 mm。其规格参数一般由设计确定。水平接地体所用的材料不应有严重的锈蚀或弯曲不平，否则应更换或矫直。水平接地体的埋设深度一般应在 0.7 ~ 1 m。

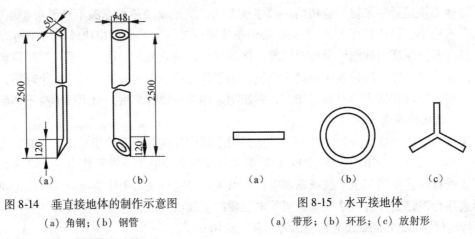

图 8-14　垂直接地体的制作示意图
(a) 角钢；(b) 钢管

图 8-15　水平接地体
(a) 带形；(b) 环形；(c) 放射形

2. 接地线的安装

1）人工接地线的材料

人工接地线一般包括接地引线、接地干线和接地支线等。为了使接地连接可靠并有一定的机械强度，人工接地线一般均采用镀锌扁钢或镀锌圆钢制作。移动式电气设备或钢质导线连接困难时，可采用有色金属作为人工接地线，但严禁使用裸铝导线作接地线。

2）接地干线的安装

接地干线应水平或垂直敷设，在直线段不应有弯曲现象。接地干线通常选用截面不小于 12 mm×4mm 的镀锌扁钢或直径不小于 6 mm 的镀锌圆钢。安装的位置应便于维修，并且不妨碍电气设备的拆卸和检修。接地干线与建筑物或墙壁间应留有 10 ~ 15 mm 的间隙。水平安装时离地面的距离一般为 250 ~ 300 mm，具体数据由设计决定。

接地线与支持卡子之间的距离：水平部分为 0.5 ~ 1.5 m；垂直部分为 1.5 ~ 3 m；转弯部分为 0.3 ~ 0.5 m。设计要求接地的幕墙金属框架和建筑物的金属门窗，应就近与接地干线连接可靠，连接处不同金属间应有防电化腐蚀措施，室内接地干线安装如图 8-16 所示。

接地线在穿越墙壁、楼板和地坪处应加套钢管或其他坚固的保护套管，钢套管应与接地线做电气连通。当接地线跨越建筑物变形缝时应设补偿装置。

3）接地支线的安装

（1）接地支线与干线的连接。当多个电气设备均与接地干线相连时，每个设备的连接点必须用一根接地支线与接地干线相连接，不允许用一根接地支线把几个设备接地点串联后再与接地干线相连，也不允许几根接地支线并联在接地干线的一个连接点上。

（2）接地支线与金属构架的连接。接地支线与电气设备的金属外壳及其他金属构架连接时，应采用螺钉或螺栓进行压接。

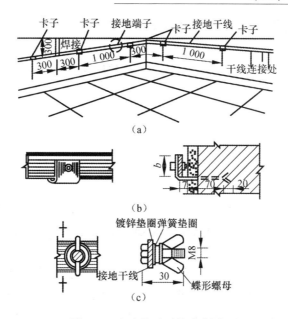

图 8-16 室内接地干线安装图

（a）室内接地干线安装示意图；（b）支持卡子安装图；（c）接地端子图

（3）接地支线与变压器中性点的连接。接地支线与变压器中性点及外壳的连接方法，如图 8-17 所示。接地支线与接地干线用并沟线夹连接，其材料在户外一般采用多股铜绞线，户内多采用多股绝缘钢导线。

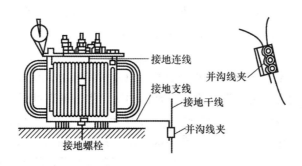

图 8-17 变压器中性点及外壳的接地线连接

3. 自然接地装置的安装

电气设备接地装置的安装，应尽可能利用自然接地体和自然接地线，这样有利于节约钢材和减少施工费用。自然接地体包括金属管道、金属结构、电缆金属外皮、水工构筑物等。自然接地线包括建筑物的金属结构、生产设备的金属结构、配线用的钢管、电缆金属外皮、金属管道等。

四、接地装置的检验和涂色

接地装置安装完毕后，必须按施工规范要求经过检验合格方能正式运行。检验除要求整个接地网的连接完整牢固外，还应按照规定进行涂色。明敷接地线表面应涂以 15～100 mm

宽度相等的绿黄色相间条纹。在每个导体的全部长度上或在每个区间或每个可接触到的部位上宜做出标志，当使用胶带时应选择双色胶带，中性线宜涂淡蓝色标志。在接地线引向建筑物内的入口处和在检修用临时接地点处，均应刷白色底漆后标以黑色接地符号。标志记号必须鲜明齐全。

第三节　建筑防雷

一、雷电及其危害

在雷云很低，周围又没有带异性电荷的雷云时，就会在地面凸出物上感应出异性电荷，造成与地面凸出物之间的放电。这种放电就是通常所说的雷击，这种对地面凸出物的直接雷击叫做直击雷。

除直击雷以外，还有雷电感应（或称感应雷），雷电感应分为静电感应和电磁感应两种。静电感应是由于雷云放电前在地面凸出物的顶部感应的大量异性电荷所致；电磁感应是由于雷击后，巨大的雷电流在周围空间产生迅速变化的强大电磁场所致，这种电磁场能在附近的金属导体上感应出很高的电压。

1. 直击雷的破坏作用

1）雷电流的热效应

雷电流的数值是很大的，巨大的雷电流通过导体时，会在极短的时间内，转换成大量的热能，可能造成金属熔化、飞溅而引起火灾或爆炸。如果雷击在可燃物上，更容易引起巨大的火灾，这就是所谓雷电流在热方面的破坏作用。为了预防这方面的危害，防雷导线用钢线时，其截面积应大于 $16~mm^2$；用铜线时应大于 $6~mm^2$。

2）雷电流的机械效应

雷电的机械破坏力是很大的，它可以分为电动力和非电动机械力两种。

（1）电动力。电动力是由于雷电流的电磁作用所产生的冲击性机械力，在导线的弯曲部分的电动力特别大。若雷电流幅值为 100 kA，导线长为 1.5 m，导线直径为 5 mm 时，则作用于导线上的电动力可达 5.7 kN，可以看出这个力的数值是相当大的，因此，要求尽量避免采用直角或锐角的弯曲导线设计。在一般金属物体和有足够截面积的导体上，阻抗很小，就很少见到有被雷电流机械力破坏的痕迹，但有时也发现导体的支持物被连根拔起，或导体被弯曲的情况，这就是由于这种电动力所造成的事故。

（2）非电动机械力。有些雷击现象，如树木被劈裂、烟囱和墙壁被劈倒等，属于非电动机械力的破坏作用。

非电动机械力的破坏作用包括两种情况：一种是当雷电直接击中树木、烟囱或建筑物时，由于流过强大的雷电流，在瞬时内释放出相当多的能量，内部水分受热汽化，或者分解成氢气、氧气，产生巨大的爆破能力；另一种是当雷电不是直接击中对象，而是在它们十分邻近的地方产生时，它们就会遭受雷电通道所形成"冲击波"的破坏。由于雷电通道的温度高达几千至几万度，使空气受热膨胀，并以超声速度向四周扩散，四周的冷空气被强烈地压缩，形成了"冲击波"。被压缩空气层的外界被称为"冲击波波前"，"冲击波波前"到达的地方，空气的密度、压力和温度都会突然增加；"冲击波波前"过后，该区域内的压力又降到正常的大气压力，随后压力会降到比大气压力还低。这种突然上升又突然下降的压力会对附近物体产生很强的冲击破坏作用。以上可以看出只要距离雷电通道不远，所有树木、烟囱、建筑设施甚至人、畜都会受雷电"冲击波"的破坏、伤害，甚至造成人、畜死亡。

3）防雷装置上的高电位对建筑物设备的反击

根据运用防雷装置的经验，凡是设计正确并合理地安装了防雷装置的建筑物，都很少发生雷击事故。但是那些不合理的防雷装置，不但不能保护建筑物，有时甚至使建筑物更容易招致雷害事故。

防雷装置接受雷击时，在接闪器、引下线和接地体上都产生很高的电位，如果防雷装置与建筑物外的电气设备、电线或其他金属管线的绝缘距离不够，它们之间就会发生放电现象，这种情况被称为反击。反击的发生，可能引起电气设备的绝缘被破坏、金属管道被烧穿，甚至火灾、爆炸及人身事故。

4）跨步电压与接触电压的危害

跨步电压和接触电压是容易造成人畜伤亡的两种雷害因素。

（1）跨步电压的危害。当雷电流经地面雷击点或接地体流散入周围土壤时，在它的周围形成了电压降落，构成了一定的电位分布。这时，如果有人站在接地体附近，由于两脚所处的电位不同，跨接一定的电位差，因而就有电流流过人体，通常称距离0.8 m时的地面电位差为跨步电压。影响跨步电压的因素很多，如接地体附近的土壤结构、土壤电阻率、电流波形和大小等。土壤电阻率小的地方，接地体周围的电位分布曲线比较平滑，跨步电压的数值也比较小；反之，在土壤电阻率大的地方，电位分布曲线的陡度比较大，因而跨步电压的数值也比较大。但不管哪一种情况，跨步电压对人都是有危险的。如果防雷接地体不得已埋设在人员活动频繁的地点，就应当着重考虑防止跨步电压的问题。

（2）接触电压的危害。当雷电流流经引下线和接地装置时，由于引下线本身和接地装置都有电阻和电抗，因而会产生较高的电压降，这种电压降有时高达几万伏，甚至几十万伏，这时如果有人或牲畜接触引下线或接地装置，就会发生触电事故，我们称这一电压为接触电压。必须注意，不仅仅是在引下线和接地装置上才发生接触电压，当某些金属导体和防雷装置连通，或者这些金属体与防雷装置的绝缘距离不够而受反击时，也会出现接触电压的危害。

2. 雷电的二次破坏作用

雷电的二次破坏作用是由于雷电流的强大电场和磁场变化产生的静电感应和电磁感应造成的。雷电的二次破坏作用能引起火花放电，因此，对易燃和易爆炸的环境特别危险。

3. 引入高电位的危害

近代电气化的发展，各类现代化设备已被广泛地应用。这些用具与外界联系的架空线路和天线，是雷击时引入高电位的媒介，因此应注意引入高电位所产生的危害。架空线路上产生高电位的原因有以下几方面。

（1）遭受直接雷击的机会是很多的，因为它分布极广，一处遭受雷击，电压波就可沿线路传入用户。沿线路传入屋内的电压极高，这种高电压进入建筑物后，将会引起电气设备的绝缘破坏，发生爆炸和火灾，也可能会伤人。收音机和电视机用的天线，由于它常安装在较高的位置，遭受雷击也是经常发生的，而且往往引起人身伤亡事故。

（2）由于雷击导线的附近所产生的感应电压较直击雷更为频繁，感应电压的数值虽较直击雷偏低，但对低压配电线路和人身安全具有同样的危害性。

4. 球雷的危害

球雷大多出现在雷雨天，它是一种紫色或灰红色的发光球形体，直径在 10~20 mm 以上，存在的时间从百分之几秒到几分钟，一般是 3~5 s。球雷通常是沿地面滚动或在空气中飘行，它能够通过烟囱、开着的窗户、门和其他缝隙进入室内，也可无声地消失；或者发生"咝咝"的声音；或者发生剧烈的爆炸。球雷碰到人畜，会造成严重烧伤或死亡事故，碰到建筑物也会造成严重的破坏。目前，对于球雷的形成以及防护方法还无完善的研究成果。

二、建筑物的防雷

防雷包括电力系统的防雷和建筑物、构筑物的防雷两部分。电力系统的防雷主要包括发电机、变配电装置的防雷和电力线路的防雷。建筑物和构筑物的防雷分工业与民用两大类，工业与民用又各按其危险程度、设施的重要性分别分成几个类型，不同类型的建筑物和构筑物对防雷的要求稍有出入。

1. 建筑物的防雷等级

根据其重要性、使用性质、发生雷电事故的可能性，将工业建筑物的防雷等级分为三类。

第一类：凡建筑物中制造、使用或储存大量爆炸物品，易因火花而引起爆炸，并会造成巨大破坏和人身伤亡者。

第二类：凡建筑物中制造、使用或储存爆炸性物质，但是出现火花时不易引起爆炸或不至于造成巨大破坏和人身伤亡者。具有较大政治意义的建筑物，如重要的国家机关、宾馆、大会堂、大型火车站、大型体育馆、大型展览馆、国际机场等。

第三类：未列入第一、二类的爆炸、火灾危险场所；根据雷击的可能性及对工业生产的影响，确定需要防雷者；高度在 15 m 以上的烟囱、水塔等孤立的高耸构筑物重要的公共建筑物，如大型百货商店、大型影剧院等；按当地雷电活动情况确定需要防雷者；建筑群中高度在 25 m 以上，旷野中高度在 20 m 以上的建筑物。

2. 防雷装置

避雷针、避雷线、避雷网、避雷带、避雷器都是为防止雷击而采用的防雷装置。一个完整的防雷装置包括接闪器、引下线和接地装置。上述针、线、网、带都是接闪器，而避雷器是一种专门的防雷设备。避雷针是防止直接雷击的有效方法，它既可以用来保护露天变配电装置和电力线路，也可用来保护建筑物和构筑物。应该指出，就其本质而言，避雷针并不是避雷，而是利用其高耸空中的有利地位，把雷电引向自身来承受雷击，并把雷电流引入大地，从而保护其他设备不受雷击。

避雷线的功用和避雷针相似，主要用来保护电力线路。这种避雷线叫架空地线，避雷线也可用来保护狭长的设施。

避雷网和避雷带主要用于工业和民用建筑物对直击雷的防护，也作为防止静电感应的安全措施。对于工业建筑物，根据防雷的重要性，可采用 6 m×6 m、6 m×10 m 的网格或适当距离的避雷带。对于民用建筑物，可采用 6 m×10 m 的网格。应该注意，不论是什么建筑物，对其屋角、屋脊、檐角和屋檐等易受雷击的突出部位，均应设有适当的接闪器加以防护。

避雷器有阀型避雷器、管型避雷器和保护间隙之分，主要用来保护电力设备，也用做防止高电压侵入室内的安全措施。避雷器装设在被保护物的引入端，其上端接在线路上，下端接地。正常时，避雷器的间隙保持绝缘状态，不影响系统的运行；当因雷击，有高压波沿线路袭来时，避雷器间隙击穿而接地，从而强行切断冲击波；当雷电流通过以后，避雷器间隙又恢复绝缘状态，以便系统正常运行。

3. 防雷措施

对直击雷的防护，可采用避雷针、避雷线、避雷网、避雷带等防雷装置。独立避雷针有单设的接地装置，其接地电阻不得大于 10 Ω。如因条件限制，在建筑物或构筑物上不便直接装设独立的避雷针时，可允许其与电器设备采用共同的接地装置，接地装置宜沿被保护物四周敷设，接地电阻不应超过 1 Ω。在设置接地装置时各避雷针之间应用避雷带互相连接，接地引下线不得少于两根，其间距离不得大于 18 ~ 30 m。应当注意，如果被保护屋面有排除爆炸性物质的管口时，避雷针应保证足够的保护范围，并高出管口 3 m 以上；但如装有阻火器，可直接用管子作接闪器，而不需另设避雷针。

沿建筑物和构筑物屋面装设的避雷网、避雷带或金属屋面除可用做对直击雷的接闪器外，还可作为防止静电感应的安全措施，（当然也应该每 18 ~ 30 m 有一处接地，且不得少于两处）。为了防止电磁感应，平行管道相距不到 100 m 时，每 20 ~ 30 m 须用金属线跨接；交叉管道相距不到 100 mm 时，也要跨接；其他金属物之间距小于 100 mm 时，也应跨接。其接地装置也可以与电器设备的接地装置共用，接地电阻也不应大于 5 ~ 10 Ω。

高电压侵入雷害事故发生较多，据统计，低压线路上的这种雷害占总雷害事故的 70% 以上。为了防止这种雷害，最好采用电缆供电，并将电缆外皮接地；或者对架空供电线路在进入建筑物前 50 ~ 100 m 采用电缆供电，并在架空线与电缆连接处装设阀型避雷器，邻近的几根电杆上绝缘子的铁脚亦采取接地措施；对于要求不高的建筑物，也必须将进户线电杆上绝缘子的铁脚接地。以上各项接地，只要方便，都可与电器设备的接地装置共用。其中，阀型避雷器的接地电阻不应大于 5 ~ 10 Ω；绝缘子铁脚的接地电阻一般不应大于 10 ~ 30 Ω。

沿架空管道也存在高电压侵入的危险，因此架空管道接近建筑物处应采用一处或几处接地措施，其接地电阻一般也不应大于 10 ~ 30 Ω。此外，露天放置的金属油罐或气罐也应采取接地作为防雷措施，接地点应不少于两处，其间距离不得大于 30 m，其接地电阻一般不应大于 30 Ω。如罐内盛有爆炸性或可燃性气体或液体时，接地电阻不应大于 10 Ω；如系浮动的金属罐顶则应用 25 mm² 的软铜线或钢线加以跨接。

4. 防雷装置的安装

接闪器是用来接受雷电流的装置。接闪器的类型主要有避雷针、避雷线、避雷带、避雷网和避雷器等。《建筑物防雷设计规范》中对防雷装置的材料做了明确规定，具体如下。

1）避雷针

避雷针一般用镀锌圆钢或镀锌钢管制成，其长度在 1 m 以下时，圆钢直径不小于 12 mm；钢管直径不小于 20 mm；针长度在 1 ~ 2 m 时，圆钢直径不小于 16 mm，钢管直径不小于 25 mm。烟囱顶上的避雷针，圆钢直径不小于 20 mm，钢管直径不小于 40 mm。

2）避雷线

架空避雷线和避雷网宜采用截面不小于 35 mm² 的镀锌钢绞线，架设在架空线路上方，用来保护架空线路避免遭雷击。

3）避雷带

避雷带是沿建筑物易受雷击的部位（如屋脊、屋角等）装设的带形导体。避雷带宜采用镀锌圆钢或扁钢，应优先选用圆钢，其直径不应小于 8 mm，扁钢宽度不应小于 12 mm，厚度不应小于 4 mm。

本 章 小 结

本章主要讲述了安全用电的基本常识及触电急救的步骤；故障接地的危害和保护措施、接地的连接方式、接地装置的安装；建筑物的防雷等级及防雷措施。

课 后 习 题

1. 造成人体触电的原因是什么？触电的危险程度与哪些因素有关？触电的形式有哪些？
2. 常用的用电安全措施有哪些？
3. 对触电者施行急救时常用什么方法？急救时需注意些什么？
4. 为保证人身安全和电气系统、电气设备的正常工作需要，采取何种保护措施？试简要叙述。
5. 故障接地有什么危险？接地的连接方式分为几种？
6. 简述接地体的分类及安装要求。
7. 接地干线有什么安装要求？接地支线安装分为哪几种情况？
8. 什么情况下接地线应做电气连接和设补偿装置？
9. 接地装置的涂色有什么要求？
10. 建筑物的防雷等级有哪些？各类不同的建筑物应采取哪些防雷措施？
11. 建筑物的防雷保护有哪些具体措施？
12. 简述防雷装置的组成及作用。

第九章　建筑智能化

第一节　建筑智能化的概念

本章要点:

通过本章的学习,要求学生了解建筑智能化的定义、组成和功能;熟悉建筑智能化的特点;熟悉建筑智能化系统的组成与功能;了解小区智能化系统的组成及家庭智能化系统。

一、建筑智能化的兴起

智能建筑起源于美国。当时,美国的跨国公司为了提高国际竞争能力和应变能力,适应信息时代的要求,纷纷以高科技装备大楼(Hi-Tech Building),如美国国家安全局和"五角大楼"。早在1984年1月,由美国联合技术公司(UTC)在美国康涅狄格(Connecticut)州哈特福德(Hartford)市,将一幢旧金融大厦进行改建,改建后的大厦,称之为都市大厦(City Palace Building)。它的建成可以说完成了传统建筑与新兴信息技术相结合的尝试。改建中楼内主要增添了计算机、数字程控交换机等先进的办公设备以及高速通信线路等基础设施,这样大楼的客户不必购置设备便可实行语音通信、文字处理、电子邮件传递、市场行情查询、情报资料检索、科学计算等服务。此外,大楼内的暖通、给排水、消防、保安、供配电、照明、交通等系统均由计算机控制,实现了自动化综合管理,使用户感到更加舒适、方便和安全,引起了世人的关注。从而第一次出现了"智能建筑"这一名称。

随后,智能建筑蓬勃兴起,以美国、日本兴建最多。在法国、瑞典、英国、泰国、新加坡等国家和我国香港、台湾等地区也方兴未艾,形成在世界建筑业中智能建筑一枝独秀的局面。在步入信息社会和国内外正加速建设"信息高速公路"的今天,智能建筑越来越受到我国政府和企业的重视。智能建筑的建设已成为一个迅速成长的新兴产业。近几年,在国内建造的很多大厦已打出智能建筑的牌子。如北京的京广中心、中华大厦,上海的博物馆、金茂大厦、浦东上海证券交易大厦,深圳的深房广场等。为了规范日益庞大的智能建筑市场,我国于2000年10月1日开始实施《智能建筑设计标准》,并于2006年进行修改,现行的标准标号为GB/T 50314—2006。

二、建筑智能化的定义

我国对智能建筑设计标准(GB/T 50314—2006)的定义是:智能建筑是以建筑为平台,兼备建筑设备、办公自动化及通信网络系统,集结构、系统、服务、管理及它们之间的最优化组合向人们提供安全、高效、舒适、便利的建筑环境。

三、建筑智能化的组成和功能

图9-1　智能化建筑结构

建筑智能化主要由三大系统组成：通信网络系统（CNS）、办公自动化系统（OAS）和建筑设备自动化系统（BAS），称为"3A"。这三个系统中又包含各自的子系统。应该注意，这几个系统是一个综合性的整体，而不是像过去那样分散的、没有联系的系统。所以，对智能化综合性可以这么理解，在建筑智能化环境内，由系统集成中心（SIC）通过综合布线系统（GCS）来控制3A，实现高度信息化、自动化及舒适化的现代建筑如图9-1所示。

从建筑智能化的定义中可知道，建筑智能化的基本功能就是为人们提供一个安全、高效、舒适、便利的建筑空间。建筑智能化总体功能按建筑智能化系统汇总，如表9-1所示，这些功能之间既相对独立，又相互联系，构成一个有机的建筑功能系统。

表9-1　建筑智能化总体功能汇总

建筑智能化		
办公自动化系统（OAS）	建筑设备自动化系统（BAS）	通信网络系统（CNS）
文字处理	消防自动化系统（FAS）	程控电话
公文流转	供配电监控	有线电视
档案管理	空调监控	卫星电视
电子账务	冷热源监控	公共广播
信息服务	照明监控	公共通信网接入
一卡通	给排水监控	VSAT卫星通信
电子邮件	电梯监控	视频会议
物业管理	保安自动化系统（SAS）（包括出入控制、防盗报警、电视监控、巡更、停车库管理）	可视图文
专业办公自动化系统		数据通信
		宽带传输

从用户服务角度看，建筑智能化可提供三大服务领域，即安全性、舒适性和便利/高效性，如表9-2所示。从表中可以看出，建筑智能化可以满足人们在社会信息化发展的新形势下对建筑物提出的更高的功能要求。

表9-2　建筑智能化的三大服务领域

安全性方面	舒适性方面	便利/高效性方面
火灾自动报警	空调监控	综合布线
自动喷淋灭火	供热监控	用户程控交换机
防盗报警	给排水监控	VSAT卫星通信
闭路电视监控	供给电监控	专用办公自动化系统
保安巡更	卫星电缆电视	Intranet
电梯运行监控	背景音乐	宽带接入
出入控制	装饰照明	物业管理
应急照明	视频点播	一卡通

四、建筑智能化的特点

1. 节约能源

这主要是通过楼宇设备自动化系统（BAS）来实现的。以现代化的大厦为例，空调和照明系统的能耗很大，约占大厦总能耗的70%，这样在满足使用者对环境要求的前提下，建筑智能化能通过其"智慧"尽可能利用自然气候来调节室内温度和湿度，以最大限度减少能源消耗。如按事先确定的程序，区分"工作"和"非工作"时间、午间休息时间、部分区域降低室内照度、温度和湿度控制标准；下班后，再降低照度、温度和湿度控制标准或停止照明及空调系统。

2. 节省设备运行维护费用

通过管理的科学化、智能化，使得建筑物内的各类机电设备的运行管理、保养维修更趋自动化。建筑智能化系统的运行维修和管理，直接关系到整座建筑物的自动化与智能化能否实际运作，并达到其原设计的目标。而维护管理工程的主要目的，即是以最低的费用去确保建筑物内各类机电设备的妥善维护、运行、更新。根据美国大楼协会统计，一座大厦的生命周期是60年，启用后60年内的维护及营运费用约为建造成本的3倍；根据日本的统计，一座大厦的管理费、水电费、煤气费、机械设备及升降梯的维护费，占整个大厦营运费用支出的60%左右，且这些费用还将以每年4%的幅度递增。因此，只有依赖建筑智能化系统的正常运行，发挥其作用才能降低机电设备的维护成本。同时，由于系统的高度集成，系统的操作和管理也高度集中，人员安排更合理，使得人员成本降低最低。

3. 提供安全、舒适和高效便捷的环境

建筑智能化首先确保人、财、物的高度安全以及具备对灾害和突发事件的快速反应能力，同时建筑智能化还能提供室内适宜的温度、湿度和新风以及多媒体音像系统、装饰照明，公共环境背景音乐等，可显著地提高在建筑物内的工作、学习、生活的效率和质量。建筑智能化通过建筑物内外四通八达的电话网、电视网、计算机局域网、互联网及各种数据通信网等现代通信手段和各种基于网络的办公自动化系统，为人们提供一个高效便捷的工作、学习和生活环境。

4. 广泛采用了"3C"高新技术

3C高新技术是指现代计算机技术（Computer）、现代通信技术（Communication）和现代控制技术（Control）。由于现代控制技术是以计算机技术、信息传感技术和数据通信技术为基础的，而现代通信技术也是基于计算机技术发展起来的，所以3C技术的核心是基于计算机技术及网络的信息技术。

5. 系统集成

从技术角度看，建筑智能化与传统建筑最大的区别就是建筑智能化各智能化系统的系统集成。智能建筑的系统集成，就是将建筑智能化中分离的设备、子系统、功能、信息通过计算机网络集成为一个相互关联的统一协调的系统，实现信息、资源、任务的重组和共享。也就是说，建筑智能化安全、舒适、便利、节能、节省人工费用的特点，必须依赖集成化的建筑智能化系统才能得以实现。

第二节　建筑智能化的系统简介

一、综合布线系统（GCS）

综合布线系统（GCS）是一种在建筑物和建筑群中综合数据传输的网络系统。它是把建筑物内部的语音交换、智能数据处理设备及其他广义的数据通信设施相互连接起来，并采用必要的设备同建筑物外部数据网络或电话局线路相连接。综合布线系统包括所有建筑物与建筑群内部用以交连以上设备的电缆和相关的布线器件。

1. 综合布线系统的组成

综合布线系统由以下 6 个子系统组成。

1）工作区子系统

由终端设备连接到信息插座的连线组成，包括信息插座、连接软线、适配器等。

2）水平干线子系统

由信息插座到楼层配线架之间的布线等组成。

3）管理区子系统

由交接间的配线架及跳线等组成，为简化起见，有时将它归入水平布线子系统。

4）垂直干线子系统

由设备间子系统与管理区子系统的引入口之间的布线组成，它是建筑物主干布线系统。

5）设备间子系统

由建筑物的进线设备、各种主机配线设备及配线保护设备组成，有时将它归入建筑物主干布线系统。

6）建筑群子系统

由建筑群配线架到各建筑物配线架之间的主干布线系统。建筑群主干布线宜采用光缆。

从布线来说，综合布线又可简化 3 个子系统：即建筑群主干布线子系统、建筑物主干布线子系统和水平布线子系统。

2. 综合布线系统的特性

1）兼容性

综合布线系统的首要特性是它的兼容性。所谓兼容性是指其设备或程序可以用于多种系统中的性能。

2）开放性

传统的布线方式，用户选定了某种设备，也就选定了与之相适应的布线方式和传输介质。如果更换另一种设备，那原来的布线系统就要全部更换，这样就增加了很多麻烦和投资。综合布线系统由于采用开放式的体系结构，符合多种国际上流行的标准，它几乎对所有著名的厂商都是开放的。

3）灵活性

在综合布线系统中，由于所有信息系统皆采用相同的传输介质、物理星形拓扑结构，因此所有信息通道都是通用的。

4）可靠性

综合布线系统采用高品质的材料和组合压接的方式构成一套高标准信息通道。每条信息通道都要采用专用仪器校核线路阻抗及衰减率，以保证其电气性能。系统布线全部采用物理星形拓扑结构，点到点端接，任何一条线路故障均不影响其他线路的运行，同时为线路的运行维护及故障检修提供了极大的方便，从而保障了系统的可靠运行。各系统采用相同传输介质，因而可互为备用。

5）经济性

衡量一个建筑产品的经济性，应该从两个方面加以考虑，即初期投资与性能价格比。在今后的若干年内应保护最初的投资，即在不增加新的投资情况下，还能保持建筑物的先进性。与传统的布线方式相比，综合布线就是一种既具有良好的初期投资特性，又具有很高的性能价格比的高科技产品。

6）先进性

综合布线系统采用光纤与双绞线混合布线方式，极为合理地构成一套完整的布线系统。所有布线均采用世界上最新通信标准。

二、建筑设备自动化系统（BAS）

建筑设备自动化系统（BAS）是将建筑物（或建筑群）内的电力、照明、空调、运输、防灾、保安、广播等设备集中监视、控制和管理为目的而构成的一个综合系统。它使建筑物成为安全、健康、舒适、温馨的生活环境和高效的工作环境，并能保证系统运行的经济性和管理的智能化。

自动测量、监视与控制是 BAS 的三大技术环节和手段，通过它们可以动态掌握建筑设备的运转状态、事故状态、能耗、负荷的变动等情况，从而适时采取相应处理措施。

建筑设备自动控制系统的组成及功能体现在以下几个方面。

1. 电力系统

安全、可靠的供电是智能建筑正常运行的先决条件。对电力系统，除继电保护与备用电源自动投入等功能要求外，还必须具备对开关和变压器的状态，系统的电流、电压、有功功率与无功功率等参数进行自动监测，进而实现全面的能量管理。

2. 照明系统

照明系统的能耗很大，在大型高层建筑中往往仅次于供热、通风与空调系统。智能照明控制应十分重视节能，例如人走灯熄；用程序设定开/关灯时间，客户需要加班则用电话通知中控室值班人员，在电脑上修改时间设定；利用钥匙开关、红外线、超声波及微波等测量方法，一旦人离开室内，5 s 内自动关灯。国外的分析报告指出，按这三种设计方案，照明控制大概可节约30% ～50% 的照明用电。

3. 空调与冷热源系统

空调系统在建筑物中的能耗最大，故在保证提供舒适环境的条件下，应尽量降低能耗。空调主要节能控制措施如下：

（1）设备的最佳启/停控制。

（2）空调及制冷机的节能优化控制。

（3）设备运行周期控制。

（4）蓄冷系统最佳控制等。

4. 环境监测与给排水系统

除空调系统外，尚需监测空气的洁净与卫生度，进而采取排风与消毒等措施。中国很多城市缺水，除保证饮用水外，尚需重视水的再利用控制。

5. 电梯系统

高层建筑（10 层及以上）均需配备电梯，且大多数为电梯群组。电梯群组需要利用计算机实现群控，以达到优化传送、控制平均设备使用率与节约能源运行管理等目的。电梯楼层的状况、电源状态、供电电压、系统功率因数等亦需监测，并联网实现优化管理。

6. 消防自动化系统（FAS）

装有火灾自动报警系统的建筑物，当火灾发生时，由于报警及时，火灾被消灭在初期，大大减少了火灾的危害。FAS 能够及时报警和输出联动控制信号，是早期报警的有力手段，特别是在高层建筑物和人员密集的公共场所。FAS 由火灾探测器、火灾报警控制器、火灾报警装置发火灾信号传输线路等组成。FAS 基本功能为：

（1）具有火灾的声、光信号报警，能显示失火位置并有记忆功能。

（2）具备故障自动监测功能。当发生如断线，接触不良或探测器被盗等问题，系统会发出报警信号。同时，碰巧故障与火灾同时发生，则系统具有火警优先功能。

（3）具有对探测器及其报警回路进行自检的功能，可确保系统经常处于正常状态，提高其可靠性。

7. 保安自动化系统（SAS）

为了防止各种偷盗和暴力事件，在楼宇中设立安防系统是必不可少的。在具有 OAS 的智能建筑内，人员的层次多，成分复杂，不仅要对外部人员进行防范，而且要对内部人员加强管理。对于重要地点、物品还需要特殊的保护。所以，现代化大楼需要多层次、立体化的安防系统。

三、通信网络系统（CNS）

智能建筑通信网络系统是保证建筑物内的语音、数据、图像传输的基础，它同时与外部通信网络如公共电话网、数据通信网、计算机网络、卫星通信网以及广电网等相连，与世界各地互通信息，提供建筑物内外的有效信息服务。

通信网络系统的组成与功能体现在以下几个方面。

1. 程控电话系统

程控电话系统是各类建筑物都要设置的系统。智能建筑中的程控电话系统交换设备一般采用用户程控交换机，它不仅能提供传统的语音通信方式，还能实现数据通信、计算机局域网互联。

2. 广播电视卫星系统

通过架设在房顶的卫星地面站可直接接收广播电视的卫星信号。

3. 有线电视系统（CATV）

与传统 CATV 不同的是，智能建筑 CATV 要求信号双向传输，并可支持混合光纤同轴电缆。

4. 视频会议系统

视频会议系统是利用图像压缩编码和处理技术、电视技术、计算机网络通信技术和相关设备、线路，实现远程点对点或多点之间图像、语音、数据信号的实时交互式通信，可大大节省时间、提高会议效率、降低会议成本。

5. 公共/紧急广播系统

智能大厦和高级宾馆等现代化建筑物都设有广播音响系统,包括一般广播、紧急广播和音乐广播等部分。

6. VSAT 卫星通信系统

VSAT 卫星通信系统是具有小口径天线的智能化的地球站,可以单向或双向传输数据、话音、图像及其他综合电信和信息业务。这类地球站安装使用方便,非常适合智能建筑的数据传输。

7. 同声传译系统

同声传译系统是译员通过专用的传译设备提供的即时口头翻译的系统。

8. 接入网

接入网主要是解决智能建筑内部网络与外部网络的沟通。从现代网络功能角度看,通信网由传输网、交换网和接入网三部分组成。电信网的接入网是指本地交换机与用户间连接的部分;有线电视的接入网是指从前端到用户之间的部分;而数据通信网的接入网是指通信子网的边缘路由器与用户 PC 之间的部分。

9. 计算机信息网络

在智能建筑中无论是 OAS 网络和 BMS/IBMS 管理层网络,还是互联网和内联网,都属于计算机信息网络范畴。

10. 计算机控制网络

在智能建筑中,各建筑设备的监控、各建筑智能化子系统(BAS、FAS、SAS 等)都是建立在计算机控制网络基础之上的。

11. 微小蜂窝数字区域无绳电话系统

微小蜂窝数字区域无绳电话是一种介于固定电话和蜂窝移动电话之间的微小区的无线技术,作为有线电话网的无线终端与延伸,主要向低速移动用户提供无线接入。

12. 移动通信中继系统

当建筑物地下层或地上部分其他区域由于屏蔽效应出现移动通信盲区时,可设置移动通信中继系统(基站)与公用网移动电话系统相连接。

四、办公自动化系统(OAS)

智能建筑办公自动化系统,按用途可分为通用办公自动化系统和专用办公自动化系统。通用办公自动化系统具有对建筑物的物业管理营运信息、电子账务、电子邮件、信息发布、信息检索、导引、电子会议以及文字处理、文档等的管理功能。对于专业型办公建筑的办公自动化系统,除了具有上述功能外,还应按其特定的业务需求,建立专用办公自动化系统。

专用办公自动化系统是针对各个用户不同的办公业务需求而开发的,如证券交易系统、银行业务系统、商场 POS 系统、ERP 制造企业资源管理系统、政府公文流转系统等。

1. 办公自动化系统硬件

1) 办公设备

OAS 的硬件指各种现代办公设备,它是辅助办公人员完成办公活动的各种专用装置和为办公活动中的信息处理提供了高效率、高质量的技术手段。

2）网络设备

现代 OSA 大多基于计算机网络，因为计算网络才能提供百年里的信息共享和组织协作等支持。多台计算机组网需要网络互联设备，包括网卡，中继器，集线器，交换机，路由器等。

2. 办公自动化系统软件

OAS 的软件是指能够管理和控制 OAS，实现系统功能的计算机程序。OAS 的软件体系有其层次结构，一般说来可分为系统软件、支撑软件和应用软件三个层次。

1）系统软件

系统软件是为管理计算机而提供的软件，主要是操作系统，如 Windows、Unix、Linux 等。

2）支撑软件

支撑软件是指那些通用的、用于开发办公自动化系统应用软件的工具软件。例如，各种数据库管理系统（Visual Foxpro、SQL sever、Access 等）、通用数据库应用程序开发工具（VB、C＋＋等）、压缩解压缩软件、浏览器软件、音/视频播放软件等。

3）应用软件

应用软件是指支持具体办公活动的应用程序，一般是根据具体用户的需求而研制的。它面向不同用户，处理不同业务。按照对不同层次办公活动的支持，应用软件又可以进一步划分为办公事务处理应用软件、管理信息系统应用软件和决策支持应用软件三个子层。

五、建筑智能化系统的集成（SIC）

智能建筑一体化集成管理的能力是智能建筑最重要的特点，是区别智能建筑与传统建筑的主要标志。建筑智能化系统的集成，是将智能建筑内不同功能的智能化系统在物理上、逻辑上和功能上连接在一起，以实现信息综合、资源共享和设备的互操作。

1. 智能建筑系统集成的目标

（1）各设备子系统实行统一的监控。

（2）实现跨子系统的联动，提高各子系统的协调能力。

（3）实现子系统之间的数据综合与信息共享。

（4）建立集成管理系统，提高管理效率和质量，降低系统运行及维护成本。

2. 智能建筑系统集成的内容

从用户角度看，智能建筑的系统集成是功能集成和界面集成；从技术角度看是网络集成和数据库的集成。

1）功能集成

将原来分离的各智能化子系统的功能进行集成，实现原来子系统所没有的针对所有建筑设备的全局性监控和管理功能。功能集成主要分以下两个层次。

（1）IBMS 最高管理层的功能集成。集中监视和管理功能、信息综合管理功能、全局事件管理功能、流程自动化管理功能、公共通信网络管理功能。

（2）智能化子系统的功能集成。BAS、OAS、CNS 各子系统内部的功能集成。

2）界面集成

一般各智能化子系统的运行和操作界面是不同的，界面集成就是要实现在统一的用户界面上运行和操作各子系统。界面集成实际上是功能集成的外在表现形式。

3）网络集成

网络集成就是要解决各子系统异构网络之间的互联以及各系统内部管理层信息网络与监控层控制网络之间的互联问题，从而实现系统内外的通信。网络集成的本质是解决异构网络系统之间的不同通信协议的转换。

4）数据库的集成

系统内外实现互连互通的目的是为了能传输数据，进而实现数据综合和信息共享。数据库集成要解决的主要问题是综合数据的组织和共享信息的访问。

综合数据的组织可采用集中式数据库或分布式数据库方式。集中式数据库位于集成系统管理层，是将各子系统的数据上传汇总集中存放在一个数据库中。分布式数据库由分布在各子系统中的子数据库所组成，各子数据库在逻辑上是相关的，在使用上可视为一个完整的数据库。

第三节 住宅小区智能化系统

智能小区的概念是建筑智能化技术与现代居住小区相结合而衍生出来的。就住宅而言，先后出现了智能住宅、智能小区、智能社区的概念。与智能大厦相比，智能住宅小区更加注重于满足住户在居住环境的安全性、舒适性以及社区服务和小区物业管理的便利性、通信网络的互联与增值服务等方面的需求。按照国家《智能建筑设计标准》关于住宅智能化的设计要求，住宅智能化系统设计应体现"以人为本"的原则，做到安全、舒适、方便，在设计和设备的选用时，应考虑技术的先进性、设备的标准化、网络的开放性、系统的可扩充性及可靠性。

一、小区智能化系统的组成

住宅小区智能化系统通常由家庭智能化系统、小区智能物业管理系统和小区通信网络系统组成，系统结构如图9-2所示。

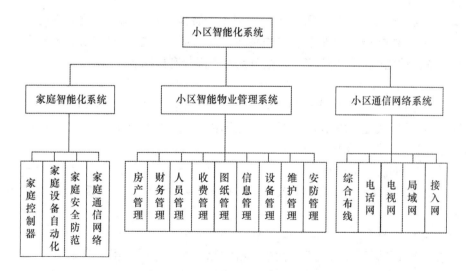

图9-2 小区智能化系统组成与结构

二、家庭智能化系统

家庭智能化系统是指对业主家中的温度、湿度、电器、照明、安全防范、通信等进行集中智能化操作控制，使整个住宅运作处于最佳状态。对于单个住宅的家庭智能化结构如图9-3所示。

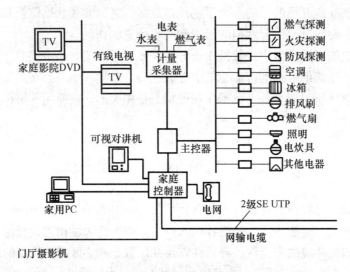

图9-3　家庭智能化系统

1. 家庭控制器

智能住宅是将家庭中各种与信息相关的通信设备、家用电器和家庭保安装置，通过家庭总线技术连接到一个家庭自动化系统上进行集中的或异地的监视、控制和家庭事务性管理，并保持这些家庭设施与住宅环境的和谐与协调。这些功能都是通过家庭控制器来实现的，家庭控制器连接家庭总线系统，通过家庭总线系统提供各种服务功能，能和住宅以外的外部世界相连接。

家庭控制器是智能小区集成管理系统网络中的智能节点，既是家庭智能化系统的"大脑"，又是家庭与智能小区管理中心的联系纽带。它把家庭控制器主机、家庭通信网络单元、家庭设备自动化单元和家庭安全防范单元四个部分有机结合在一起。

2. 家庭设备自动化单元

家庭设备自动化单元由照明监控模块、空调监控模块、电器设备监控模块和电表、水表、暖气、燃气四表数据采集模块组成。家庭设备自动化主要包括电器设备的集中、遥控、远距离异地的监视、控制及数据采集。

1）家用电器的监视和控制

按照预先所设定程序的要求对微波炉、开水器、家庭影院、窗帘等家用电器设备进行监视和控制。

2）水、电、燃气和暖气自动抄表

水、电、燃气和暖气成为人们生活中的必需品，在住宅中我国一直采用人工查表方式。入户抄表所带来的扰民、不安全性、数据误差大、费工、费时、抄表周期长等弊端，给用户和物业管理公司也带来很大的矛盾。智能小区对水、电、燃气、暖气四表采用自动抄表的户外远程计量方式，可以克服人工查表的缺点，同时保证了数据的准确性、一致性，提高了工作效率，减少了物业管理的开支，增加住户的安全感。其系统结构如图9-4所示。

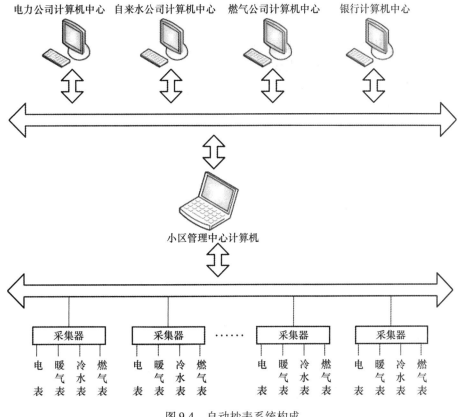

图9-4 自动抄表系统构成

3）空调机的监视、调节和控制

按照预先设定的程序根据时间、温度、湿度等参数对空调机进行监视、调节和控制。

4）照明设备的监视、调节和控制

按照预先设定的时间程序分别对各个房间照明设备的开、关进行控制，并可自动调节各个房间的照明度。

3. 家庭安全防范单元

家庭安全防范单元由火灾报警模块、燃气泄漏报警模块、防盗报警模块和安全对讲及紧急呼救模块组成。家庭安全防范主要包括防火灾发生、防可燃气体泄漏、防盗报警、安全对讲、紧急呼救等功能。家庭控制器内按等级预先设置若干个报警电话号码（如家人单位电话号码、手机电话号码、寻呼机号码和小区物业管理安保部门电话等），在有报警发生时，按等级的次序依次不停地拨通上述电话进行报警（可报出家中是哪个系统报警了）。

本 章 小 结

本章主要讲述了楼宇智能化的定义、组成和功能；楼宇智能化的特点；各种楼宇智能化系统的组成与功能；小区智能化系统的组成及家庭智能化系统。

课后习题

1. 试述建筑智能化的定义、组成与功能。
2. 与传统建筑相比较，智能建筑有哪些特点？
3. 简述综合布线系统的作用、组成和特点。
4. 简述建筑设备自动化系统的组成及功能。
5. 简述家庭智能化系统的实现功能。

第十章　建筑设备施工图

本章要点：

通过本章的学习，掌握建筑给排水施工图的图纸内容及识图方法，掌握供热施工图的图纸内容及识图方法，掌握空调施工图的图纸内容及识图方法，掌握建筑电气施工图的图纸内容及识图方法。

第一节　给排水工程施工图及识读方法

一、常用给排水一般规定及图例

建筑给水排水施工图中的管道、给排水附件、卫生器具、升压和储水设备以及给排水构筑物等都是用图例符号表示的，在识读施工图时，必须明白这些图例符号。所以应该熟悉给排水的图例符号。如图 10-1 ~ 图 10-11 所示和见表 10-1 ~ 表 10-7。

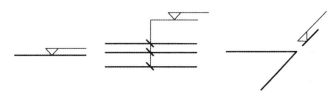

图 10-1　平面图、系统图中管道标高标注法

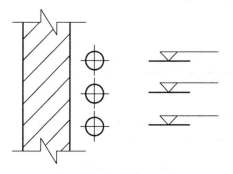

图 10-2　剖面图中管道标高标注法

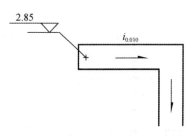

图 10-3　平面图中沟渠标高标注法

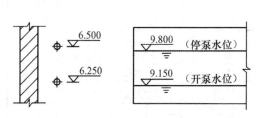

图 10-4　剖面图中管道及水位标高标注法

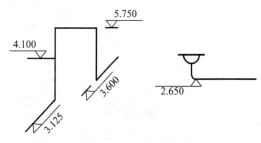

图 10-5　轴测图中管道标高标注法

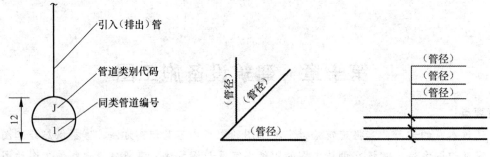

图 10-6 给排水进出口编步表示法　　　　　图 10-7 管径标注法

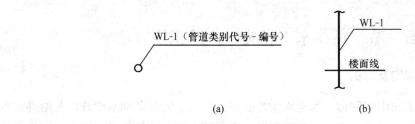

(a)　　　　　　　　　　　　　　(b)

图 10-8 立管编号表示方法

（a）平面图；（b）剖面图、系统图、轴测图等

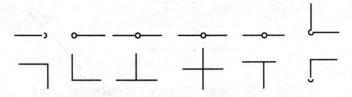

图 10-9 管道转向、连接表示法

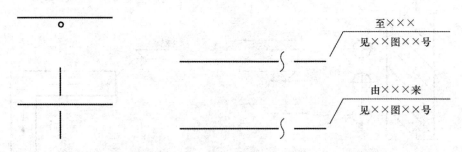

图 10-10 管道交表示法　　　　　图 10-11 管道中断、引来表示法

表 10-1 管道代号

序 号	名 称	图 例	序 号	名 称	图 例
1	生活给水管	——J——	8	热媒回水管	——RMH——
2	热水给水管	——RJ——	9	蒸汽管	——Z——
3	热水回水管	——RH——	10	凝结水管	——N——
4	中水给水管	——ZJ——	11	废水管	——F——
5	循环给水管	——XJ——	12	压力废水管	——YF——
6	循环回水管	——XH——	13	通气管	——T——
7	热媒给水管	——RM——	14	污水管	——W——

表 10-2 管道附件图例

名 称	图 例	名 称	图 例
刚性防水套管	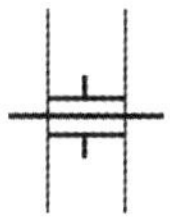	柔性防水套管	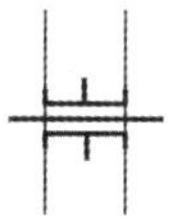
方形伸缩器	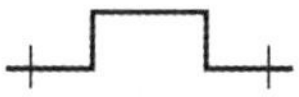	波纹管	
管道滑动支架	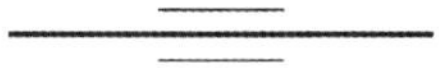	可曲挠橡胶接头	
检查口		清扫口	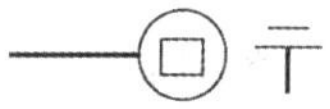
通气帽		雨水斗	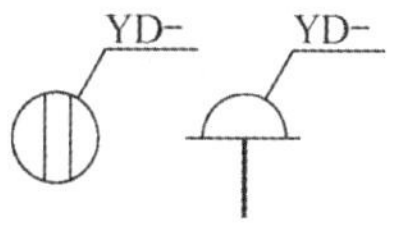 YD- YD-
圆形地漏	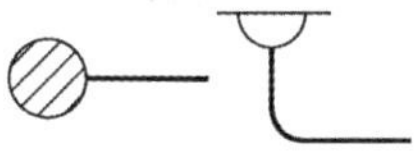	方形地漏	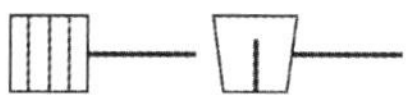
排水漏斗	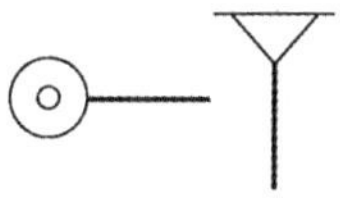	自动冲水箱	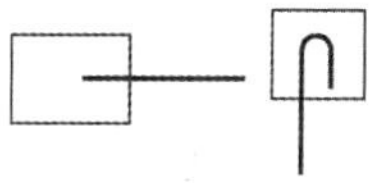
水表井		疏水器	
承接插头	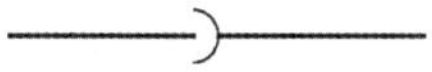	活接头	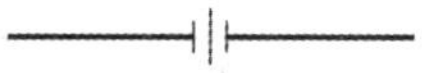
管堵			

表 10-3 管件图例

名 称	图 例	名 称	图 例
偏心		异径管	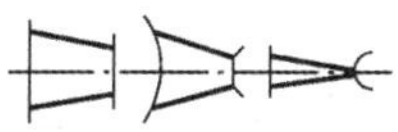
乙字弯		转动接头	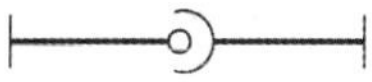
喇叭口	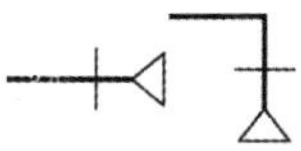	S 形存水弯	
P 形存水弯	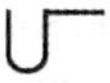	90°弯头	
三通	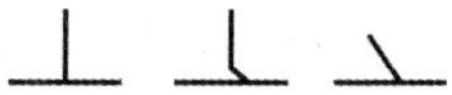	四通	

表 10-4　阀门图例

名　称	图　例	名　称	图　例
液动阀		气动阀	
减压阀	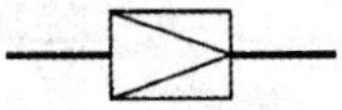	旋塞阀	
隔膜阀		气开隔膜阀	
气闭隔膜阀		温度调节阀	
压力调节阀		消声止回阀	
浮球阀	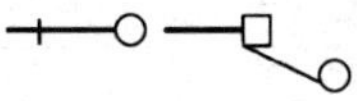	平衡锤安全阀	
延时自闭冲洗阀		截止阀	
球阀			

表 10-5　给水配件、卫生设备图例

名　称	图　例	名　称	图　例
水嘴	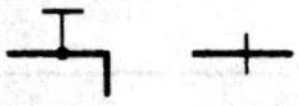	洒水（栓）龙头	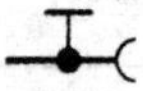
实验室水龙头	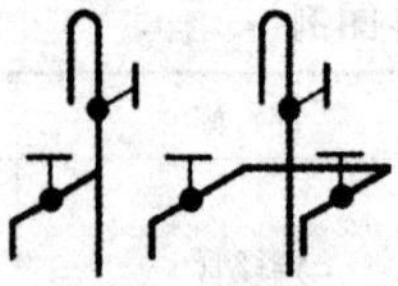	旋转水龙头	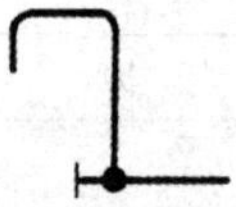
蹲式大便器		浴缸	
坐式大便器	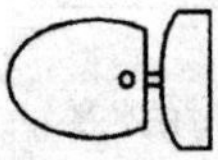	污水池	
盥洗槽	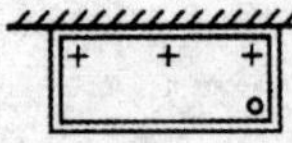	小便槽	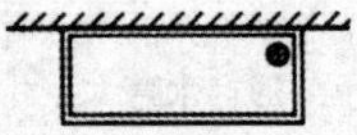
淋浴喷头	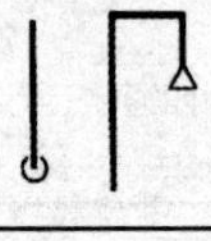	立式洗脸盆	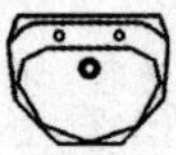

表 10-6　给水排水设备、仪表图例

名　称	图　例	名　称	图　例
转子流量计	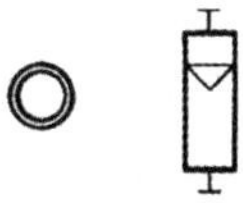	浮球液位器	
水泵		水流指示器	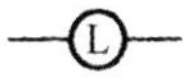
自动记录流量计	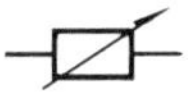	除垢器	
自动记录压力表		压力表	
喷射器			

表 10-7　消防设备图例

名　称	图　例	名　称	图　例	名　称	图　例
自动喷洒头（开式）		侧喷式喷洒头	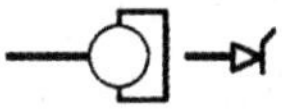	干式报警器	
自动喷洒头（闭式上下）	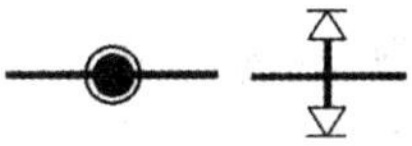	室内消火栓（单口）		湿式报警器	
自动喷洒头（闭式上喷）		室内消火栓（双口）		预作用报警器	
自动喷洒头（闭式上喷）		室外消火栓		推车式灭火器	
侧喷式自动喷洒头		消防炮	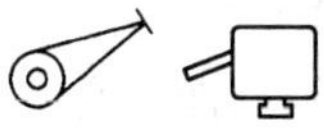	手提式灭火器	

二、图纸基本内容

建筑给排水施工图是工程项目中单项工程的组成部分之一，它是确定工程造价和组织施工的主要依据，也是国家确定和控制基本建设投资的重要依据材料。

建筑给排水施工图按设计任务要求，应包括平面布置图（总平面图、建筑平面图）、系统图、施工详图（大样图）、设计施工说明及主要设备材料表等。

1. 给水、排水平面图

给排水系统的平面图表明了该系统的平面布置情况。室内给排水系统平面图包括：用水设备的类型、位置及安装方式与尺寸；各管线的平面位置、管线尺寸及编号；各零部件的平面位置及数量；进出管与室外水管网间的关系等。室外给排水系统平面图包括：取水工程、净水工程、输配水工程、泵站、给排水网、污水处理的平面位置及相互关系等。

建筑内部给排水以选用的给排水方式来确定平面布置图的数量。底层及地下室必绘；顶层若有水箱等设备，也须单独绘出；建筑物中间各层，如卫生设备或用水设备的种类、数量和位置均相同，可绘一张标准层平面图，否则，应逐层绘制。一张平面图上可以绘制几种类型管道，若管线复杂，也可分别绘制，以图纸能清楚表达设计意图而图纸数量又较少为原则。平面图中应突出管线和设备，即用粗线表示管线，其余均为细线。平面图的比例一般与建筑图一致，常用的比例尺为1：100。

给排水平面图应表达如下内容：用水房间和用水设备的种类、数量、位置等；各种功能的管道、管道附件、卫生器具、用水设备，如消火栓箱、喷头等，均应用图例表示；各种横干管、立管、支管的管径、坡度等均应标出；各管道、立管均应编号标明。

2. 给水、排水系统图

给水、排水系统图，也称"给水、排水系统轴测图"，应表达出给排水管道和设备在建筑中的空间布置关系。系统图一般应按给水、排水、热水供应、消防等各系统单独绘制，以便于施工安装和概预算使用。其绘制比例应与平面图一致。

给排水系统图应表达如下内容：各种管道的管径、坡度；支管与立管的连接处、管道各种附件的安装标高；各立管的编号应与平面图一致。

系统图中对用水设备及卫生器具的种类、数量和位置完全相同的支管、立管可不重复完全绘出，但应用文字标明。当系统图立管、支管在轴侧方向重复交叉影响视图时，可标注断开移至空白处绘制。

建筑居住小区的给排水管道，一般不绘制系统图，但应绘制管道纵断面图。

3. 详图

在平面图、系统图中局部构造因受图面比例影响而表达不完善或无法表达的，为使施工图及概预算不出现失误，必须绘制施工详图。绘制施工详图的比例，以能清除表达构造为原则选用。详图中应尽量详细注明尺寸，不应以比例代尺寸。

施工详图首先应采用标准图、通用施工详图，如卫生器具安装、排水检查井、阀门井、水表井、雨水检查井、局部污水处理构筑物等，均有各种施工标准图。

4. 设计说明及主要材料设备表

凡是图纸中无法表达或表达不清的而又必须为施工技术人员所了解的内容，均应用文字说明。文字说明应力求简洁。设计说明应表达如下内容：设计概况、设计内容、引用规范、施工方法等。例如，给排水管材以及防腐、防冻、防结露的做法；管道的连接、固定、竣工验收的要求；施工中特殊情况的技术处理措施；施工方法要求严格必须遵循的技术规程、规定等。

工程中选用的主要材料及设备，应列表注明。表中应列出材料的类别、规格、数量，设备的品种、规格和主要尺寸。

此外，施工图还应绘制出图中所用的图例；所有的图纸及说明应编排有序，写出图纸目录。

三、给排水施工图的识读

阅读主要图纸之前，应当首先看设计说明和设备材料表，然后以系统图为线索深入阅读平面图和系统图及详图。阅读时，应将三种图相互对照来看。首先应对系统图有大致了解，看给水系统图时，可由建筑的给水引入管开始，沿水流方向经干管、立管、支管到用水设备；看排水系统图时，可由排水设备开始，沿排水方向经支管、横管、立管、干管到排出管。

1. 平面图的识读

室内给排水平面图是施工图纸中最基本和最重要的图纸，它主要表明建筑物内给排水管道及设备的平面布置。

图纸上的线条都是示意性的，同时管材配件如活接头、补心、管箍等也画不出来，因此在识读图纸时还必须熟悉给排水管道的施工工艺。在识读平面图时，应掌握的主要内容和注意事项如下。

（1）查明卫生器具、用水设备和升压设备的类型、数量、安装位置及定位尺寸。

卫生器具和各种设备通常都是用图例画出来的，它只说明器具和设备的类型，而不能具体表示各部分的尺寸及构造，因此在识读时必须结合有关详图和技术资料，搞清楚这些器具和设备的构造、接管方式及尺寸。

（2）弄清给水引入管和污水排出管的平面位置、走向、定位尺寸、与室外给排水管网的连接形式、管径及坡度。

给水引入管上一般都装有阀门，通常设于室外阀门井内。污水排出管与室外排水总管的连接是通过检查井来实现的。

（3）查明给排水干管、立管、支管的平面位置与走向、管径尺寸及立管的编号。从平面图上可清楚地查明管道是明装还是暗装，以确定施工方法。

（4）消防给水管道要查明消火栓的布置、口径大小及消防箱的形式与位置。

（5）在给水管道上设置水表时，必须查明水表的型号、安装位置、表前后阀门的设置情况。

（6）对于室内排水管道，还要查明清通设备的布置情况，清扫口的型号和位置。搞清楚室内检查井的进出管连接方式。对于雨水管道，要查明雨水斗的型号及布置情况，并结合详图搞清雨水斗与天沟的连接方式。

2. 系统图的识读

给排水管道系统图主要表明管道系统的立体走向。在给水系统图上，卫生器具不画出来，只须画出水龙头、冲洗水箱等符号；用水设备如锅炉、热交换器、水箱等则画出示意性立体图，并以文字说明。在排水系统图上，也只画出相应的卫生器具的存水弯或器具排水管。在识读系统图时，应掌握的主要内容和注意事项如下。

（1）查明给水管道的走向，干管的布置方式，管径尺寸及其变化情况，阀门的设置，引入管、干管及各支管的标高。

（2）查明排水管的走向，管路分支情况，管径尺寸与横管坡度，管道各部标高，存水弯的形式，清通设备的设置情况，弯头及三通的选用等。

识读管道系统图时，应结合平面图及说明，了解和确定管材及配件。

（3）系统图上对各楼层标高都有注明，看图时可据此分清各层管路。管道支架在图中一般不表示，由施工人员按有关规程和习惯做法自定。

3. 详图的识读

室内给排水详图包括节点图、大样图、标准图，主要是管道节点、水表、消火栓、水加热器、卫生器具、套管、开水炉、排水设备、管道支架的安装图及卫生间大样图等，图中注明了详细尺寸,可供安装时直接使用。

四、给排水工程施工图实例

图 10-12 所示为某综合楼给排水平面图;图 10-13 为给水系统图;图 10-14 为排水系统图;图 10-15 为水箱间平面图、系统图。

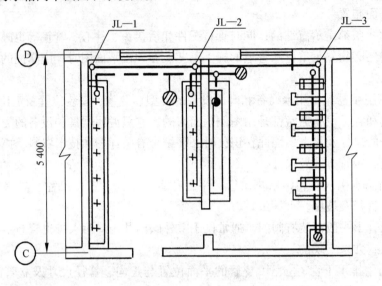

标准层平面图 1:100

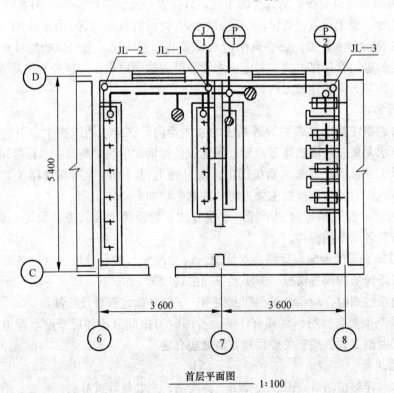

首层平面图 1:100

图 10-12 给排水平面图

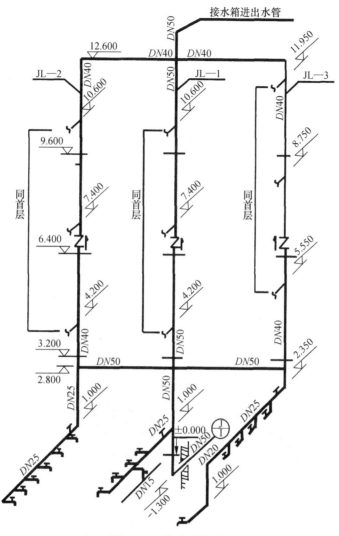

图 10-13 给水系统图

设计说明:

1. 给水系统采用高位水箱给水方式,各给水立管在三层地面以上 0.8 m 处设递止阀,水压不足时,三层以上靠水箱供水。

2. 给水管采用镀锌钢管,丝扣连接。明管刷银粉两遍,埋地管刷沥青两遍。

3. 排水管采用承插式铸铁管,石棉水泥捻口,明管刷防锈漆两遍、银粉两遍;埋地管刷沥青两遍。

4. 管卡、支架等刷防锈漆两遍,银粉两遍。

5. 高位水箱容积为 10 m³,尺寸为 3 000 mm × 1 800 mm × 2 000 mm(长×宽×高),制作及防腐作法详见《动力设施国家标准图集》。

6. 蹲便器采用高位水箱冲洗,水箱进水管管径为 DN15。

7. 盥洗槽采用 DN20 普通水龙头。

8. 给排水管道安装后,按规范要求作水压试验和灌水试验。

9. 其他按施工及验收规范执行。

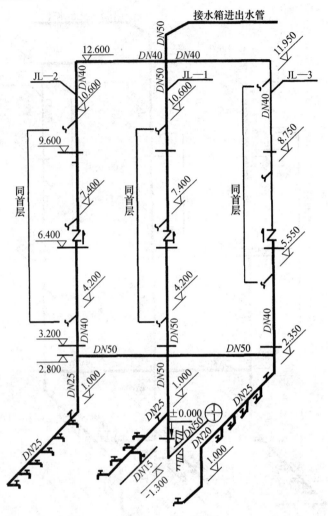

图 10-14　排水系统图

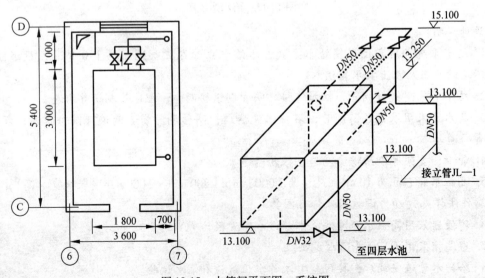

图 10-15　水箱间平面图、系统图

五、给排水施工图识读顺序

读施工图一般先看设计说明,对工程情况和施工要求有一概括的了解。注意系统图和平面图应对照起来看,管路按给水系统和排水系统分别阅读,还应注意对照图纸目录,不要丢掉部分内容。

施工图的识读顺序:

(1)给水系统识读:给水引入管→给水干管→立管→支管→用水设备。

(2)排水系统识读:污水收集器→排水支管→横管→立管→排出管。

(3)雨水系统识读:雨水斗→雨水立管→雨水排出管。

第二节 采暖工程施工图及识读方法

供暖系统主要由三大部分组成:热源、输热管道、散热设备。供暖系统施工图分为室内和室外两部分。室内部分主要包括:供暖系统平面图、轴测图、详图以及施工说明。室外部分主要包括:总平面图、管道横剖面图、管道纵剖面图、详图以及施工说明。

本节主要介绍室内采暖系统。

采暖系统施工图是由平面图、系统图、详图三部分组成。施工图是设计者设计结果的具体体现,它体现出整个采暖工程。

一、常用采暖系统图例

1. 一般规定

平面图上本专业所需的建筑轮廓应与建筑图一致。但该图中房屋平面图不是用于土建施工,故只要求用细实线把建筑物与供暖有关的墙、门窗、平台、柱、楼梯等部分画出来。平面图原则上应分层绘制,管道系统布置相同的楼层平面可绘制一个平面图。

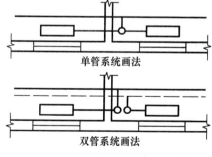

图 10-16 平面图散热器与管道连接

平面图中散热器的绘制方法及散热器供回水管道,宜按图 10-16 所示方法绘制。供暖系统中详图索引号宜按图 10-17 所示方法绘制。供热系统图中的散热器宜按图 10-18 所示方法绘制。供热系统图中的系统代号与立管代号宜按图 10-19、图 10-20 所示方法绘制。

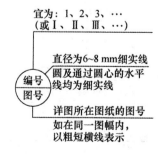

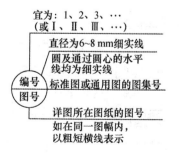

图 10-17 详图索引号

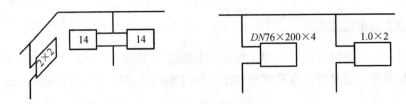

图 10-18 散热器的数量在系统上的表示方法

说明：柱型、长翼型散热器只注明数量（片数）；

圆翼型散热器应注明根数、排数，如 3×2（每排根数 × 排数）

光管散热器应注明管径、长度、排水，如 $D108 \times 200 \times 4$［管径（mm）× 管长（mm）× 排数］；

闭式散热器应注明长度、排数，如 1.0×2［长度（m）× 排数］

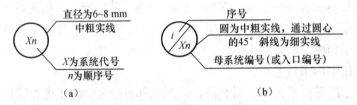

图 10-19 系统代号

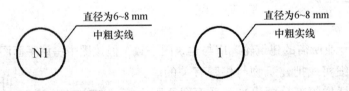

图 10-20 立管代号

2. 图例

采暖管道、阀门与附件、调节装置和仪表等的常用图例绘制，见给排水部分图例，采暖系统常用图例见表 10-8。

表 10-8 采暖图例

序 号	图 例	名 称	序 号	图 例	名 称
1		跑风门	4		集气罐
2		柱式散热器	5		手动放气阀
3		热风机	6		自动排气阀

续表

序　号	图　例	名　称	序　号	图　例	名　称
7	(Ln)	供暖立管编号	10	⟨⟩	回水立管
8	(Rn)	供暖入口编号	11	R	热量表
9	◯	供水立管			

二、图纸基本内容

采暖系统施工图一般由设计说明、平面图、系统图、详图及主要设备材料表等部分组成。

1. 采暖平面图

采暖平面图包括：底层平面图、标准层平面、顶层平面图等。

室内采暖平面图表示建筑各层采暖管道与设备的平面布置。内容包括如下：

（1）建筑物轮廓，其中应注明轴线、房间主要尺寸、指北针，必要时应注明房间名称。

（2）热力入口位置，供、回水总管名称、管径。

（3）干、立、支管位置和走向，管径以及立管编号。

（4）散热器的类型、位置和数量。

（5）膨胀水箱、集气罐、阀门位置与型号。

（6）补偿器型号、位置，固定支架位置。

（7）对于多层建筑，各层散热器布置基本相同时，也可采用标准层画法。在标准层平面图上，散热器要注明层数和各层的数量。

（8）平面图中散热器与供水（供汽）、回水（凝结水）管道的连接按规定方法绘制。

（9）当平面图、剖面图中的局部要另绘详图时，应在平面图或剖面图中标注索引符号。

2. 采暖系统图

采暖系统图又称流程图，也叫系统轴测图，与平面图配合，表明了整个采暖系统的全貌。系统包括水平方向和垂直方向的设备布置情况。散热器、管道及附件（阀门、疏水器等）均在图纸上表示出来，此外，还应标注各立管编号、各段管径和坡度、散热器片数、干管的标高。

主要包括的内容：

（1）管道的走向、坡度、坡向、管径、变径的位置以及管道与管道之间的连接方式。

（2）散热器与管道的连接方式。

（3）管路系统中阀门的位置、规格。

（4）集气罐的规格、安装形式。

（5）蒸汽供暖疏水器和减压阀的位置、规格、类型。

（6）节点详图的索引号。

（7）按规定对系统图进行编号，并标注散热器的数量。柱型、圆翼型散热器的数量应注在散热器内；光管式、串片式散热器的规格及数量应注在散热器的上方，如图 10-18 所示。

（8）采暖系统编号、入口编号由系统代号和顺序号组成。室内采暖系统代号"N"，其画法如图 10-19 所示，其中图 10-19（b）为系统分支画法。

（9）竖向布置的垂直管道系统，应标注立管号，如图 10-20 所示，为避免引起误解，可只标注序号，但应与建筑轴线编号有明显区别。

3. 详图

在采暖平面图和系统图上表达不清楚、用文字也无法说明的地方，可用详图画出来，详图是局部放大比例的施工图。因此称为大样图或节点图。

（1）大样图：能清楚地表示某一部分采暖管道的详细结构和尺寸，但管道仍然用单线条表示，只是将比例放大，使人能看清楚。例如，有的采暖入口处管道的交叉连接复杂，设备种类较多，在系统图中不宜表达清楚，因此另画一张比例较大的详图，即节点图。

（2）大样图：管道用双线图表示，看上去有真实感。

（3）标准图：指具有通用性质的详图，一般由国家或有关部委出版标准图集，作为国家标准或部标准的一部分颁发。

4. 主要设备材料表

为了便于施工备料，保证安装质量和避免浪费，使施工单位能按设计要求选用设备和材料，一般的施工图应附有设备及主要材料表，简单项目的设备材料表可列在主要图纸内。设备材料表的主要内容有编号、名称、型号、规格、单位、数量、质量、附注等。

5. 设计说明

室内采暖系统的设计说明一般包括以下内容：

（1）系统的热负荷、作用压力。

（2）热媒的品种及参数。

（3）系统的形式及管路的敷设方式。

（4）选用的管材及其连接方法。

（5）管道和设备的防腐、保温做法。

（6）无设备表时，须说明散热器及其他设备、附件的类型、规格和数量等。

（7）施工及验收要求。

（8）其他需要用文字解释的内容。

三、采暖工程施工图实例

图 10-21 所示为一栋二层办公楼平面。采暖施工图的识读方法基本上与给排水施工图一致。

图 10-22 为系统轴测图。识读时，轴测图与平面图对照阅读。由图可见，散热器均在窗

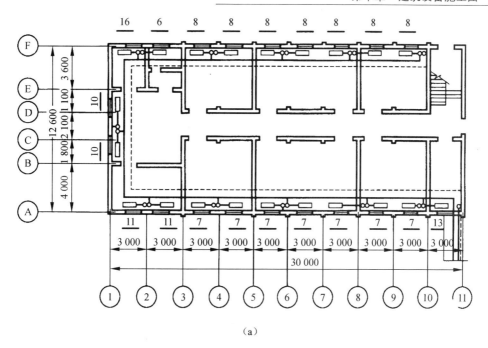

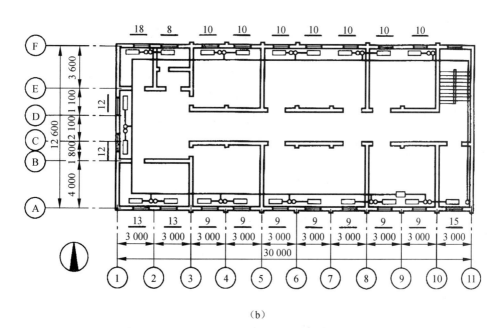

图 10-21　某办公楼采暖系统平面图

（a）首层平面图；（b）二层平面图

下明装，各散热器的片数标注在其上方或下方。供水管主要沿二层敷设，回水管设于首层，在供、回水管旁标注有所要求的坡度及标高，每两个散热器为一组与立管相连。

供水干管自首层引入后，接至供水立管，立管上至二层顶棚上分为两条支路。两条支路又分别向下与各支立管连接，先后通过二层和首层的散热器，再接至回水干管。

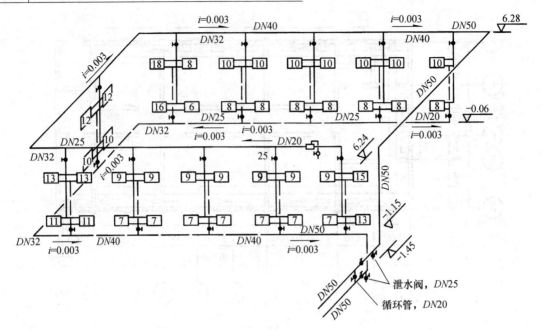

图 10-22 某办公楼采暖系统轴测图

第三节 通风空调工程施工图及识读方法

通风与空气调节施工图是通风与空气调节工程施工的依据和必须遵守的文件，施工图可以使施工人员清楚地明白设计者的设计意图，施工图必须由正式的设计单位绘制并签发。施工过程中必须按照图纸要求进行施工，未经设计单位同意，不能对规定的内容进行修改。

一、通风、空调系统常用图例

通风、空调系统常用图例见表 10-9 ~ 表 10-12。

表 10-9 风道名称

代　号	风道名称	代　号	风道名称
ZY	加压送风管	HF	回风管
SF	送风管	PF	排风管
XF	新风管	PY	消防排烟管

表 10-10 风道、阀门及附件图例

序　号	名　称	图　例	附　注
1	砌筑风、烟道		其余均为：
2	带导流片矩形弯头		
3	消声弯头		

序　号	名　称	图　例	附　注
4	插板阀		
5	天圆地方		左接矩形风管，右接圆形风管
6	蝶阀		
7	对开多叶调节阀		左为手动，右为电动
8	止回风阀		
9	三通调节阀		
10	防烟、防火阀	***　　***	***表示防烟、防水阀名称代号，代号说明另见附录A防烟、防火阀功能表
11	风管软接头		
12	方形风口		
13	条缝形风口		
14	矩形风口		
15	气流方向		左为通用表示法，中表示送风，右表示回风
16	防雨百叶		
17	散流器		左为矩形散流器，右为圆形散流器。散流器为可见时，虚线改为实线
18	检查孔 测量孔	检　测 检　测	

表 10-11　风管及附件

序号	名　称	图　例	序号	名　称	图　例
1	风管		9	对开式 多叶调节阀	
2	混凝土或 砖砌风道		10	防火（调节）阀	
3	异径风管		11	排烟阀	
4	方接圆		12	止回风阀	
5	柔性风道		13	送风口	
6	带导流片弯头		14	排风口	
7	消声弯头		15	片式消声器	
8	消声静压箱		16	混流风机	

表 10-12　防火阀

名　称		编写代号	功　能
防火类	防火调节阀	FV	平时常开，70 ℃自动关闭，手动可调，手动复位
	防火调节阀	FD	平时常开，70℃自动关闭，手动可调，输出信号，手动复位
	防火调节阀	FVH	平时常开，280 ℃自动关闭，手动可调，手动复位
	防火调节阀	FDH	平时常开，280 ℃自动关闭，手动可调，手动复位
排烟类	排类防火阀	PF	平时常闭，DC24V 电动和手动开启，280 ℃自动关闭，输出信号

二、图纸基本内容

通风与空调施工图由基本图、详图、文字说明、主要设备材料清单等组成。基本图包括系统原理图、平面图、剖面图及系统轴测图；详图包括部件加工及安装图。

1. 施工图的组成

1）通风施工图组成

通风施工图主要包括：通风设计说明、通风平面图、系统图、通风机房大样图。

2）空调施工图组成

空调施工图主要包括：空调设计施工说明、空调平面图、空调大样图、空调风系统原理图、空调水系统原理图。

2. 技术文件包括的内容

技术文件包括设计依据、技术要求和安装说明。

1）建筑物概况

介绍建筑物的面积、高度及使用功能；通风与空气调节设计规范，对空调工程的要求。

2）设计标准

（1）室外气象参数，夏季和冬季的温度、湿度，风速。

（2）室内设计标准，各空调房间（如客房、办公室、餐厅、商场等）夏季和冬季的设计温度、湿度、新风量和噪声标准等。

3）空调系统

对建筑物内各空调房间所采用的空调设备作简要的说明。

4）空调系统设备安装要求

主要是对空调系统的末端装置，如风机盘管、柜式空调器及通风机等提出详细的安装要求。

5）空调系统中辅助设备技术要求

对风管使用的材料、保温和安装的要求。

6）空调水系统

包括有空调水系统的形式，所采用的管材及保温，系统的试压要求和排污方式与途径。

7）机械送、排风

建筑物内各空调房间、设备层、车库、消防前室、走廊的送、排风设计要求和标准。

8）空调冷冻机房

列出所采用的冷冻机、冷冻水泵和冷却水泵的型号、规格、性能和台数，并提出主要的安装要求。

3. 施工图内容

（1）设计施工说明描述设计概况、设计参数、系统形式和控制方法。

（2）施工说明主要描述使用管道、阀门附件、保温等的材料、施工安装要求及注意事项、管道的漏风量等、标准图集的采用。

（3）图例用表格的形式列出该系统中使用的图形符号或文字符号，其目的是使读图者容易读懂图样。

（4）设备材料表一般都要列出系统主要设备及主要材料的规格、型号、数量、具体要求。但是表中的数量一般只作为概算估计数，不作为设备和材料的供货依据。

（5）平面图建筑轮廓、主要轴线、轴线尺寸、室内外地面标高、房间名称。风管平面为双线风管，平面图上标注风管规格、标高及定位尺寸，各类设备和附件的平面位置，设备、附件、立管的编号。如图 10-23 所示。

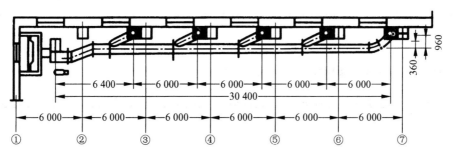

图 10-23 某通风系统平面图

（6）当平面图不能表达清楚时，绘制系统图，比例宜与平面图一致，按45°或30°轴测投影绘制，系统图绘出设备、阀门、控制仪表、配件、标注介质流向、管径及设备编号、管道标高。系统图可以用单线表示，如图10-24所示；也可用双线表示，如图10-25所示。

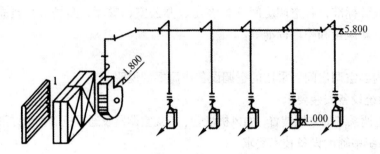

图10-24　某通风系统轴测图

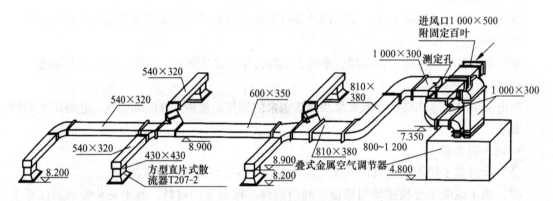

图10-25　某空调系统轴测图

（7）当管道系统比较复杂时，绘制流程图，流程图可不按比例，但管路分支应与平面图相符，管道与设备的接口方向与实际情况相符。流程图绘出设备、阀门、控制仪表、配件、标注介质流向、设备编号。

（8）机房大样图应该绘出通风设备的轮廓位置及编号，注明设备和基础距墙或轴线的尺寸，连接设备的风管的位置走向，注明尺寸、标高、管径。

（9）风管或管道与设备交叉复杂的部位，应绘制剖面图。绘出风管、设备等的尺寸、标高、气流方向以及与建筑梁、板、柱及地面的尺寸关系。机房剖面图应该绘出对应于机房平面图的设备、设备基础的竖向尺寸标高。标注连接设备的管道尺寸，设备编号。如图10-26所示。

三、通风与空调工程施工图识读

一套通风空调施工图所包括的内容比较多，一般应按以下顺序依次阅读，有时还需进行相互对照阅读。

1. 看图纸目录及标题栏

了解工程项目名称、项目内容、设计日期、工程全部图纸数量、图纸编号等。

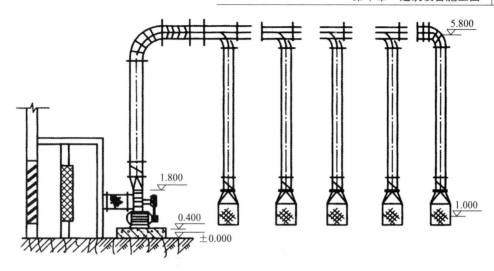

图 10-26　某风机房剖面图

2. 看总设计说明

了解工程总体概况及设计依据，了解图纸中未能表达清楚的各有关事项。如系统形式、管材附件使用要求、管路敷设方式和施工要求，图例符号，施工时应注意的事项等。

3. 看平面布置图

要求了解各层平面图上风管平面布置编号，设备的编号及平面位置、尺寸，风口附件的位置，风管的规格等。了解通风平面对土建施工、建筑装饰的要求，进行工种协调，统计平面上器具、设备、附件的数量，管线的长度作为通风工程预算和材料采购的依据。

4. 看系统图

系统图一般和平面图对照阅读，要求了解系统编号，管道的来龙去脉，管径、管道标高、设备附件的连接情况、数量和种类。了解通风管道在土建工程中的空间位置，建筑装饰所需的空间。统计系统图上设备、附件的数量，管线的长度作为工程预算和材料采购的依据。

5. 看安装大样图

了解设备用房平面布置，定位尺寸、基础要求、管道平面位置、设备平面高度，管道设备的连接要求，仪表附件的设置要求等。

6. 看设备材料表

设备材料表提供了该工程所使用的主要设备、材料的型号、规格和数量，是编制工程预算，编制购置主要设备、材料计划的重要参考资料。

四、通风、空调施工图实例

1. 平面图

（1）集中式空调系统平面图如图 10-27 所示。

（2）半集中式空调系统平面图如图 10-28 所示。

2. 系统图

空调水系统图如图 10-29 和图 10-30 所示。

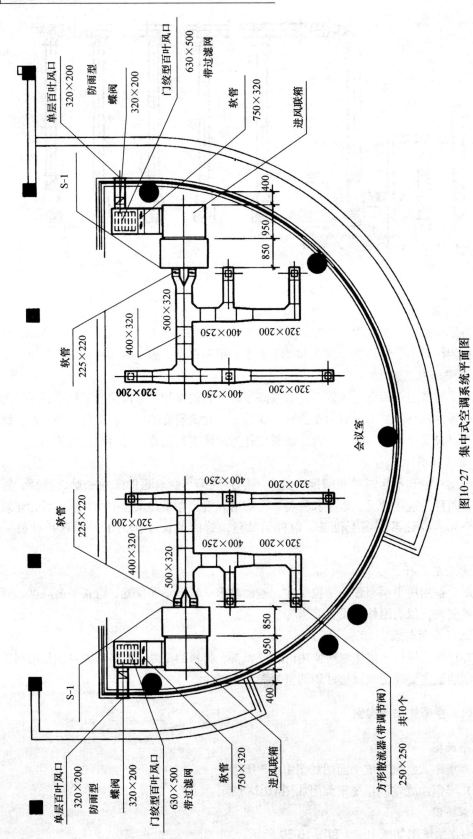

图10-27 集中式空调系统平面图

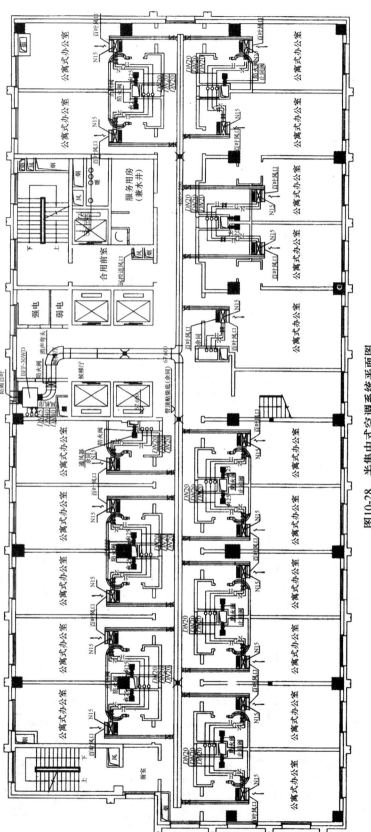

图10-28 半集中式空调系统平面图

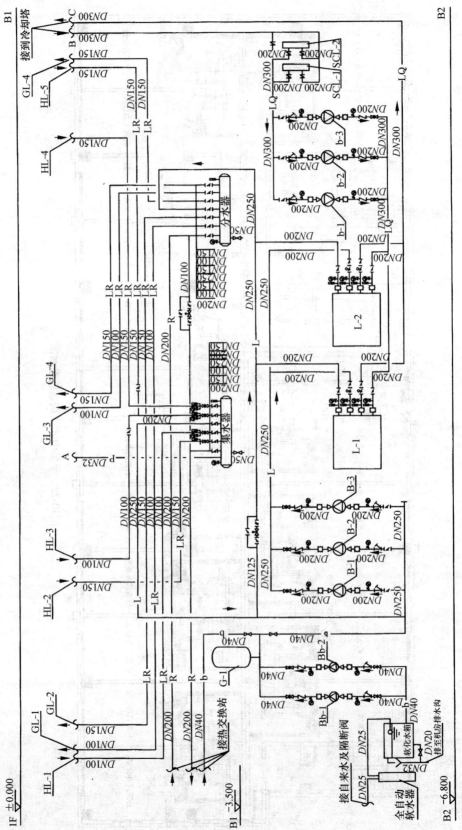

图10-29　空调水系统系统图（一）

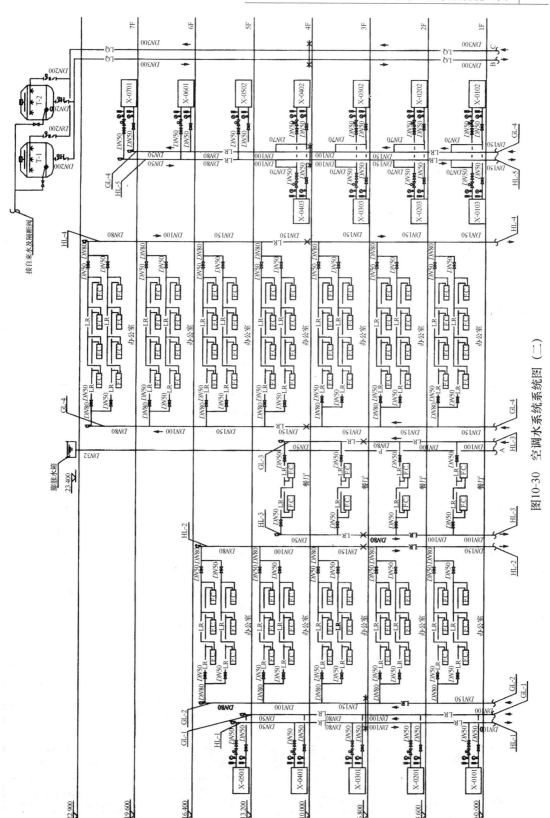

图10-30 空调水系统系统图 (二)

第四节　电气工程施工图及识读方法

一、电气施工图常用图例

电气施工图常用图例见表 10-13～表 10-25。

表 10-13　操作与效应图例

说　明	图　例	说　明	图　例	说　明	图　例
热效应		电磁效应		手动控制	
推动操作		受限手动控制		拉拔操作	
旋转操作		紧急开关		手轮操作	
钥匙操作		热执行器操作		电动机操作	

表 10-14　电线和电缆图例

说　明	图　例	说　明	图　例
向上引线		向下引线	
向上引线		向上下引线	
自上向下引线		自下向上引线	
电缆中的导线为 3 根		五根导线，箭头所指两根位于同一电缆中	
胶合导线		保护线	
柔性导线		中性线	
保护和中性共线		具有保护线和中性线的三相配线	
屏蔽导线		导线、电线、电缆、线路等的一般符号	
直流电路，110 V，两根铝导线截面积为 120 mm²	$2\times120\ mm^2AL$　＝＝110 V	三上交流电，50 Hz，380 V，三根导线截面积为 120 mm²，中性导线截面积为 50 mm²	3 N~50 Hz 380 V　$3\times120\ mm^2+1\times50\ mm^2$

表 10-15　开关图例

说　明	图　例	说　明	图　例	说　明	图　例
一般符号		单极开关		双极开关	
三极开关		暗装单极开关		暗装双极开关	
暗装三极开关		密闭防水双极开关		防爆三极开关	
具有指示灯开关		双控开关			

表 10-16　插座图例

说　明	图　例	说　明	图　例	说　明	图　例
单相插座		暗装		密闭（防水）	
防爆		带接地插孔的单相插座		暗装	
密闭（防水）		防爆		带接地插孔的三相插座	
暗装		密闭（防水）		防爆	
插座箱（板）		多个插座（示出 3 个）		具有护板的插座	
具有单极开关的插座					

表 10-17　配电箱图例

说　明	图　例	说　明	图　例	说　明	图　例
屏、台、箱、柜一般符号		动力或动力—照明配电箱（注：需要时符号内可标示电源种类符号）		信号板、信号箱（屏）	
照明配电箱（屏）（注：需要时允许涂红）		事故照明配电箱（屏）		多种电源配电箱（屏）	
直流配电盘（屏）		交流配电盘（屏）		电源自动切换箱（屏）	
架空交接箱		落地交接箱		壁龛交接箱	
分线盒的一般符号		熔断器箱			
自动开关箱		组合开关箱			

表 10-18　照明灯具图例

说明	图例	说明	图例	说明	图例
一般灯具：最低照度（示出 15 lx）	15	荧光灯一般符号		三管荧光灯	
5 管荧光灯	5	防爆荧光灯		在专用电路上的事故照明灯	
自带电源的事故照明灯装置（应急灯）		球形灯		局部照明灯	
矿山灯		安全灯		隔爆灯	
深照型灯		广照型灯		防水防尘灯	
顶棚灯		花灯			
壁灯		弯灯			

表 10-19　常用的电气文字符号

装置和元器件种类	装置和元器件名称	文字符号		装置和元器件种类	装置和元器件名称	文字符号	
		单字母	双字母			单字母	双字母
组成部件	控制台	A	AC	继电器、接触器	交流继电器	K	KA
	高压开关柜		AH		热继电器		KH
	低压配电屏		AL		中间继电器		KI
	照明配电箱		AL		接触器		KM
	动力配电箱		AP		延时继电器		KT
	信号箱		AS		温度继电器		KT
	接线箱		AW	测量设备	电流表	P	PA
	插座箱		AX		电度表		PJ
变换器	压力变换器	B	BP		电压表		PV
	温度变换器		BT		温度计		PH
电容器	电容器	C		电力电路的开关器件	断路器	Q	QF
其他元器件	照明灯	E	EL		负荷开关		QL
	空气调节器		EV		隔离开关		QS
保护器件	具有瞬时动作的限流保护器件	F	FA		漏电保护器		QR
	具有延时动作的限流保护器件		FR	控制、记忆、信号电路和开关器件选择器	控制开关	S	SA
					选择开关		SA
	熔断器		FU		按钮开关		SB
信号器件	光指示器	H	HL		停止按钮		SS
	指示灯		HL		液位传感器		SL
	红色指示灯		HR		压力传感器		SP
	绿色指示灯		HG	变压器	温度传感器		ST
					电流互感器	T	TA
	黄色指示灯		HY		电力变压器		TM
					电压互感器		TV

表 10-20　常用绝缘导线

型　号	名　称	用　途
BXF（BLXF）	氯丁橡胶铜铝（芯）线	适用于交流 500 V 及以下，直流 1 000 V 及以下的电气设备和照明设备之间
BX（BLX）	橡胶铜芯（铝）芯线	
BXR	铜芯橡胶软线	
BV（BLV）	聚氯乙烯铜（铝）芯线	适用于各种设备、动力、照明的线路固定敷设
BVR	聚氯乙烯铜芯软线	
BVV（BLVV）	铜（铝）芯聚氯乙烯绝缘和护套线	
RVB	铜芯聚氯乙烯平行软线	适用于各种交直流电器、电工仪器、小型电动工具、家用电器装置的连接
RVS	铜芯聚氯乙烯绞型软线	
RV	铜芯聚氯乙烯软线	
RX、RXS	铜芯、橡胶棉纱纺织软线	

表 10-21　电缆型号字母含义

类别	绝缘种类	线芯材料	内护层	其他特征
电力电缆（不表示）	Z-纸绝缘	T-铜	Q-铅套	D-不滴流
K-控制电缆	X-橡胶绝缘		L-铝套	F-分相护套
P-信号电缆	V-聚氯乙烯		H-橡胶套	P-屏蔽
Y-移动式软电缆	Y-聚乙烯	L-铝	V-聚氯乙烯套	C-重型
H-市内电话电缆	YJ-交联聚乙烯		Y-聚乙烯套	

表 10-22　标注线路用文字符号

线路名称	文字符号	线路名称	文字符号
控制线路	WC	电力线路	WP
直流线路	WD	声道（广播）线路	WS
应急照明线路	WE	电视线路	WV
电话线路	WF	插座线路	WX
照明线路	WL		

表 10-23　标注线路用文字符号

配线方式	旧代号	新代号	配线方式	旧代号	新代号
用瓷瓶或瓷柱敷设	CP	K	穿半硬塑料管敷设	ZVG	FPC
用塑料线槽敷设	XC	PR	穿塑料波纹电线管敷设		KPC
用钢线槽敷设		SR	用电缆桥架敷设		CT
穿水煤气管敷设		RC	用瓷夹敷设	CJ	PL
穿焊接钢管敷设	G	SC	用塑料夹敷设	VT	PCL
穿电线管敷设	DG	TC	穿金属软管敷设		CP
穿硬质塑料管敷设	VG	PC			

表 10-24　线路敷设部位文字符号

敷设部位	旧代号	新代号	敷设部位	旧代号	新代号
沿钢索敷设	S	SR	沿屋架或跨屋架敷设	LM	BE
沿柱或跨柱敷设	ZM	CLE	沿墙面敷设	QM	WE
沿顶棚或顶面板敷设	PM	CE	在能进入吊顶内敷设	PNM	ACE
暗敷设在梁内	LA	BC	暗敷设在柱内	ZA	CLC
暗敷设在墙内	QA	WC	暗敷设在地面内	DA	FC
暗敷在屋面或顶板内	PA	CC	暗敷设在不能进入吊顶内	PNA	ACC

表 10-25　照明灯具安装方式文字符号

安装方式	旧代号	新代号	安装方式	旧代号	新代号
线吊式		CP	嵌入式（不可进入顶棚）	R	R
自在器线吊式	X	CP	顶棚内安装	DR	CR
固定线吊式	X1	CP1	墙壁内安装	BR	WR
防水线吊式	X2	CP2	台上安装	T	T
吊线器式	X3	CP3	支架上安装	J	SP
链吊式	L	Ch	壁装式	B	W
管吊式	G	P	柱上安装	Z	CL
吸顶式或直附式	D	S	座装	ZH	HM

二、电气施工图组成

电气施工图是阐述电气工程的构成、描述电气装置的工作原理、提供安装接线和维护使用信息的施工图。由于各个工程项目的复杂程度不同，相应电气工程图纸的种类和数量也有所不同。一般工程的电气工程图通常由以下几部分组成。

1. 首页

首页一般包括电气工程图的目录、图例、设备明细表、设计说明等。

（1）图纸目录：内容有序号、图纸名称、图纸编号、图纸张数等。

（2）图例：包括图形符号和文字代号，通常只列出本套图纸中涉及的一些图形符号和文字代号所代表的意义。

（3）设备材料明细表：列出该项电气工程所需要的设备和材料的名称、型号、规格和数量，供设计概算、施工预算及设备订货时参考。

（4）设计说明（施工说明）：主要阐述电气工程设计依据、工程的要求和施工原则、建筑特点、电气安装标准、安装方法、工程等级、工艺要求及有关设计的补充说明等。

2. 电气系统图

电气系统图是表现电气工程的供电方式，电力输送、分配、控制和设备运行情况的图纸。从系统图中可以粗略地看出工程的概貌。系统图可以反映不同级别的电气信息，如变配电系统图、动力系统图、照明系统图、弱电系统图等。

3. 电气平面图

电气平面图是表示电气设备、装置与线路平面布置的图纸，是进行电气安装的主要依据。电气平面图是以建筑平面图为依据，在图上绘出电气设备、装置及线路的安装位置、敷设方法等。常用的电气平面图有动力平面图、照明平面图、防雷平面图、接地平面图等。

4. 设备布置图

设备布置图是表现各种电气设备和器件的平面与空间的位置、安装方式及其相互关系的图纸。通常由平面图、立面图、剖面图及各种构件详图等组成。一般来说，设备布置图是按三视图原理绘制的。

5. 电路图

电路图又称电气原理图，主要是用来表现某一电气设备或系统的工作原理的图纸，它是按照各个部分的动作原理图采用分开表示法展开绘制的。通过对电路图的分析，可以清楚地看出整个系统的动作顺序。电路图可以用来指导电气设备和器件的安装、接线、调试、使用与维修。

6. 安装接线图

表示某一设备内部各种电气元件之间位置关系及连接关系的图纸，用来指导电气安装、接线、查线。它是一种与电路图相对应的图纸。

7. 大样图

表示电气工程中某一部分或某一部件的具体安装要求和做法的图纸。其中有一部分选用的是国家标准图纸。

三、电气施工图的阅读

一套电气施工图所包括的内容比较多，图纸往往有很多张。一般应按以下顺序依次阅读和做必要的相互对照阅读。

1. 看标题栏及图纸目录

了解工程名称、项目内容、设计日期及图纸数量和内容等。

2. 看总说明

了解工程总体概况及设计依据，了解图纸中未能表达清楚的各有关事项。如供电电源的来源、电压等级、线路敷设方法、设备安装高度及安装方式、补充使用的非国标图形符号、施工时应注意的事项等。有些分项局部问题是在各分项工程的图纸上说明的，看分项工程图纸时，也要先看设计说明。

3. 看系统图

各分项工程的图纸中都包含有系统图。如变配电工程的供电系统图、照明工程的照明系统图以及电缆电视系统图等。看系统图的目的是了解系统的基本组成，主要电气设备、元件等连接关系及它们的规格、型号、参数等，掌握该系统的基本概况。

4. 看平面布置图

平面布置图是建筑电气工程图纸中的重要图纸之一，如电力平面图、照明平面图、防雷、接地平面图等，都是用来表示设备安装位置、线路敷设方法及所用导线型号、规格、数量、管径大小的。在通过阅读系统图，了解了系统组成概况之后，就可依据平面图编制工程预算和施工方案，从而具体组织施工。

5. 看电路图和接线图

了解各系统中用电设备的电气自动控制原理，用来指导设备的安装和控制系统的调试工作。看图时应依据功能关系从上至下或从左至右一个回路、一个回路的阅读。若能熟悉电路中各电器的性能和特点，对读懂图纸将是一个极大的帮助。在进行控制系统的配线和调校工作中，还可配合阅读接线图和端子图进行。

6. 看安装大样图

安装大样图是按照机械制图的方法绘制的，用来详细表示设备安装方法的图纸，也是用来指导安装施工和编制工程材料计划的重要依据。安装大样图多是采用全国通用电气装置标准图集。

7. 看设备材料表

设备材料表提供了该工程使用的设备、材料的型号、规格和数量，是编制购置主要设备材料计划的重要依据之一。

四、电气施工图实例

1. 系统图

（1）某商场配电干线图如图 10-31 所示。

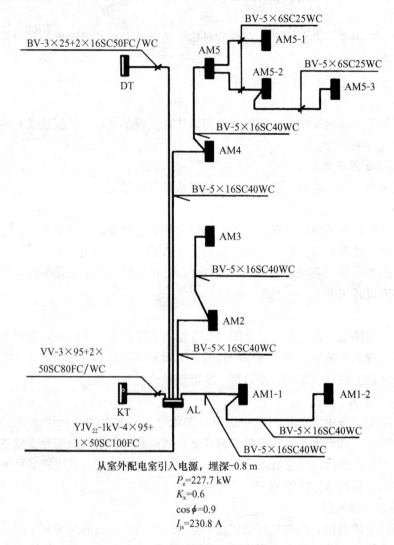

图 10-31　某商场建筑配电干线系统图

（2）某住宅楼配电系统图如图 10-32 所示。

2. 照明平面图

（1）某公寓标准层照明平面图如图 10-33 所示。

（2）某公寓标准层插座平面图如图 10-34 所示。

3. 防雷接地平面图

（1）某建筑基础接地平面图如图 10-35 所示。

（2）某建筑屋顶防雷接地平面图如图 10-36 所示。

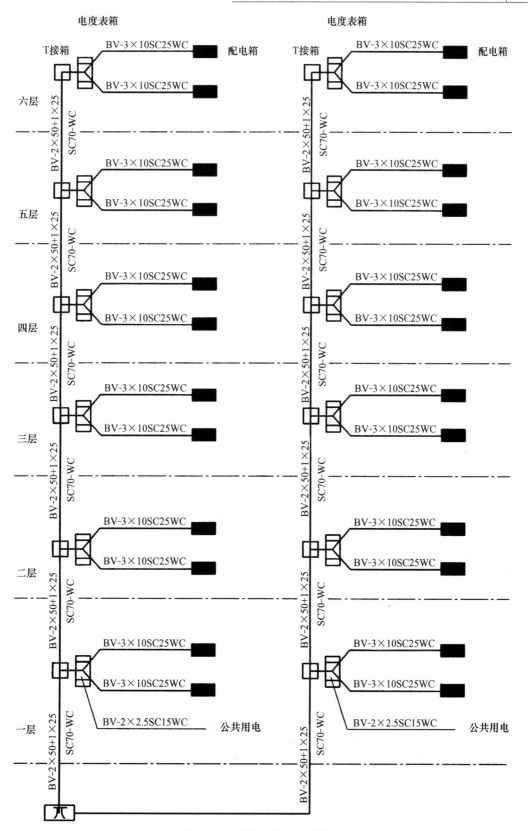

图 10-32 某住宅楼配电系统图

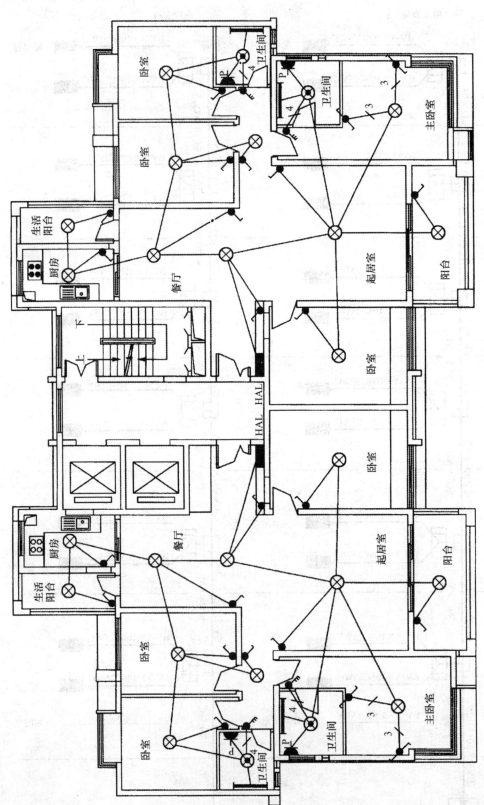

图10-33 某公寓标准层照明平面图

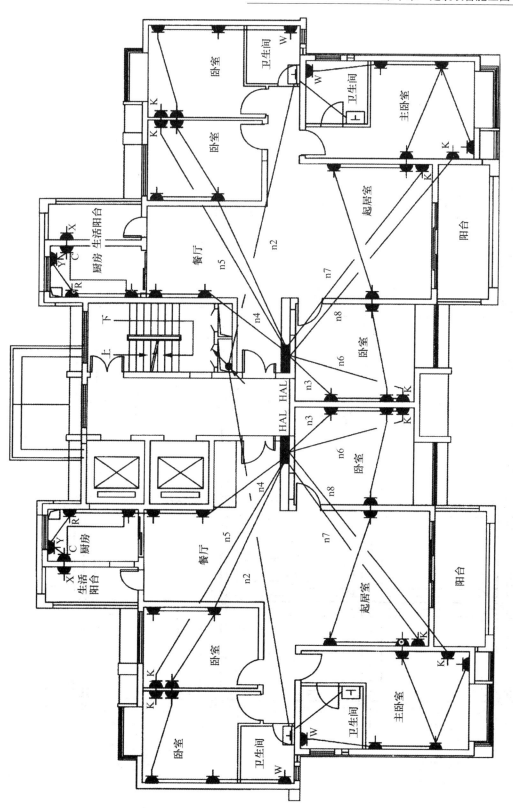

图10-34 某公寓标准层插座平面图

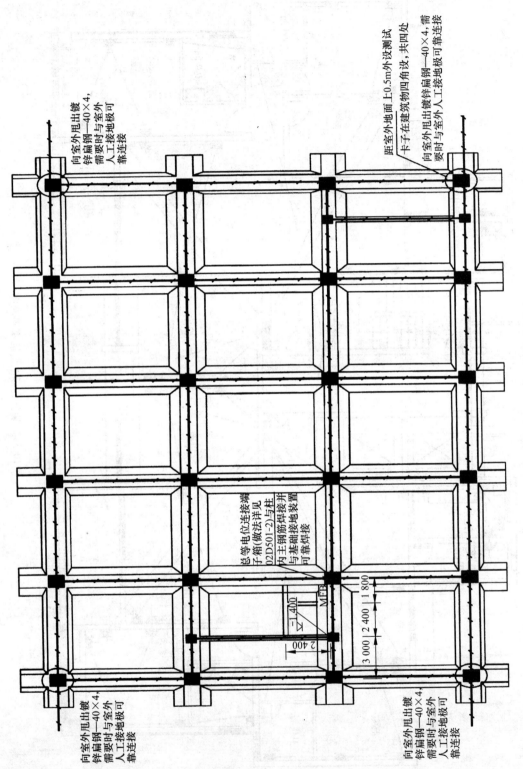

图10-35 某建筑基础接地平面图

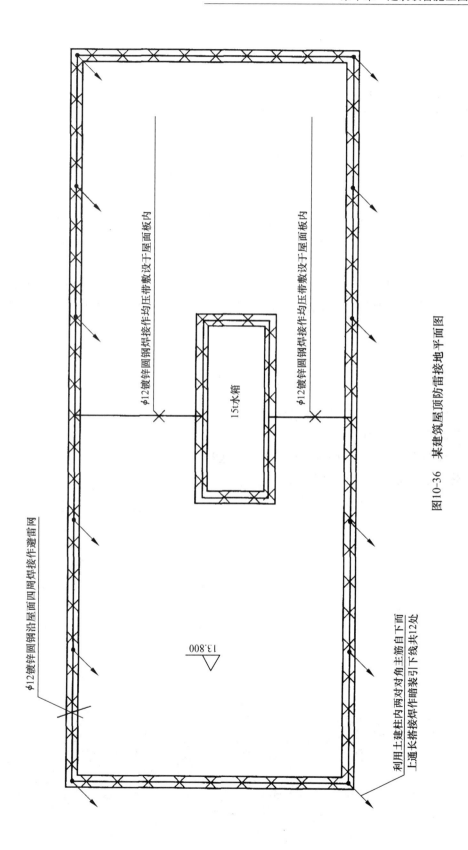

图10-36 某建筑屋顶防雷接地平面图

本 章 小 结

建筑设备施工图一般由基本图和详图两部分组成。基本图包括管线（管路）平面图、系统轴测图、原理图和设计说明；详图包括各局部或部分的加工和施工安装的详细尺寸及要求。

建筑设备作为房屋的施工图主要特点是：

（1）各设备系统一般采用统一的图例符号表示。

（2）各设备系统都有自己的走向，在识图时，应按一定顺序去读，使设备系统一目了然。

（3）各设备系统常常是纵横交错敷设的，在平面图上难于看懂，一般需配备辅助图形—轴测投影图来表达各系统的空间关系。这样，两种图形对照阅读，就可以把各系统的空间位置完整地体现出来。

（4）各设备系统的施工安装、管线敷设需要与土建施工相互配合，在看图时，应注意不同设备系统的特点及其对土建施工的不同要求（如管沟、留洞、埋件等），注意查阅相关的土建图。

课 后 习 题

1. 建筑给排水施工图由哪些部分组成？
2. 采暖系统施工图由哪些部分组成？
3. 通风与空调工程施工图的图纸内容有哪些？
4. 建筑电气施工图都由哪些内容组成？
5. 举例说明线路的文字标注格式？

参 考 文 献

［1］高明远，岳秀萍. 建筑设备工程［M］. 第 3 版. 北京：中国建筑工业出版社，2005.

［2］张东放. 建筑设备工程［M］. 北京：机械工业出版社，2009.

［3］刘昌明，鲍东杰. 建筑设备工程［M］. 武汉：武汉理工大学出版社，2007.

［4］马铁椿. 建筑设备［M］. 北京：高等教育出版社，2007.

［5］国向云. 建筑设备工程［M］. 北京：化学工业出版社，2010.

［6］吴振旺. 房屋卫生设备［M］. 第 2 版. 武汉：武汉理工大学出版社，2007.

［7］王付全，杨师斌. 建筑设备［M］. 北京：科学技术出版社，2004.

［8］刘国生，王惟言. 物业设备设施管理［M］. 北京：人民邮电出版社，2004.

［9］卜宪华. 物业设备设施维护与管理［M］. 北京：高等教育出版社，2003.

［10］付婉霞. 物业设备与设施［M］. 第 2 版. 北京：机械工业出版社，2007.

［11］徐勇. 通风与空气调节工程［M］. 北京：机械工业出版社，2007.

［12］黄民德，胡素勤，迟长春. 建筑电气技术基础［M］. 天津：天津大学出版社，2001.

［13］吴根树. 建筑设备工程［M］. 北京：机械工业出版社，2008.

［14］陈家斌. 常用电气设备故障排除实例［M］. 郑州：河南科学技术出版社，2001.

［15］许让. 房屋卫生技术设备. 北京：中国建筑工业出版社，2005.

［16］蒋志良. 供热工程［M］. 北京：中国建筑工业出版社，2005.

［17］陆耀庆. 实用供热空调设计手册［M］. 北京：中国建筑工业出版社，1993.

［18］吴耀伟. 暖通施工技术［M］. 北京：中国建筑工业出版社，2005.

［19］王青山. 建筑设备［M］. 第 2 版. 北京：机械工业出版社，2010.